ENCYCLOPÉDIE-RORET

CULTIVATEUR FRANÇAIS.

TOME PREMIER.

AVIS.

Le mérite des ouvrages de l'*Encyclopédie-Roret* leur a valu les honneurs de la traduction, de l'imitation et même de la contrefaçon. Pour distinguer ce volume il portera, à l'avenir, la *véritable* signature de l'éditeur.

les premiers 500 Cp. avec le millésime de 1840 le reste du tirage avec celui de 1841

MANUELS-RORET,

NOUVEAU MANUEL COMPLET

DU

CULTIVATEUR FRANÇAIS,

OU

L'ART DE BIEN CULTIVER LES TERRES,

DE SOIGNER LES BESTIAUX,

ET DE RETIRER DES UNES ET DES AUTRES

LE PLUS DE BÉNÉFICES POSSIBLES ;

PAR ARSENNE THIÉBAUT DE BERNEAUD.

...... Ne désire pas un enclos spacieux ;
Le plus riche est celui qui cultive le mieux.

NOUVELLE ÉDITION,

REVUE, CORRIGÉE, CONSIDÉRABLEMENT AUGMENTÉE
ET ORNÉE DE FIGURES.

TOME PREMIER.

PARIS,

A LA LIBRAIRIE ENCYCLOPÉDIQUE DE RORET,
RUE HAUTEFEUILLE, AU COIN DE CELLE DU BATTOIR.

1841.

AVANT-PROPOS.

Je n'écris point pour ceux qui possèdent de grandes bibliothèques, ou qui veulent qu'un livre les amuse ; je viens simplement m'asseoir au foyer du laboureur, je viens partager ses peines et ses plaisirs, causer avec lui, soutenir son courage et lui donner de sages conseils. Mon but est de l'amener par une route simple, facile et lucrative, à l'amélioration de ses pratiques rurales. Mon but est d'agrandir ses connaissances dans l'art qu'il exerce, de lui en fournir les moyens, de le prémunir contre les projets insidieux, les sollicitations pressantes des hommes à systèmes, et lui rendre aussi douce que agréable la volonté d'agir sans cesse par lui-même, dans l'intérêt de sa famille, pour le mieux-être de ses bestiaux et de ses terres.

La tâche que je m'impose est d'autant plus grande que, au moment actuel où la science, égarée par ses novateurs, croit devoir, pour s'isoler, formuler par des chiffres tous les faits acquis ou qu'elle découvre, et les rendre par conséquent, inintelligibles et sans profit au plus grand nombre ; au moment où l'agriculture de laboratoire (1)

_____

(1) Caractérisons-la : c'est un mélange de physiologie végétale microscopique, de physique spéculative et d'une dose surabondante

menace d'envahir le domaine du premier des arts, et
l'enveloppe de la livrée de l'ambition, du charlatanisme
et de la morgue insolente, le besoin se fait plus vivement
sentir de porter un large flambeau lumineux chez le laboureur et le fermier, de parler au grand cultivateur
comme au plus mince horticole, à la ménagère, aux ber-
gers, à la fille de basse-cour, en un mot, à chacun des
agens de la maison rurale, le langage simple et vrai
qu'ils aiment à entendre, comme aussi de leur apprendre,
tout en leur ouvrant la voie des progrès réels, des progrès
durables, l'art si noble, si généreux de marier ses propres intérêts avec ceux de la terre qu'ils exploitent, des
animaux qu'ils nourrissent, avec les intérêts de la famille
et de la patrie, dont le nom et les accents sont toujours
si puissans pour des cœurs nés français. La richesse acquise hors de cette ligne sacrée éteint tout sentiment
d'humanité, de dignité personnelle, de nationalité : c'est
le fruit du hideux égoïsme.

Elève et ami de Parmentier, de Cadet de Vaux, de
André Thoüin, de ces hommes illustres qui ne s'endor-

---

de chimie. Son langage se réduit à des formules algébriques ; son
plan de faire plus que la charrue, plus que l'expérience acquise par
une pratique habituelle : fera-t-elle produire davantage à la terre sans
trop la fatiguer ? Le bénéfice qu'elle nous promet dans ses pompeux
calculs, nous rendra-t-il au moins une petite portion des valeurs
que nous aurons enfouies d'après ses conseils ? Je ne le pense point :
le temps, j'en suis certain, confirmera cette sentence.

maient jamais sans avoir fait une bonne action, transmis un sage conseil, imprimé une vivifiante impulsion aux sciences pratiques de la famille, je veux, à leur exemple, être utile, payer ma dette à mon pays en faisant servir au profit de tous les connaissances que j'ai acquises en écoutant de semblables maîtres, en partageant leurs savantes investigations, en éclairant une expérience chèrement achetée par l'étendue de mes relations, de mes voyages, de mes essais, et par l'étude approfondie des écrits publiés par Olivier de Serres, par Rozier et le petit nombre des véritables soutiens de l'agriculture, de l'économie rurale, du foyer domestique et des arts industriels de première nécessité.

Placé, comme sentinelle de la pratique, entre les sciences spéculatives et la théorie toujours entreprenante, quelquefois hasardeuse, je veille pour l'homme des champs auquel j'ai depuis long-temps consacré ma plume, mes études et mes pensées ; je viens lui dire les procédés dont l'application m'est acquise et mettre en ses mains le secret de perfectionner ses travaux.

Après avoir considéré le sol qu'il habite, je lui indique la voie la plus certaine d'en connaître la nature intérieure et extérieure, pour en profiter lorsqu'elle est favorable au genre de culture qu'il veut suivre, ou bien pour l'améliorer quand elle présente des difficultés faciles à surmonter. J'arrive ainsi aux engrais et aux amendemens que j'examine dans leur essence, dans leur emploi, dans leurs mélanges, soit qu'on les tire du règne inorganique, soit qu'on les emprunte au règne organique. Je passe ensuite aux diverses opérations rurales et j'indique les procédés et les outils les plus convenables à chacune d'elles. Je commence par la mise en culture : après avoir traité des labours et des travaux que la terre réclame pour être fertile, j'entre dans quelques détails sur les graminées, sur les prairies tant naturelles qu'artificielles, sur l'assolement qui rapporte le plus, sur les cultures sarclées, sur les avantages que présentent certaines plantes économiques, celles dont on tire de l'huile ou que l'on recherche pour la teinture. Je m'occupe des animaux domestiques, dont le nombre, la bonne tenue et les produits améliorés, assurent la prospérité de la maison rurale ; je les suis à cet effet dans toutes les phases de leur existence, dans leurs besoins, dans les ressources qu'ils présentent à l'industrie. Je traite des plantations et je fais voir les avantages des arbres et le rôle que les forêts jouent dans les révolutions atmosphériques : ce qui me donne motif d'examiner les causes et les résultats réels de la dénudation des montagnes et de quelques autres parties du sol. Je parle des récoltes, de ce qu'il importe de faire pour les rendre plus régulières, plus actives, pour abriter et conserver leurs produits dans les temps les plus désastreux. Enfin, je présente quelques avis salutaires sur le régime que le cultivateur doit tenir pendant les diverses saisons de l'année, ce qu'il convient qu'il fasse pour ses bestiaux pour les abriter des maladies et pour éloigner de l'intérieur de sa maison tout ce qui peut nuire à la santé de tous en général et de chacun en particulier.

Dans ce livre, simple résumé d'un ouvrage plus étendu que je travaille sans cesse à perfectionner, et que l'éditeur et moi nous nous proposons de publier dans quelque temps, j'ai continuellement préféré, aux brillantes hypothèses de la théorie, les faits puisés dans une pratique éclairée, dans les résultats d'expériences positives, faites avec soin et répétées dans des localités différentes. Le meilleur argument, c'est le bénéfice; le véritable moyen de convaincre, de propager les innovations utiles, c'est de montrer les produits sur les champs mêmes. Les idées spéculatives, les plans pompeux peuvent plaire à la curiosité, peuvent exciter l'attention et même satisfaire quelques esprits amis des choses nouvelles; il n'en est pas ainsi pour le père de famille, il n'aime que l'agriculture solide et vraie, il ne connaît et ne doit effectivement connaître que l'agriculture lucrative. J'ai cherché à pénétrer dans ses vues, à me mettre à la portée des intelligences les plus simples, et d'ouvrir à tous les voies de l'instruction et de l'amélioration. En me limitant à un petit nombre de pages, j'ai eu soin d'unir aux préceptes des agronomes les plus justement estimés, les notions nouvelles qu'un heureux concours de circonstances m'a mis à même de recueillir dans la pratique des autres et dans mes propres essais. Tout ce qui peut être utile est du domaine de tous; car, ainsi que l'a dit Bernard de Palissy, *les secrets de l'agriculture*, *comme aussi les sciences qui servent communément à toute la république ne doivent estre celez.*

Enfin, quand je l'ai cru d'une indispensable nécessité, j'ai fait voir la cause réelle de certains désordres, dans le même instant que je montrais ce qu'il fallait faire pour les réparer, déraciner ce que la routine a de fâcheux et conserver ce que le temps a justement consacré.

Malgré les succès qui ont accueilli la première édition de ce manuel (1829) ; malgré les changemens et les nombreuses augmentations que j'ai inséré dans ses diverses parties, je suis loin de penser qu'il ne laisse pas encore beaucoup à désirer : tel qu'il est, j'appelle sur lui l'attention des véritables praticiens ; je recevrai avec reconnaissance leurs observations. En tout temps et en tous lieux, ils me trouveront sans cesse jaloux de les entendre et de profiter des secrets que leur révèle une pratique de tous les instans et prêt à tout faire pour améliorer leur sort.

Puisse la lecture de mon livre contribuer à la plus grande prospérité de la maison rurale ; puisse-t-elle en rendre le séjour doux et cher, éclairer ceux de ses enfans qu'un sot orgueil, que les fallucieuses promesses d'une turbulente ambition entraînent à déserter le foyer domestique, à changer l'honorable indépendance qu'assurent les travaux champêtres contre le servilisme des

coteries et les déceptions d'une vaine gloire ; puisse-t-
elle enfin les prémunir contre les perfides envieux de
tout user, de tout avilir, et contre l'appât des mauvaises passions qui dégradent et amènent toujours à leur
suite la ruine des familles, la honte et l'infamie !

THIÉBAUT DE BERNEAUD.

Quiconque veut se livrer aux opérations agricoles doit
posséder trois choses de tout temps reconnues importantes : la connaissance de l'art, les moyens d'exécution et la volonté d'agir par soi-même.

Qui studium agricolationi dederit, antiquissimo sciat
hæc sibi advocanda, prudentiam rei, facultatem im-
pendendi, voluntatem agendi.

COLUMELLA, *de re rustica*, I. 1.

NOUVEAU MANUEL

DU

CULTIVATEUR.

LIVRE PREMIER.

DES TERRES ET DE LEURS AMENDEMENS.

CHAPITRE PREMIER.

DE LA CONNAISSANCE DES TERRES ET DES MOYENS A EM-
PLOYER POUR LES DISPOSER A UN ÉTAT DE CULTURE
CONVENABLE.

Connaître la qualité des terres que l'on est appelé à
cultiver, afin d'adapter à chacune les diverses espèces de
plantes qui lui conviennent, ou bien corriger, autant que
les circonstances actuelles le permettent, ce qui s'oppose
à la fertilité : tel est le premier devoir de celui qui veut
assurer le succès de ses opérations rurales. Sans cette connaissance, il n'y a point d'améliorations possibles, ni
chance calculable, encore moins espoir d'une réussite.

Pour atteindre donc à ce but important, deux moyens
se présentent d'abord, l'étude de la composition particulière du sol et l'examen de sa profondeur, de sa couleur,
de son degré d'expansibilité, de son exposition, des

végétaux qui y croissent spontanément ou qui s'y plaisent par une adoption de plusieurs années consécutives. Une pareille étude est de beaucoup préférable aux caractères indiqués dans les livres purement géonomiques. Sans doute , il y a quelque chose de vrai , de parfaitement justifié dans l'instruction grossière que transmet l'habitude , mais rien ne remplace les essais faits en petit , variés sous diverses faces pour découvrir les modifications à adopter , les élémens à conserver et les vices à combattre. Le patriarche de notre agriculture , Olivier de Serres , nous l'a dit : *les indices de la portée des terroirs ne sont preuves tant asseurées que l'expérience* (1). C'est aussi le moyen le plus efficace pour compléter l'œuvre d'une culture profitable et bien entendue.

§. I.ᵉʳ *De la nature des Terres.*

Il ne s'agit point ici de la recherche rigoureuse de tous les ingrédiens qui peuvent , dans des proportions plus ou moins tenues , entrer dans la composition du sol. Une semblable étude appartient au chimiste ; quant à nous , cultivateurs , tout en profitant des lumières répandues autour de nous par la science de l'analyse , nous n'avons réellement qu'à considérer si la base de nos terres tient plus à l'une qu'à l'autre des quatre substances suivantes : alumine , silice , calcaire et humus , lesquelles concourent en général à la composition de nos champs. Ce sont donc elles qui vont uniquement nous occuper.

1.º *De la Silice.* — Cette terre , la plus abondante dans la nature , est ainsi nommée parce qu'elle est formée de détritus de silex ou cailloux , c'est-à-dire de graviers et de sables de divers degré de finesse. La solidité de ses molécules et leur incohérence les empêchent de se laisser pénétrer par l'eau , principe de toute fertilité , par l'action de l'atmosphère , et de dégager la grande quantité du calorique qu'elle retient long-temps. L'eau passe à travers cette terre comme à travers un crible et se vaporise très-aisément par suite de l'absorption considérable qui s'y fait de calorique. Les végétaux ne peuvent germer sur ce

---

(1) *Théâtre d'Agr.* I.er Lieu, Chap. 1.

sol , à moins qu'il ne soit constamment entretenu humide
La terre siliceuse ou sableuse pure ne nous convient donc
pas , son infertilité rendrait tous nos efforts inutiles. Cependant n'allons pas la confondre avec les terrains d'alluvion , qui constituent une grande partie de nos vallées :
ces dépôts sont très-souvent homogènes , et leurs couches
de diverses natures , surtout lorsqu'elles ont peu d'épaisseur , forment des sols excellens , où le froment rend
d'ordinaire de quinze à vingt pour un , et où presque tous
les autres végétaux gagnent en bonté.

2.° *De l'Alumine.* — La terre argileuse ou alumineuse est ainsi appelée parce que , dans son état de pureté , elle sert de base à l'alun ; elle comprend les schistes,
les ardoises , etc. On la distingue par son imperméabilité
à l'eau qu'elle retient fortement quand elle en est imprégnée , et qu'elle ne perd que par une lente évaporation.
Elle est blanche dans son état de pureté , douce au toucher , sans saveur et happe à la langue , d'une ténuité
extrême , tenace et ductile ; en se desséchant , elle durcit
et se crévasse ; le feu lui donne la solidité de la pierre.
Son poids spécifique est moindre que celui de la silice ,
d'où il résulte que les dénominations de *Terres légères*
imposées assez généralement aux terrains dans lesquels la
silice domine , et de *Terres fortes* ou *lourdes* que l'on
donne aux terres alumineuses , sont inexactes et ne peuvent à la rigueur s'appliquer qu'à l'état de sécheresse habituelle qui rend les premières faciles à remuer , et d'humidité des secondes qui les rend intraitables.

Les semences se développent volontiers dans une terre
alumineuse , mais sa compacité ne permet pas au chevelu
des racines de s'y étendre convenablement. Par la sécheresse , cette terre perd son humidité ; elle se gerce , se
fendille , dilacère les racines , les met à nu , les expose à
toute l'ardeur de l'atmosphère , et les fait périr. Si la
pluie survient , elle remplit les gerçures , où elle est
fortement retenue ; là , elle noie les racines desséchées
qui , au lieu de se raviver par une absorption lente et proportionnée aux besoins qu'elles éprouvent , sont bientôt
frappées de moisissure et périssent. Ainsi toute terre alumineuse pure est mauvaise pour l'agriculture , puisqu'elle
ne peut pas se prêter régulièrement à toute l'influence des

météores, puisqu'elle ne se dilate point et qu'elle place sans cesse la végétation dans une situation fâcheuse.

3.º *De la terre Calcaire* ou crayeuse, base de toutes les marnes, des gypses ou plâtres, des marbres, de la chaux et de toutes les pierres calcaires, elle est due au règne animal qui l'accumule sans cesse sur le globe. Sous forme concrète et solide, comme dans la craie, elle admet difficilement l'eau et la laisse évaporer très-promptement ; quand elle est divisée, elle la mouille et ne fait que la traverser. L'humidité la rend pesante ; elle retient le calorique plus que l'alumine et moins que la silice. La terre calcaire, la plus inféconde de toutes dans son état d'homogénéité, porte cependant avec elle les principes de la fertilité dans les sols auxquels on l'associe en temps et en proportions convenables ; elle devient un amendement précieux pour les terres fatiguées, quand elle est mêlée avec une matière végétale, fibreuse et humide. C'est donc vers elle qu'il nous faut porter nos regards et étudier tous les moyens de combattre son infertilité naturelle, en profitant des nombreuses ressources qu'elle nous assure.

4.º *De l'humus.* — On appelle humus, terre franche, terreau, ou terre végétale, toute terre contenant des débris d'animaux et de végétaux dans un état de décomposition plus ou moins avancée, comme dans les terreaux factices, les tourbes, les terres dites de bruyères (1). Elle forme la couche la plus extérieure du globe ; sa couleur est ordinairement noirâtre ; elle est spongieuse, très légère, entre dans des proportions très variables dans la formation des diverses terres ; elle absorbe promptement le calorique et l'eau, mais elle conserve peu cette dernière, ce qui l'empêche de donner aux racines des plantes le degré de stabilité qui leur est nécessaire pour remplir toutes leurs fonctions. Unie à des substances huileuses, salines, et à des gaz qui ajoutent incessamment à sa fécondité, elle développe les germes qui lui sont confiés,

------

(1) La chimie reconnaît à l'humus trois principes distincts : l'extrait de terreau soluble dans l'eau ; le terreau charbonneux insoluble dans ce liquide, et la géine.

et comme la plante y trouve une nourriture abondante, elle y croît rapidement ; on peut même lui reprocher de lui donner une luxuriance telle que la tige porte bien des fleurs , mais celles-ci nouent rarement ou du moins les fruits qui leur succèdent parfois sont petits et de médiocre qualité.

Théorie résultant de ce premier examen. — Ainsi donc l'alumine , la silice et terre calcaire pures sont incapables de fournir une bonne végétation par excès d'infertilité , tandis que l'humus pêche par excès contraire. En d'autres termes , l'humus est chargé d'une quantité surabondante de principes excitans pour répondre convenablement aux vœux et aux besoins du cultivateur ; il retient l'eau , et par la nature même de la géine (1) qui constitue sa masse principale , il s'oppose à son évaporation. Cependant , de la combinaison de ces quatre agens mécaniques ou chimiques résulte le véritable sol arable. La nature nous offre ce mélange heureux dans les dépôts formés par les courans lors des grands cataclysmes qui , si souvent , ont bouleversé la surface de notre globe. Ce mélange , on peut parvenir à l'imiter artificiellement ; pour cela nous devons apprécier les diverses qualités de chacune des espèces de terre et savoir dans quelles proportions ces quatre terres réunies constituent un mélange convenable. La fertilité diminue selon que l'une prédomine ; elle devient presque nul dans le cas où l'amalgame ne présente plus que les propriétés d'une seule ; le mélange se trouvant préparé et parfaitement calculé , la force électro-chimique doit les grouper , les combiner de manière à ce que les molécules s'unissent intimement entre elles et produisent une terre animée , je veux dire susceptible de solliciter , d'une part, les stomates radiculaires à fonctionner largement et sans grands efforts ; de l'autre part , l'absorption des fluides propres à la nourriture du végétal. L'opération est simple , mais lente ; on la hâte par le transport des couches terreuses de diverses natures , par les labours , les binages et par les autres travaux de ce genre.

_____

(1) C'est une des substances les plus hygrométriques que l'on connaisse.

2.*

Avant de la faire cette opération, présentons ici et en peu de mots, ce qu'il importe de déduire des observations précédentes.

1.º La substance siliceuse n'admet qu'un quart de son poids d'eau, la calcaire moitié, l'humus un tiers et l'alumine deux fois et demie ;

2.º Leur pesanteur spécifique les place dans l'ordre suivant : humus, calcaire, alumine et silice ;

3.º La substance alumineuse donne à la silice et au calcaire le degré de ténacité qui leur manque pour absorber et retenir convenablement l'eau ; elle en reçoit à son tour le degré de porosité et de division qui lui manque pour recevoir et conserver les bienfaisans effets du calorique et des météores ;

4.º La silice, qui est naturellement sèche et aride, reçoit, par son union avec les substances calcaire et végétale, l'onctuosité qui les caractérise, et devient alors propre à fournir aux plantes les principes essentiels à leur parfait développement ;

5.º Les sols les plus favorables à la végétation sont ceux qui joignent à la friabilité nécessaire pour y faciliter le jeu de l'air, de l'eau et du calorique, l'aliment convenable pour y déterminer et soutenir les diverses évolutions des germes et des racines, ainsi que le lien suffisant pour retenir les tiges dans une position propre, et assurer à la plante entière toute la solidité dont elle a besoin pour remplir sa destination ;

6.º Les diverses proportions des quatre substances élémentaires constituent la variété des sols et décide de leur richesse, de leur bonté ou de leur médiocrité, selon que l'alumine y abonde plus ou moins et que leur profondeur est plus ou moins grande.

Nous avons sous la main les matières premières pour bonifier notre fond et imiter les procédés de la nature ; il y a donc plus que de l'insouciance à ne pas le faire. On est dédommagé de ses soins par un avantage considérable et permanent. Les capitaux employés à ces grandes opérations rapportent des intérêts immenses, puisque, d'une part, ils assurent pour toujours la fertilité et donnent une valeur décuple, non-seulement aux terres, mais encore à leurs divers produits.

§ II. *Analyse des Terres.*

Voyons maintenant comment nous arriverons à l'analyse du sol que nous avons à étudier.

Prenons dans toute la profondeur de la couche labourable du champ soumis à notre examen une quantité quelconque de terre, un demi-kilogramme par exemple. Nous mettrons d'abord cette portion de terre à sécher, puis nous la plongerons dans un vase plein d'eau, où elle sera délayée, agitée doucement à plusieurs reprises. Après un léger repos, nous enlèverons la substance qui surnage et présente en abondance des débris de végétaux : elle sera mise de côté pour la considérer plus tard. Sur le mélange restant, jetons de l'acide muriatique, afin d'opérer une effervescence propre à attaquer la substance calcaire et à la dissoudre ; il faut remuer encore et continuer à verser de l'acide jusqu'à ce que le bouillonnement cesse et que la dissolution calcaire soit complète. Nous décanterons, après un moment de repos, dans un autre vase, toute l'eau pour qu'il ne reste plus que les substances alumineuses et siliceuses ; nous les séparerons à leur tour l'une de l'autre par l'addition d'une nouvelle dose d'eau que nous remuerons et décanterons ensuite dans un autre vase pendant qu'elle tient en suspension l'alumine. La silice demeure au fond avec toutes les pierres calcaires de diverses grosseurs, le sablon, etc. L'opération terminée, nous peserons de nouveau, et ce qui manquera au poids réuni des substances végétale, alumineuse et siliceuse, séchées après le travail, nous indiquera la proportion de substance calcaire dissoute.

Comme on le voit, à l'aide de ces procédés, aussi simples, aussi faciles qu'ils sont à la portée de toutes les classes de cultivateurs, on peut acquérir une idée juste des proportions approximatives de chaque substance. Il est inutile, comme nous l'avons déjà dit, de s'occuper d'une analyse plus complète, d'abord parce qu'en agriculture il faut perdre le moins de temps possible, ensuite parce que les proportions des parties constituantes du sol varient presque toujours sur plusieurs points du même champ, et que l'œil exercé par l'étude préliminaire des terres et par l'opération indiquée, reconnaît aisément ce qu'il lui importe de voir et d'apprécier.

On peut encore s'assurer si la terre contient une plus ou moins grande quantité d'oxide de fer, en l'écrasant sur du marbre; l'indice de cette présence est dans les stries jaunes ou rougeâtres qu'elle laisse sur le marbre.

L'ébullition de la terre dans l'eau fournit quelques indices. Quand l'eau est d'un brun jaunâtre, la terre contient de l'humus soluble; quand elle reste incolore et que le fond offre un résidu grisâtre, c'est une preuve que la terre renferme de l'argile et du terreau mort. Si vous faites cuire la terre dans l'eau en y ajoutant une solution de potasse, et que vous obteniez une liqueur d'un brun foncé et opaque, nul doute que la terre renferme des oxides in olubles; mais si le résidu est incolore, la terre contient une grande quantité d'humus.

En soumettant votre terre à la calcination, vous aurez encore des indications utiles. Si dès le commencement de l'opération, la terre prend une couleur noire, c'est un indice certain qu'elle contient de l'humus ou des matières qui furent organisées; si elle affecte ensuite une teinte jaunâtre, plus prononcée que avant l'action du feu, l'on peut conclure qu'il s'y trouve de l'oxide de fer; si, après l'ignition, elle se montre blanche, elle renferme beaucoup de craie ou de gypse.

RÉSUMÉ. — Une petite quantité de carbonate de chaux suffit pour changer les caractères actuels d'un terrain. Ici, j'ai vu cinq et six centièmes de cette substance, fournie par le marnage, produire des effets vraiment extraordinaires, tandis que là (surtout aux environs de Lille, département du Nord), un seul centième affecte très-sensiblement la nature du sol et dérange la végétation. Certaines vallées, celle du Nil entre autres, contiennent beaucoup de carbonate de magnésie et sont très-fertiles, quand cette même substance dispose à la stérilité les vallées de nos départemens du Midi. Le gypse produit de l'effet sur les légumineuses cultivées en des terres formées d'alluvions anciennes; il est sans aucune puissance dans celles dues à des alluvions récentes.

De semblables résultats, jusqu'ici laissés par la science, en dehors de ses recherches, font le désespoir du cultivateur qui, pour être éclairé sur ce qu'il doit faire, est obligé de tout attendre du temps et d'une expérience

tardive, chèrement acquise. Il aurait cependant le plus
grand intérêt de savoir avec précision le genre de plantes
qu'il lui convient de semer sur telle sorte de terre, la
quantité d'engrais ou la nature des amendemens qu'il
peut lui donner pour se voir vîte et largement payé de
ses longues sueurs.

En attendant l'acquisition précieuse de ces documens,
souvenons-nous que toute terre, renfermant des carbonates de chaux et de magnésie, convient essentiellement
aux fromens et aux diverses plantes légumineuses ; les
terres silico-argileuses sont propres aux arbres destinés
à vivre en forêts ; les terres simplement siliceuses appellent les plantes dont la végétation marche active-
ment même durant l'hiver (tels sont les seigles, les
raves, etc.) ; le terreau favorise la rapide production
des plantes potagères que l'on cultive pour la tige et les
feuilles, etc.

Relativement aux fumures qui doivent les perfectionner d'une manière certaine et durable, les terres sableuses les veulent fréquentes afin qu'elles fassent profiter
immédiatement la vie végétante de leur lente décomposition et de leur amalgame. Les terres argileuses retenant
les fumiers bien plus long-temps, on les leur administre
avec abondance, mais à de grands intervalles. Les terres
d'alluvion préfèrent l'amendement du plâtre ; les terres
argileuses celui de la marne, les terres de nature organique exigent l'addition du fumier animal pour faciliter et précipiter le travail de la décomposition du
terreau.

Une dernière considération est celle de la situation
géographique du terrain à exploiter ; souvent elle change
les faits les mieux constatés, ou du moins elle les modifie si étrangement qu'elle nous défend l'application des
connaissances acquises. Ainsi, nous voyons un sable
grossier et pur complètement stérile dans le centre et
le sud de notre belle France, se montrer fertile dans
le Nord et même au voisinage de l'Océan. Cette différence provient sans doute, pour cette dernière localité,
d'un ciel souvent nuageux, des pluies que sollicite et
détermine l'action permanente des brumes de mer, par
conséquent d'une humidité plus constante, d'une absorption plus régulière de la chaleur solaire et d'une décom-

position moins instantanée , beaucoup plus générale et plus lente , tandis que sous une latitude plus chaude ou plus sèche , plus venteuse et moins pluvieuse , les végétaux s'y brûlent , les engrais s'y dessèchent et ne peuvent exercer aucune influence avantageuse au développement des plantes , à l'infiltration et à l'amalgame des fumiers. Nous reviendrons dans le chapitre suivant et même plus bas sur ces détails à cause de leur grande importance.

CHAPITRE II.

DIVISION DES SOLS.

D'après les bases établies précédemment , un sol prendra la dénomination de *siliceux* , *alumineux* , *calcaire* , *humus* ou *végétal* , selon que l'une de ces substances y prédominera ; et à raison des proportions respectives de plusieurs parties d'entre elles , les dénominations seront complexes , c'est-à-dire composées de deux ou trois mots indicateurs du genre , tels que sol *silico-calcaire* , *silico-alumineux* , *silico-alumineux-calcaire* ou *silico-calcaire-alumineux* , etc.

Un *sol riche* est celui dans lequel la sicile entre pour 2 parties , l'alumine pour 6 , le calcaire et l'humus chacun pour 1 : en tout 10 parties.

Un *sol bon* , silice 3 parties , alumine 3 , calcaire 2 $\frac{1}{2}$, humus 1 $\frac{1}{2}$: en tout 10 parties.

Un *sol médiocre* , silice 4 parties , alumine 1 , calcaire 5 , humus quelques atômes : en tout 10 parties.

On corrige , on améliore un sol médiocre par l'addition d'une autre terre ; nous en traiterons en parlant du mélange des terres.

Indice accidentels de la composition des sols.

Passons maintenant à quelques autres moyens pour bien

connaître la nature du sol ; je n'ignore pas qu'ils sont autant de qualités accidentelles ou, si l'on veut, qu'ils offrent des caractères la plupart insignifians, empyriques même ; mais quand on s'adresse à des hommes appelés à faire leurs délices de la terre qu'ils cultivent, rien n'est à négliger. Je vais donc parler, 1.º de la couleur que présente la surface d'un champ, 2.º de l'aspect de sa cassure ; 3.º de sa profondeur ; 4.º de sa situation et de son exposition ; 5.º de son degré d'expansibilité ; 6.º enfin des végétaux qui y viennent spontanément ou qui y croissent par adoption

§. I.er *De la Couleur et de la Saveur.*

Il est de bonnes, de médiocres et mauvaises terres de toutes les couleurs : cet indice n'est donc point un signe infaillible, comme l'ont avancé plusieurs auteurs géoponiques. On peut en dire autant de la saveur, qui ne pourra jamais éclairer sur la qualité d'un sol quelconque. Cependant, pour ce qui regarde la couleur, on est en droit d'avancer, quand elle est noirâtre, c'est-à-dire de la couleur adoptée par les débris des végétaux et des animaux décomposées, que le sol est essentiellement végétal. La couleur rougeâtre ou de rouille annonce assez généralement la présence de l'oxide de fer qui, ainsi que tous les minéraux, nuit d'ordinaire à la végétation, lorsqu'il n'est pas corrigé ou neutralisé par l'argile ou des sels calcaires. On peut s'assurer de l'existence du fer dans une terre en la faisant chauffer fortement et en lui présentant le barreau aimanté auquel le fer s'attache, ou mieux encore en la mettant à infuser dans une dissolution de noix de galle avec laquelle on fait de l'encre. Le gris foncé dénonce la présence de l'oxide de fer, d'un terreau inerte ou de la manganèse.

§. II. *De la Cassure et de l'Aspect.*

Plus les mottes de terre sont volumineuses au premier labour d'un champ, plus il contient d'argile ; plus la terre séchée devient luisante, plus elle renferme de sable quartzeux ou de mica.

Une cassure granuleuse annonce le sable ; celle qui est farineuse, un mélange de sable, d'argile, de chaux et d'humus. Quand la cassure est feuilletée, c'est l'indice du schiste argileux ou du grès.

Les crévasses des mottes de terre sont-elles nombreuses et grandes? Concluez-en que la principale partie de votre sol est en argile.

§. III. *De la Profondeur.*

L'examen de la profondeur du sol est d'une grande importance quand il s'agit de planter des arbres et arbustes, ou de cultiver des plantes dont les racines vont chercher profondément leur nourriture dans la terre. Le meilleur terrain est celui qui a le plus de profondeur et d'étendue dans les couches. La substance siliceuse assise superficiellement sur une couche alumineuse est bien moins aride qu'elle ne le serait sans cette circonstance : et quand cette couche se trouve heureusement mélangée des substances calcaires et alumineuses ; il en résulte d'ordinaire des produits qui contrastent singulièrement avec l'apparence superficielle du sol. C'est ainsi que nous avons vu, dans divers cantons, des saules et des peupliers prospérer sur une terre siliceuse, dont la couche mince reposait sur une seconde couche alumino-calcaire qui retient et lui conserve une humidité favorable. Ailleurs nous avons rencontré des sols qui ont l'air d'une nature excellente, où cependant la végétation est languissante, surtout celle des plantes à racines pivotantes ; en les étudiant avec soin, nous ne tardions pas à nous apercevoir qu'ils ont peu de profondeur, et qu'ils touchent à une couche siliceuse où crétacée. Cette dernière couche se montre-t-elle dans quelques parties d'un champ à peu de distance de sa surface, on donne communément à ces portions le nom de *Réchauds*, dans les environs de Paris, où ils sont assez fréquens, parce qu'elles sont plus exposées que le surplus du champ aux inconvéniens de la chaleur.

Le moyen le plus facile, le plus certain, et le plus expéditif pour s'assurer de la profondeur des différentes couches de terres, c'est de recourir à la sonde. Cet instrument, que l'on nomme aussi *Tarière*, *tariau* et *perçoir*, est composé de plusieurs barres de fer arrondies, de 2 mètres de long chacune sur 54 millimètres de diamètre, qui s'emboîtent l'une dans l'autre. Elles sont toutes percées, savoir : la première à 9, 12 et 16 décimètres de hauteur, et les autres de 32 en 32 centimètres pour y placer des petites chevilles en fer qui servent à retenir une manivelle ou manche de 65 centimètres de long et de 13 à 16 de grosseur, au milieu de laquelle est un trou suffisant pour faire entrer la barre de manière à former une croix. On tient la sonde par cette manivelle, et en la tournant elle s'enfonce dans le sol autant qu'on le juge convenable. A l'extrémité inférieure de la première barre, il y a une forte pointe en acier fixée par une vis, et destinée à percer la terre, les pierres et autres matières ; elle a dix centimètres de long ; au-dessus de la pointe proprement dite, à dix centimètres, est une ouverture ou rainure pour recevoir les différentes couches de matières qui existent dans le sol soumis à l'opération du sondage. Cette rainure, arrondie dans le fond, a 16 centimètres de longueur sur neuf millimètres de large, et 21 de profondeur. Deux hommes suffisent pour tourner la manivelle si le terrain est pierreux ; et dès que l'on s'aperçoit que la pointe est obtuse, il faut la remplacer. On peut substituer à la pointe et à la rainure une mèche, une gouge ou cuiller, bien tranchante et pointue, dans le genre des fortes tarières dont se servent les charrons. Pour opérer un sondage régulier, on n'emploie d'abord qu'un, ensuite deux, trois, etc., morceaux de la tige ; on retire l'instrument à chaque addition pour connaître l'espèce de terre parcourue. L'opération est lente, pénible même ; mais son utilité est si grande, qu'elle indemnise suffisamment de la fatigue.

§. IV. *De la Situation et de l'Exposition.*

Ces deux conditions servent, plus qu'on ne le pense, à déterminer le degré de fertilité ou de stérilité d'un sol. Selon la situation d'une terre alumineuse, cette substance, généralement nuisible à la végétation, présente une compacité désespérante dans les contrées basses et humides, tandis qu'elle perd en grande partie cette fâcheuse propriété dans les lieux élevés, où elle donne plus d'accès à l'action de l'air et de la chaleur. Il en est de même des terres siliceuses ; arides et stériles sur lès hauteurs, elles deviennent fertiles et très-productives dans les vallons arrosés par des eaux courantes, où elles trouvent sans cesse une humidité propre à retenir les plantes. L'exposition apporte aussi des différences notables dans la nature du sol, et la rend plus ou moins froide, plus ou moins chaude, plus ou moins humide, selon que cette exposition est au nord, à l'est, au midi ou à l'ouest. Il faut toujours la consulter pour l'approprier aux végétaux que l'on cultive. Les arbres forestiers situés au nord donnent en général de mauvais bois ; l'exposition au midi leur convient mieux. La vigne veut profiter du soleil depuis le matin jusqu'au soir. Les arbres à fruits réussissent parfaitement dans les lieux élevés ; les qualités de leurs fruits perdent beaucoup dans les lieux bas, où ils sont continuellement exposés aux rosées et à une humidité pour ainsi dire stagnante. Les abris, en modifiant l'intensité du froid, en amortissant la violence des vents, sont les auxiliaires de l'exposition, et, comme elle, exercent une grande influence sur la végétation. Ceux naturellement formés par les montagnes et le voisinage des forêts la favorisent d'une manière remarquable. La même terre, située au pied septentrional d'une élévation, offre des résultats bien différens que ceux qu'elle présente au pied méridional ; et comme le degré de chaleur ou de froid n'est pas toujours en raison de la latitude, mais bien selon les abris ou l'exposition, il en résulte que le même terrain se refuse ici à des productions que là il montre dans la plus grande prospérité. Je citerai pour exemple le bassin de Cherbourg, où l'on voit en pleine terre le laurier, le grenadier, l'oranger donnant des fleurs et des fruits, tandis que ces arbustes du Midi périssent sous la même latitude et à peu de distance de là.

§. V. *De l'Expansibilité.*

Toutes les parties constituantes d'un terrain éprouvent une plus ou moins grande expansibilité sous l'influence de l'atmosphère. Plus cette expansibilité est grande, plus le sol est excellent pour la culture. La terre siliceuse, sous ce rapport, n'est point sujette à des changemens sensibles ; loin de se gonfler lorsqu'elle est mouillée,

elle s'affaisse au contraire, elle dispose plus régulièrement ses molécules et leur fait remplir les interstices qui
existaient précédemment entre elles. Les substances alumineuse, calcaire et végétale offrent un phénomène tout
opposé. Susceptibles de fermentation, ou du moins de
de se ramollir et de se gonfler dès qu'elles se trouvent
exposées à l'air libre, surtout si elles ont été d'abord
divisées mécaniquement, elles éprouvent un mouvement
de dilatation plus ou moins considérable qui augmente
leur volume et leur fait occuper plus d'espace qu'auparavant ; la première en s'imprégnant de l'humidité atmosphérique qu'elle perd difficilement ; la seconde par suite
de sa grande disposition à l'effervescence, et la troisième
comme possédant beaucoup de ressort d'élasticité. Voilà
pourquoi la terre sortie du trou ouvert pour planter un
arbre acquiert promptement plus de volume et de bonté ;
la terre siliceuse elle-même devient d'autant meilleure
qu'elle est restée plus long-temps en contact avec l'air
ambiant.

§. VI *Des Végétaux qui croissent spontanément sur le
sol ou qui paraissent l'avoir adopté.*

L'étude des productions naturelles ou adoptives d'un
sol ne fournit, à bien prendre que des inductions la plupart fallacieuses ; mais, unies aux autres moyens que
nous avons indiqués, elles concourent puissamment à
faire apprécier la qualité de la terre. La Présence de
l'hièble (*Sambucus nigra*) est un indice rarement trom-
peur d'une bonne terre à blé, c'est-à-dire une terre suffisamment humide dans laquelle dominent les substances,
calcaire et alumineuse, comme la fougère (*Pteris aqui-
lina*) et le trèfle blanc (*Trifolium repens*) le sont d'une
terre à seigle, c'est-à-dire d'une terre siliceuse et médiocre. Le chardon à foulon (*Dipsacus fullonum*) et la
luzerne (*Medicago sativa*) annoncent une terre meuble,
profonde et substantielle tout à la fois ; l'orge (*Hordeum
vulgare*) et l'avoine (*Avena elatior*) prouvent bien aussi
que le sol est meuble et profond, mais la première de
ces plantes veut une exposition chaude, tandis que la seconde la veut froide. Le sainfoin (*Hedisarum onobrychis*),
originaire des Alpes, se plaît dans un terrain crayeux et

élevé ; le jonc (*Juncus*) et la prêle (*Equisetum*), l'o-
seille sauvage (*Rumex acetosella*), la patience (*Rumex
patientia*), les renoncules (*Ranunculus*), l'argentine
(*Potentilla anserina*), la persicaire (*Polygonum persicaria*), etc., viennent dans un sol humide et alumineux ;
l'ortie (*Urtica*), l'ognon sauvage (*Hyacinthus comosus*)
et la bruyère (*Erica*) préfèrent une terre siliceuse et
sèche ; le poirier (*Pyrus communis*) et le noyer (*Juglans regia*) surtout, prospèrent dans les terres calcaro-
alumineuses et profondes ; le prunier (*Prunus*) et les
pins (*Pinus*) vivent dans les terrains siliceux, secs et
arides. Il serait facile de multiplier ces exemples, mais
j'estime que ceux-ci suffisent ; d'ailleurs il est bon d'observer encore que des circonstances accidentelles les modifient quelquefois, et qu'à ce titre, ils ne sont ici qu'un
moyen tout-à-fait supplémentaire des connaissances à
acquérir.

CHAPITRE III.

DE L'AMÉLIORATION DES DIFFÉRENS SOLS.

Autant nous avons de ressources pour juger la nature
du sol, autant nous trouverons de difficultés pour déterminer avec précision, par la simple théorie, ce qu'il
convient de faire pour en corriger les vices, pour lui
donner ce qu'il lui manque ou tempérer ce qu'il offre de
surabondant. L'expérience est encore ici le grand juge, le
juge irréfragable, et le seul à consulter. Ne pouvant donc
tirer que des conjectures plus ou moins probables, nous
tâcherons d'établir des règles pour les cas les plus ordinaires, et de consigner ici en peu de mots ce que quelques circonstances particulières peuvent nous avoir révélé
d'utile. Nous dirons d'abord quelque chose du mélange
artificiel des terres, de l'épierrement, du défoncement
et de la destruction des plantes nuisibles ; nous traiterons
ensuite du dessèchement, du défrichement, de l'écobuage, des engrais et des autres amendemens.

§. I.er *Du Mélange des Terres.*

Déjà nous avons vu que les terrains essentiellement si-
licieux, arides et stériles, dans certains cantons, sont
très-productifs dans d'autres, et que le sol alumineux,
visqueux et adhérent, dans les lieux bas et humides,
perdait ces fâcheuses propriétés dans les lieux secs et
élevés. Ce changement est dû à l'action des météores et
à la situation du terrain. Et, comme la stérilité provient
de l'absence de proportion dans les principes qui constituent la bonté d'un terrain, il faut rétablir l'équilibre
par le mélange des terres; mais d'abord, il faut savoir
dans quelles proportions ce mélange doit se faire, et
pour ce, il importe d'apprécier la nature du climat, la
quantité moyenne de pluie qui tombe par année, et la
force relative de l'évaporation, lesquelles agissent directement sur la qualité du sol. Ces appréciations varient
beaucoup et modifient nécessairement les proportions à
employer.

Règles générales. La nature, toujours prévoyante dans
ses combinaisons harmoniques, nous fournit tous les élémens nécessaires pour opérer convenablement le mélange
des terres : c'est à nous d'ouvrir les yeux et de l'étudier
comme elle veut l'être. En effet, dans les pays granitiques, elle a placé les terres sablonneuses, les sables
de bruyères à côté des terrains onctueux et trop glaiseux. Dans les endroits les plus secs, on doit chercher
à retenir l'humidité, de manière à ne pas nuire à la végétation, et dans ceux humides, faciliter l'écoulement
des eaux dont la trop grande quantité tend sans cesse à
pourrir les germes et les racines. Sur un coteau dont la
pente enlève rapidement l'humidité, la terre demande à
être d'une contexture moins poreuse que celle placée
en surface plane, sans inclinaison, et où l'eau reste comme
stagnante. Là où l'argile domine, le sable viendra apporter la fécondité, tandis que le champ où ce sera la
marne il produira le même résultat que dans les terrains siliceux. L'alumine, dépouillée de sa forte adhérence, peut,
dans certains cas, servir à fertiliser des terrains trop
compactes : nous en avons la preuve dans le département
de l'Eure. Le gravier siliceux ouvre et ameublit plus facilement la substance alumineuse que le sablon très-fin ;

3.*

par sa ténuité, celui-ci s'unit promptement à elle, et d'une manière si intime qu'il devient alors autant nuisible que l'alumine elle-même ; mais, si vous l'unissez à des petites pierres répandues comme on en use pour le fumier, et si vous labourez profondément, vous atteindrez facilement le but. La différence dans les proportions se calcule sur la nature et le mécanisme végétatif des plantes que l'on veut cultiver : ainsi, pour donner un exemple, ces proportions ne peuvent être les mêmes pour les plantes bulbeuses, qui demandent un terrain plus sec que humide, et pour les crucifères qui préfèrent, au contraire, un terrain plutôt humide que sec.

Les succès de cette pratique sont attestés par l'expérience. Les plantes qui croissent sur les terres mélangées prennent un développement rapide, elles ont une vigueur qu'elles ne présentent point sur les terrains du voisinage qui n'ont point été préparés, et les récoltes qu'on en obtient paient au centuple les sueurs du laboureur.

§. II. *De l'Epierrement.*

Epierrer c'est enlever les pierres d'un champ, d'une prairie, d'une vigne, d'un jardin : cette opération est indispensable pour le potager, les plantes légumineuses qu'on y cultive dépériraient sur un sol caillouteux : il faut donc enlever soigneusement jusqu'aux plus petites pierres qui se trouvent aux lieux qu'on leur destine, on se sert à cet effet d'un râteau. Les pierres nuisent doublement aux prairies ; d'abord elles occupent une partie du sol et dessèchent les végétaux qui les avoisinent ; ensuite la fauchaison devient difficile et les ouvriers craignant de briser leurs outils contre une pierre, coupent l'herbe à une certaine distance de la terre. On éprouve alors une diminution considérable dans la récolte du foin.

Pour les champs et les vignes, l'épierrement doit être considéré sous divers points de vue.

Quand un sol montre à sa surface des pierres grosses, mais peu volumineuses, il faut tenter de les enlever ; si ce sont des rochers superficiels, le mieux est de les diviser au moyen de la poudre à tirer, surtout si les frais d'extraction sont très-onéreux ou que les moyens ordinaires se trouvent insuffisans. S'ils sont trop difficiles à enlever, il convient de les enfouir profondément avec des terres de rapport.

Un propriétaire du département du Gard a fait jouer la mine dans une roche calcaire qui coupait désagréablement ses cultures; il en brisa ensuite les éclats au marteau, et il a planté de la vigne : elle y est superbe et d'un bon rapport. Il en est de même à Saint-Philibert, à deux myriamètres de Nantes, où j'ai vu prospérer, en 1823, une vigne sur le sommet d'un roc vif, de granit schisteux, du haut duquel l'œil plane avec plaisir sur le beau lac de Grand-Dieu. Dans le département de l'Ariège, aux endroits les plus couverts de grosses pierres roulées, on remarque des ceps d'une superbe venue et de très-bonne qualité.

Pour ce qui concerne l'épierrement proprement dit, il demande à être fait avec prudence. Il est utile dans les terres à fond sablonneux, parce que les pierres y nuisent à l'action des instrumens aratoires, et parce que ensuite leur présence, en concentrant beaucoup le calorique, augmente la disposition que la ténuité des molécules de ce sol ont à s'en laisser pénétrer, et dessèche les racines. On épierre chaque année au moment des labours, mais il faut bien se garder de tout enlever : l'expérience a prouvé, chez les anciens, à Syracuse, au rapport de Théophraste (1), et de nos jours dans les communes de Beauvoir, de Nort, de Saint-Gervais et de Chalans, département de la Loire-Inférieure, qu'un épierrement complet rend le sol tellement compact qu'il détruit pour long-temps tout espoir de fécondité.

Il est facile de voir qu'un sol très-sablonneux est naturellement disposé à subir tous les désagrémens des chaleurs de l'été, et par suite à être condamné à ne produire que des plantes rabougries. Si, possesseur d'un semblable terrain, vous voulez l'arracher à cette triste nullité, gardez-vous de l'épierrer, au contraire ouvrez partout des tranchées, jetez partout des cailloux en nombre et par lits de l'épaisseur de 60 à 70 centimètres,

_____

(1) *Traité des causes*, III. 25; et Pline, *Hist. nat.* XVII. 4.

recouvrez-les de la terre défoncée, et par-dessus placez une couche de terre végétale de 16 à 20 centimètres, répandez ensuite dessus de la graine d'herbe, elle viendra touffue, brillante de verdure, elle montera vite, et lorsqu'elle donnera fleurs, retournez-la, semez alors de bons grains, et vous aurez de superbes récoltes. L'humidité du sol inférieur, conservée par la couche de cailloux, montera lentement jusqu'à la terre supérieure et ne sera jamais entièrement évaporée. De la sorte, les deux causes les plus influentes sur la prospérité de la végétation, la chaleur et l'humidité, se trouveront réunies et dans un accord parfait.

Une pierre de nature calcaire ou gypseuse, susceptible d'une assez prompte division dans ses parties, doit demeurer sur le sol : d'une part, elle l'amende par sa décomposition successive, opérée par l'influence des labours et l'action incessante des météores ; elle retient l'humidité, et attire plus la rosée que la terre. De l'autre part, comme elle absorbe une grande masse de chaleur, elle la conserve long-temps et la communique à la terre qui l'environne.

Dans les terrains argileux et froids, sur ceux qui sont aquatiques, compactes et alumineux, la présence des pierres est, comme on le pressent déjà d'après ce qui précède, très-essentielle dès qu'elles n'arrêtent point le mouvement et l'action des outils ; elles y agissent en outre mécaniquement en les divisant et aident à les rehausser. Sur les coteaux plantés de vignes, principalement lorsqu'on s'approche davantage de la limite que cet arbuste ne franchit point, les pierres accélèrent la maturité des raisins par la réfraction des rayons solaires, comme sur les coteaux arides, leur présence devient un obstacle puissant au trop prompt écoulement des eaux pluviales.

Olivier de Serres (1) conseille de recourir à l'emploi des pierres partout où la vigne demande une chaleur soutenue et modérée. Il veut que l'on réunisse celles qui ont été enlevées, non par monceaux sur un coin du champ, mais, ainsi que nous venons de le dire, pour

---

(1) *Théâtre d'Agriculture*, Lieu II, chap. 1, et Lieu III, chap. 9.

les jeter sur une ou plusieurs tranchées profondes ouvertes exprès et dont on recouvre, selon lui, la masse
par quarante centimètres de terre, dont *la superficie
réaplanie porte à l'aise toutes sortes de grains, ou bien
arbres et vignes et autres choses qu'on y veult loger.*
Ce conseil devrait être suivi partout.

Déjà nous pouvons citer les beaux ceps de chasselas
cultivés à Tommery, près de Fontainebleau (Seine-et-
Marne) ; ils sont entourés de pierres, afin de leur offrir
une humidité bienfaisante sur une terre d'alluvion ; il en
est de même des vignes du Médoc (Gironde), dont le
sol n'est formé que de galets et de débris quartzeux.
C'est parce qu'ils sont plantés sur un sol caillouteux
qu'on voit en pleine prospérité, au 50.ᵉ degré 22 minutes
de latitude nord, les ceps des environs de Coblentz, au
confluent de la Moselle et du Rhin ; il faut citer aussi
ceux de Tokay, que l'on voit sur les mamelons les plus
élevés d'une montagne de la Hongrie placée en face des
monts Krapacks.

C'est pour remédier à l'absence des pierres dans les
terres purement argileuses, que l'on y met à cuire l'argile, en lui faisant subir une calcination propre à lui
imprimer la dûreté suffisante pour que, étant ensuite
brisée, elle prenne l'apparence de petits cailloux ou de
gravier, et puisse diviser et rendre meubles les terres,
donner aux eaux un écoulement plus facile et en rendre
l'évaporation moins prompte.

Il y a des localités où, pour donner de la solidité et
de la fertilité au sol, l'on est obligé d'y porter des pierres ;
telles sont entre autres les terres du département de la
Charente-Inférieure, celles du village d'Homanches,
près Bayeux (Calvados). Il en est, comme les petites
vallées du Haut-Boulonnais (Pas-de-Calais), et une
grande partie de nos départemens de l'Hérault, de la
Haute-Garonne, du Lot, de la Dordogne, de la Haute-
Vienne, de la Meuse, de la Meurthe, de la Moselle,
etc., qui sont tellement couvertes de cailloux qu'il y a
des endroits où il s'en trouve deux lits l'un sur l'autre ;
enlevez-les et vous réduirez le pays à la stérilité la plus
complète. Le blé que l'on y sème est superbe, très-
abondant et d'une excellente qualité. La vaste plaine de
la Crau, à l'embouchure du Rhône, prouve aussi qu'il

peut exister d'excellens pâturages sur des terrains très pierreux, puisqu'elle offre une nourriture suffisante et de la meilleure qualité aux nombreux troupeaux de moutons qui s'y arrêtent. Ici, les pierres, toutes de nature calcaire, amendent continuellement le sol par leur détritus successif, résultant de la décomposition lente opérée par les labours et les météores.

D'après les faits ci-dessus, on voit que l'épierrement doit se faire rigoureusement dans les jardins, les prairies et les terrains destinés à porter des légumineuses ; que, dans d'autres terres, il ne faut enlever que les pierres très-grosses et non les autres ; que là où leur volume n'empêche pas la charrue d'ouvrir le sillon ni les autres outils de culture d'entrer dans le sol, elles doivent être regardées comme un auxiliaire du labourage. Plus vous avancez vers le nord, plus les pierres sont utiles dans les vignes. Elles s'opposent à ce que la terre se plombe, se durcisse en grosses masses ; elles défendent les racines contre l'ardeur du soleil et du hâle, elles conservent l'humidité du sol aux places qu'elles couvrent. Quand il survient des pluies après une longue sécheresse, l'eau pénètre à travers ces pierres et ne se perd ni par l'évaporation dans les plaines, ni par l'écoulement sur les pentes, ni par une rapide absorption aux lieux élevés.

La présence des pierres autour des arbres fruitiers est également utile ; elles les rendent très-beaux et leurs productions d'une saveur beaucoup plus agréable ; l'olivier donne, sous leur influence, une huile des plus délicates, et la feuille du mûrier leur doit une précocité et des qualités de nature à répondre de bonne heure à tous les besoins du bombix fileur : j'ai acquis la certitude de ces derniers faits en étudiant le sol de la Crau.

§. III. *Du Défoncement.*

Du moment que l'examen du terrain est complet, soit dans ses couches supérieures, soit par celles situées au-dessous et explorées au moyen de la sonde, il faut s'occuper à le défoncer, c'est-à-dire à bien le remuer, à le mêler et à ramener sur la surface la couche de terre inférieure. Cette opération est coûteuse, et veut être faite avec beaucoup de discernement. Il faut considérer les frais à faire, l'avantage que présente la couche à substituer à celle cultivée, l'effet qu'elle produira pour ne pas courir le risque d'atténuer ses récoltes pour plusieurs années, et de rendre les sacrifices onéreux à l'exploitation. Le défoncement se fait avec une forte charrue, ou, ce qui est préférable, avec la bêche ou la pioche. Il faut creuser d'abord de 54 à 81 millimètres, puis augmenter à chaque période d'assolement, ou, selon la nature de la couche inférieure, jusqu'à 65 ou 97 centimètres, et après avoir enlevé les plus grosses pierres et les vieilles souches, égaliser, autant que possible, le sol, en détruisant soigneusement les petites éminences naturelles ou accidentelles, et en comblant les fondrières qui deviennent tout ou tard des réceptables d'eau stagnante, insalubre pour les hommes et les bestiaux, essentiellement nuisible à la culture.

Les terres alumineuses ou argileuses, traitées par les labours ordinaires, ne donnent que des récoltes médiocres, parce qu'elles sont sujettes à retenir l'eau pendant l'hiver, et, par suite, à faire pourrir les racines des plantes; en été, à les exposer aux rayons ardens du soleil qui crévassent le sol dans toutes les directions : aussi demandent-elles à être défoncées à une certaine profondeur.

Dans les terrains profonds des environs de Castelnaudary (Aude), où les terres sont en général froides et aqueuses, on fait des défoncemens de 48 à 65 centimètres de profondeur, et l'on pratique des fossés souterrains pour donner issue aux eaux d'infiltration. La forme de ces fossés est calculée selon que le terrain est plat et uni, qu'il est situé sur des coteaux ou dans des bas-fonds. Ces défoncemens s'opèrent, 1.º par deux pointes de bêche à fourche; 2.º par la charrue et la bêche qui vient à la suite et travaille dans la même raie; 3.º et par le pelleversage d'été, qui vaut, à lui seul, un défoncement. L'on y transporte beaucoup de terre, et l'on rend le champ convexe de concave qu'il était.

Dans les terres médiocres du département du Tarn, le défoncement se fait de 43 à 48 centimètres. Les bœufs ouvrent une large raie, profonde de 16 centimètres, à l'aide d'une charrue dont le versoir est un peu plus fort que celui des charrues ordinaires; un ouvrier entre ensuite dans la raie et travaille sans relâche avec une bêche, ayant 32 centimètres de fer : il enlève la terre demeurée au-dessous de la sphère d'activité de la charrue et la rejette par-dessus le labour. Les bœufs, après avoir achevé le sillon, reviennent à l'autre bout sans tracer de raie, la charrue renvoyant alors ce qu'on appelle *raie perdue*. Ils tracent un second sillon à côté du premier ; on fait entrer le bœuf de gauche dans la raie précédemment faite, tandis que celui de droite marche sur la surface du terrain. Le laboureur appuie fortement sur la charrue, qui est attirée de haut en bas par la position du bœuf de gauche, elle ouvre une raie profonde, en comblant avec le versoir, qui n'éprouve que fort peu de résistance, celle que les ouvriers viennent de creuser. Cette méthode, que nous avons vu pratiquer dans la Romagne, se nomme *royolement* ; elle exige un peu plus de temps des ouvriers, mais ses avantages servent de compensation. La terre, ainsi travaillée, ne ramène, il est vrai, que la moitié tout au plus de la terre vierge ; mais le surplus se trouve mêlé avec une partie de la terre végétale que le versoir a précipitée au fond de la raie. Les fourrages artificiels, le maïs, la betterave, le tabac, la garance, le pastel, etc., alternés avec des céréales, et surtout la luzerne et le sainfoin, offrent sur ce sol des produits vraiment extraordinaires.

Quelques cultivateurs sont dans l'usage de faire passer deux charrues, l'une après l'autre, dans la même raie ; ils estiment avoir ainsi un défoncement plus parfait : c'est une erreur, l'action de la seconde charrue est presque toujours nulle par suite de la gêne où la met le frottement qu'elle doit vaincre, et par la difficulté de ramener sur la tranche précédente le peu de terre qu'elle enlève. Parfois aussi, ce second coup de charrue est nuisible en ce qu'il entame la couche rocailleuse ou de grès tendre, communément appelée *saffré* dans le Midi : il faut alors doubler la masse des engrais qui doit plus tard la convertir en terre labourable de stérile qu'elle est en ce moment.

§. IV. *Destruction des Plantes nuisibles.*

De toutes les opérations rurales, celle qui s'occupe de

la destruction des plantes nuisibles est la plus importante, et qui demande le plus de persévérance ; toute négligence à ce sujet déshonore les récoltes, les rend pour longtemps médiocres et même mauvaises ; on compromet non seulement les travaux faits et toutes les chances de succès, mais encore on détruit l'espoir de rentrer dans les avances faites pour l'exploitation des terres. Ces plantes, la plupart vigoureuses, dont les germes se développent très facilement, végètent avec force et grainent davantage en proportion des plantes que nous admettons dans les cultures ; elles s'emparent du sol, consomment la nourriture préparée pour les semences utiles, et les étouffent en les privant d'une masse suffisante d'air et de lumière.

Les plus communes et en même temps les plus nuisibles sont le chardon aux ânes (*Serratula arvensis*), le chiendent (*Triticum repens*), l'avoine à chapelet (*Avena precatoria*), l'avron (*Avena fatua*), le blé de vache (*Melampyrum arvense*), l'ivraie (*Lolium temulentum*), l'arrête-bœuf (*Ononis spinosa*), le bluet ou barbeau (*Centaurea cyanus*), le coquelicot (*Papaver rheas*), le senevé ou fausse moutarde ou rabioule (*Sinapis arvensis*), le gremil ou granelle (*Lithospermum arvense*), le grateron (*Galium aperine*), la scabieuse (*Scabiosa arvensis*), l'hyacinthe chevelu (*Hyacinthus comosus*), la persicaire (*Polygonum persicaria*), la nielle ou nelle (*Nigella arvensis*), l'aiguille ou peigne de Vénus (*Scandix pecten*), l'argentine (*Potentilla argentina*), la parelle (*Rumex aquaticus*), la prêle ou queue de cheval (*Equisetum arvense*), l'hièble ou petit sureau (*Sambucus nigra*), le pas-d'âne (*Tussilago farfara*), la mille-feuille (*Achillea millefolium*), la camomille ou matricaire (*Anthemis matricaria*), la renoncule prêtre (*Ranunculus sceleratus*), la vipérine (*Echium vulgare*), l'ortie (*Urtica urens*), la ronce bleue (*Rubus fruticosus*), le lierre terrestre (*Glecoma hederacea*), la vesce à bouquets (*Vicia cracca*), l'oreille de souris (*Myosotis scorpioides*), et surtout la cuscute ou goutte de lin (*Cuscuta europea*), l'orobranche (*Orobranche major et ramosa*), etc., semblables au polype, dont les plus petits fragmens suffisent pour donner existence à de nouveaux individus. Ces plantes se multiplient très rapidement par leurs racines et drageons, ainsi que

par leurs graines ; la plupart résistent aux plus grandes
sécheresses, et apportent des désordres dans l'estomac,
quand elles se mêlent à la nourriture de l'homme et des
bestiaux. Les semences très nombreuses de l'hyacinthe
chevelu et de la nielle donnent au pain de l'amertume,
je devrais dire une âcreté insupportable ; celles de l'ivraie,
mêlées au blé nouveau, causent l'ivresse, des nausées,
des vomissemens, la torpeur et parfois des convulsions
mortelles ; le blé de vache imprime au pain une teinte
rouge sale et délâbre ; le coquelicot et le sénevè broutés
par les animaux les exposent à des météorisations toujours
fâcheuses ; l'hièble et la camomille, mêlées à la paille et
aux fourrages, leur communiquent une odeur rebutante ;
le chardon et l'arrête-bœuf les rendent dangereux à cause
des épines dont ils sont garnis, etc. D'aussi tristes propriétés nécessitent la destruction de ces plantes ; mais
quels moyens avons-nous pour arriver promptement et
avec certitude à ce but ? Il est presque impossible de
s'opposer aux effets de l'atmosphère qui charrie au loin
les germes nuisibles des plantes à aigrettes ou dont les semences sont ailées, et particulièrement à l'action lente du
sénevé, des crucifères et de toutes les graines huileuses,
de forme sphérique, qui demeurent longtemps en terre
sans se développer et même sans perdre leur faculté ger-
minative ; il est également difficile d'empêcher la germination des plantes que l'eau dépose sur nos cultures à l'é-
poque des débordemens : mais nous pouvons très aisément
leur enlever les moyens de se propager, en ne les laissant
point monter en graines, et en purgeant nos semences de
tout ce qui leur est étranger. Les labours répétés, plus ou
moins profonds et faits à propos, les hersages croisés,
l'emploi du rateau, et au besoin, d'autres instrumens,
tels que la bêche, la pioche, la houe, le rouleau, la binette ou l'extirpateur que nous décrirons plus tard, sont
les moyens généraux de destruction à employer.

Les labours en changeant et multipliant les surfaces à
des époques différentes et à des intervalles plus ou moins
rapprochés, s'ils contribuent d'une part à mettre dans des
circonstances favorables un certain nombre de ces végétaux nuisibles ; de l'autre, ils détruisent les germes de
beaucoup d'entre eux en les exposant à l'action de la
chaleur de l'humidité, et en les privant de la profondeur

dont ils ont besoin. Les hersages profonds, réitérés, croisés et faits avec des herses pesantes, à dents longues serrées et bien pointues, arrachent les racines traçantes, articulées et vermiculaires qui s'étendent horizontalement et se propagent par drageons ou par boutures. A l'aide des instrumens indiqués, on réunit ces plantes et ces racines, on les amoncelle, non sur les chemins et dans les sentiers les plus voisins, comme on le voit trop souvent, (d'où ces plantes, ranimées par la fraîcheur et l'humidité, laissent échapper leurs graines et les répandent dans les champs à l'aide des vents, des pieds de l'homme et des animaux, ou seulement par la puissance de leur élasticité); mais on ouvre une fosse de 13 décimètres au moins de profondeur sur un mètre de large, et d'une longueur équivalente à la quantité des débris rassemblés; on met au fond une couche de 16 centimètres de la terre remuée, et par-dessus un lit de ces plantes encore fraîches de 32 centimètres d'épaisseur; on recommence successivement, jusqu'à ce que la dernière couche de plantes soit recouverte de 16 autres centimètres de terre remuée. Toute cette masse ne doit pas s'élever au-dessus du niveau du sol. On a soin d'arroser chaque couche d'herbes à mesure qu'elle a pris sa place; bientôt l'action des rayons solaires et des autres causes atmosphériques déterminent une fermentation considérable dans ce dépôt. Après trois semaines environ, la chaleur y est si forte qu'on peut à peine y supporter la main; les graines se consument, les tiges et les racines se pourrissent, la terre s'imprègne des sucs huileux et onctueux renfermés dans les diverses parties du végétal; et, après plusieurs mois, on retire de la fosse un engrais excellent, très bien élaboré, qui porte avec soi les principes de l'abondance sur le sol dans lequel on l'enterre par un fort labour.

La culture de la luzerne, des pois, des vesces, du sarrazin et de toute autre plante très touffue, est un moyen secondaire contre les végétaux qui ne se multiplient point par leurs racines; cette culture les étouffe promptement en les privant de l'air nécessaire à leur développement. Le trèfle et le sainfoin produisent aussi le même effet, mais leur action est plus lente. La culture de la solanée parmentière, des fèves, des navets, des topinambours, etc., qui demande de fréquens binages, détruit aussi un grand nombre de plantes nuisibles. La conversion d'une terre arable en prairie, l'emploi des amendemens calcaires et des engrais très actifs, le parcage des porcs, empêchent aussi la propagation des plantes tant annuelles que bulbeuses ou munies de tubercules.

On extirpe quelques-unes de ces plantes avec l'échardonnette ou bien à la main, et, ce qui est préférable, avec de longues tenailles de bois que les habitans du pays de Caux (Seine-Inférieure) emploient avec tant d'avantages pour arracher les diverses espèces de chardons bisannuels et vivaces, surtout la sarrette (*Serratula arvensis*), la plus incommode de toutes, qui amaigrissent la terre au détriment des blés.

L'*échardonnette* ou *échardonnoir* est un petit crochet tranchant emmanché au bout d'un bâton, il coupe les racines, tandis que la *moitle*, ou tenaille en bois, enlève la tige et jusqu'à la racine. Il faut faire cette opération importante par un temps favorable, c'est-à-dire lorsque la terre est sèche et à l'époque où les chardons ne peuvent plus repousser et drageonner, et avant qu'ils donnent leurs graines, au commencement de juin. Ne vous contentez pas d'arracher ceux qui sont dans les champs cultivés, détruisez aussi toutes les tiges qui se trouvent le long des chemins, dans les haies, sur les terres voisines, vagues ou en friche ; sans cette précaution vos peines sont inutiles. Les graines aigrettées des pieds oubliés ne tardent pas à venir infecter les terres labourées ; elles y sont portées par le vent le plus léger.

La cuscute est le fléau des luzernières et des champs de lin ; on la voit aussi se développer sur le houblon, la vesce, la féverole, et envahir une grande surface dans les prairies ; elle détruit les récoltes. Pour arrêter les progrès du mal, il faut arracher à la main toutes les tiges que cette désastreuse parasite embrasse et condamne à la stérilité, brûler les gazons où elle s'est fixée et faire plusieurs labours, soit à la main, soit à l'aide de la charrue. Les mêmes précautions sont à prendre à l'égard des orobranches.

§. V. *Du Dessèchement.*

On entend par ce mot l'opération qui a pour but de faciliter l'écoulement des eaux surabondantes. Autant l'eau est un des plus puissans agens de la végétation lorsqu'elle est courante, autant elle est pernicieuse dans l'état de stagnation, et par les qualités fâcheuses qu'elle reçoit des matières animales et végétales qu'elle décompose incessamment, et par les émanations délétères qu'excitent les longues sécheresses et l'action des rayons solaires. Se livrer à un desséchement est l'une des entreprises les plus difficiles, les plus dispendieuses et en même temps les plus profitables auxquelles l'agriculteur puisse s'adonner : les terres que l'on rend ainsi à la culture sont presque toujours d'une excellente qualité, d'un très bon rapport, surtout quand elles sont traitées convenablement. Mais, pour commencer un desséchement, il faut réunir à de grandes facultés pécuniaires l'intelligence pour diriger une pareille entreprise, l'activité et le courage nécessaires pour résister aux obstacles, prévoir les mécomptes, pour atteindre au but proposé. Il faut voir, étudier les lieux dans le plus grand détail : l'œil en apprend plus que les descriptions les plus exactes, et puis il est bon de se convaincre que l'on ne peut pas dessécher tous les terrains, et qu'il en est d'autres ou cette opération ne serait nullement profitable. Quand on ne peut pas courir impunément une chance, il faut avoir le bon esprit de s'arrêter ; mais si l'on se sent assez fort pour supporter les mauvais résultats d'un essai fait en grand, l'intérêt de la famille et l'intérêt général doivent déterminer à le tenter. En cas de réussite, on en recueille les fruits, et la reconnaissance publique vient couronner l'œuvre.

Le premier point c'est de s'assurer de la cause primitive de la stagnation des eaux. Si elle est due à la surface peu ou point inclinée du sol, ou bien à la nature des couches supérieures, on ouvre des saignées que l'on creuse profondes et larges dans la direction de la pente la plus sensible et au moyen de la tarrière on perce la couche alumineuse ou de toute autre substance imperméable, afin de donner issue à l'eau à travers les interstices de la couche graveleuse placée au-dessous. C'est ainsi que dans plusieurs cantons des départemens de Seine-et-Marne et de l'Aisne on est parvenu à dessécher des fondrières considérables. L'eau s'est écoulée par ces sortes de puisards et a rendu à l'agriculture des terrains perdus, autrefois très

4.*

fertiles. Quand on ne peut qu'assainir ces marais, les saignées doivent être nombreuses et transversales. Il faut ensuite convertir le champ en prairie ou en pâture, le complanter de saules, de frênes, de peupliers, etc., qui absorbent beaucoup d'eau, et diriger toutes les saignées en patte d'oie vers un centre commun, qui devient une espèce de réservoir où les bestiaux trouvent une eau pure et suffisante. Cette disposition est d'autant plus utile que la rareté ou la distance des eaux vives est plus grande ; mais il faut éviter de remplir les saignées de bourrées de bois d'aulne ou de grosses pierres, comme c'est l'usage en Angleterre.

Si la stagnation de l'eau provient des lieux plus élevés dominant celui qui leur sert d'égoût, comme il n'y a point de pente pour favoriser l'écoulement, il faut uniquement empêcher l'action du soleil en multipliant autour de ce bassin les arbres, les arbrisseaux et toutes les plantes vivaces, traçantes et touffues qui se plaisent et ne végètent que dans un sol détrempé. Vouloir dessécher un pareil terrain, c'est lutter envain contre la nature, rien ne pourra le préserver du retour des eaux pluviales.

Les départemens de l'Ain, de Loir-et-Cher, de l'Indre, etc., présentent dans la Bresse, la Sologne et la Brenne de nombreux exemples de masses d'eaux stagnantes à conserver (1), d'abord par l'impossibilité de leur desséchement, et ensuite, comme l'étang de Souligny (Cher), par l'indispensable nécessité des besoins de tous les instans. Dans ce cas, il faut chercher à rendre leur présence moins nuisible en donnant à leur lit une plus grande profondeur et en les environnant de végétaux, dont le balancement corrigera sans cesse ce que l'eau peut avoir d'insalubre.

Si le marais est le résultat, 1°. d'encombremens accidentels qui interceptent l'ancienne issue des eaux ; 2°. de l'engorgement des canaux d'écoulement ; 3°. des sinuosités qui ralentissent cet écoulement ; 4°. de l'exhaussement du lit des rivières et des ruisseaux que l'on a négligé de curer ; 5°. ou bien encore, ce qui se voit assez souvent, des refoulemens occasionnés par l'eau que l'on exhausse ou

(1) Elles sont formées par les fontaines et ruisseaux qui s'y rendent et par les pluies qui sans cesse en augmentent le volume.

que l'on retient pour alimenter les moulins, usines, ou étangs voisins; la simple indication de ces causes, assez ordinaires, fournit les moyens à employer pour remédier aux inconvéniens qu'elles entraînent.

Quand la formation du marais est due au débordement des rivières voisines et à l'élévation de leurs bords qui s'est opposée à l'écoulement de l'eau qui, demeurée sur le champ, a creusé une sorte de bassin où elle demeure stagnante, ou quand elle résulte d'une correspondance souterraine avec les eaux courantes, et que l'eau de la mare conserve le niveau constant de la rivière, ou bien se trouve au-dessous, le desséchement devient alors très onéreux; il faut, dans le premier cas, creuser un canal dans la partie la plus basse pour verser les eaux, ouvrir des saignées ou fossés secondaires qui y aboutissent, et remplir la fondrière par le moyen de terres que l'on y jette et que l'on y tasse soigneusement. Dans le second cas, il est indispensable de donner au fossé qui sert de réceptacle à toutes les eaux, la direction la plus droite et la plus propre à augmenter la pente, et surtout de le prolonger le plus possible avant qu'il se dégorge dans la rivière, afin d'augmenter la force du courant. On accélère cette puissance en resserrant le lit du fossé, en établissant des vannes aux endroits les plus plats, et en construisant une écluse ou ventelle à son embouchure, laquelle, sans nuire à l'écoulement de l'eau du fossé, s'opposera à l'entrée de celle de la rivière.

Le terrain abonde-t-il en sources, on les réunit toutes en un seul conduit que l'on dirige ensuite sur le plus voisin des fossés ou canaux qui se trouvent au-dessous. On commence l'opération en creusant le conduit à partir du fossé le plus près de la source la plus basse puis arrivé à cette source on la dégage de tout ce qui s'oppose à son jaillissement. Une fois bien découverte, on remonte à son origine, que l'on met au niveau du conduit inférieur dans lequel elle s'épanche alors librement; on débarasse son ouverture des sables et graviers que ses eaux charrient quelquefois, puis on la garnit de plusieurs pierres plates que l'on tient inclinées et réunies par le haut. L'on remonte à la source qui lui est supérieure en prolongeant le conduit de manière à l'encaisser également et verser ses eaux vers le point le plus inférieur. Cette opération se répète jusqu'à ce que toutes les sources ne forment plus qu'une seule masse et qu'elles prennent toutes la même direction. Il arrive fréquemment que, lorsque ces sources ont une origine commune, les supérieures se perdent et se dessèchent entièrement par le dégagement complet des inférieures qui attirent toute l'eau et l'empêchent de refluer plus haut. D'autres fois aussi les sources inférieures ne sont que les égouts ou le suintement des supérieures : la force de celles-ci diminue alors, et le desséchement qui s'opère plus lentement n'en est que plus certain.

Du moment que l'on possède une connaissance parfaite du terrain à dessécher, ainsi que celle des localités environnantes, et de leurs couches diverses explorées à une certaine profondeur, il convient, je le répète exprès, de faire des essais sur de petites étendues, afin de se rendre le compte le plus exact possible des dépenses à faire et de les balancer avec le résultat présumable pour ne pas prolonger des opérations trop onéreuses : car il arrive souvent que, faute d'avoir bien pris ses mesures, on dépense au-delà de la valeur du sol desséché. L'expérience est un juge souverain en agriculture ; mais une fois bien déterminé et toutes les chances sagement calculées, il faut suivre son entreprise avec activité et saisir le moment le plus favorable à l'exécution ; tant pour la santé et la commodité des ouvriers, que pour la facilité du travail.

Avant d'entrer dans le détail de quelques procédés économiques, il n'est pas hors de propos de répéter ici des vérités de fait qu'il faut toujours avoir présentes à l'esprit quand on veut dessécher un terrain :

1°. Il est avantageux de resserrer et d'encaisser les eaux stagnantes que les circonstances actuelles obligent de conserver ;

2°. Tout desséchement incomplet devient un foyer très actif des maladies les plus meurtrières ;

3°. Il faut planter le bord des mares que l'on conserve, afin que les arbres absorbent le gaz azote et que la ventilation rende l'air plus salubre. Cependant, il y a des cas où ces plantations peuvent nuire par leurs racines qui, en pourrissant, laissent un espace vide, une espèce de tuyau, de conduit souterrain, dont les eaux profitent pour filtrer et s'ouvrir quelquefois un large passage. Ici la prudence humaine est en défaut, le cas est difficile à prévenir, et l'inconvénient si éloigné qu'il suffit d'examiner la chance actuelle la plus avantageuse.

4°. Il n'y a pas de terrain tel plat, tel uni qu'il puisse paraître, qui n'offre une ou plusieurs pentes plus ou moins sensibles : il faut savoir les trouver et s'en servir.

5°. Commencez par isoler le terrain à dessécher en l'entourant de fossés qui lui servent en même temps de clôture. La dimension de ces fossés est déterminée par la nature du sol, sa pente et sa situation, et par le volume d'eau à écouler. Les tranchées destinées à débarasser le milieu du champ doivent être plus petites que les fossés de ceinture, et calculées sur le besoin des végétaux cultivés. Dans les terrains mouvans et de peu de consistance, les dimensions des fossés d'enceinte doivent être plus grandes que pour les terres qui se lient facilement. Rarement on pêche par excès dans les premières ; la largeur de l'ouverture doit toujours excéder aussi d'un tiers au moins celle du fond ; les côtés seront inclinés à 45 degrés dans les secondes, tandis que l'inclinaison augmentera selon que la consistance du sol diminue. On prévient de la sorte les éboulemens et les engorgemens qui forceraient à recommencer l'opération. L'on évite encore ces accidens d'une manière efficace et avantageuse en plantant sur la partie supérieure des fossés quelques rangs d'osiers qui les consolident par l'entrelacement de leurs racines et rapportent un revenu prompt et facile à obtenir : c'est ainsi qu'on est parvenu à encaisser la rivière de la Bruche aux environs de Strasbourg (Bas-Rhin) et à forcer ses eaux de couler entre un rideau très serré de verdure sans entamer le sol.

6°. Il ne suffit pas quelquefois d'entourer le terrain de fossés ; de nombreuses saignées, qui viennent encore y aboutir, sont souvent indispensables, ainsi qu'un large canal au centre, lorsque le terrain a de l'étendue, qu'il offre' très peu de pente et que le sol est d'une nature fort compacte.

7°. Pour faire couler l'eau, le fossé s'ouvre par l'endroit le plus bas, après avoir écarté tous les obstacles qui pourraient empêcher de le reconnaître et déterminé la pente vers cet endroit en la divisant dans toute la longueur suivant les différens degrés d'inclinaison de la partie creusée. Par ce moyen, la confection des travaux est plus prompte, plus facile, et l'on évite la construction des batardeaux qui deviennent indispensables et souvent insuffisans lorsqu'on s'écarte de cette règle.

8°. Le fossé inférieur ouvert, on procède au creusement des fossés latéraux et l'on finit par le supérieur. Plus le terrain est bas et humide, plus on peut y multiplier les tranchées ; plus il est sec et élevé, moins il faut y en faire. Les petites tranchées doivent aboutir dans de plus grandes, et celles-ci se réunir dans le fossé d'enceinte ou dans la rivière voisine.

9.° La direction des fossés doit être la plus courte et la plus droite possible lorsqu'on a peu de pente, afin de l'augmenter en évitant les contours. On donne aussi plus de puissance à la colonne d'eau en tenant le fond des fossés plus étroit que leur ouverture. S'il y a pente, les fossés doivent être plus ou moins sinueux et être élargis suivant l'inclinaison plus ou moins forte du terrain : ici la chute de l'eau demande à être ralentie afin de prévenir les ravins et empêcher un desséchement trop prompt et trop considérable, qui deviendrait nuisible à la végétation par les crevasses dont le sol se couvrirait

10.° Redoutez-vous un desséchement trop rapide ? pratiquez de distance en distance des réservoirs destinés à modérer la chute de l'eau, ouvrez vos fossés transversalement, et que leurs parois soient bien unies et exemptes de toute espèce d'éminences qui augmenteraient le courant par suite du rétrécissement et de la résistance qu'elles opposeraient, et causeraient immanquablement des dégradations toujours difficiles à réparer.

*11.° Dans les terrains qui, sans être marécageux, son humides et pourrissans, une couche de terre compacte arrête parfois l'eau à peu de distance au-dessous de la surface : assurez-vous en à l'aide de la sonde. Dès que la couche supérieure est percée, l'eau monte et on en facilite l'écoulement vers la pente la plus prononcée : elle peut être aussi très utilement employée aux irrigations et à d'autres usages.

12.° Lorsque le terrain à dessécher présente la forme d'un bassin dont les bords sont relevés et peu humides, on peut rigoureusement se dispenser quelquefois de ceinture; un ou plusieurs fossés dans les parties centrales, qui sont les plus basses, suffisent d'ordinaire.

13.º Il est de la plus haute importance de curer souvent et très exactement les fossés et canaux afin de prévenir leur engorgement; on fauche tous les ans les plantes aquatiques qui y croissent, on se sert à cet effet de faulx courtes armées de longs manches. Ces plantes et la vase que l'on retire des fossés sont un très bon engrais. Toute négligence dans ce curage force le terrain à redevenir marécageux, et alors il est beaucoup plus difficile de renouveler son desséchement que de l'effectuer pour la première fois, parce que aux anciens obstacles il s'en joint de nouveaux plus grands encore : l'origine des sources est moins facile à découvrir.

14.º Toutes les fois que, sans rendre l'exploitation trop pénibles, et sans s'exposer à d'autres inconvéniens graves, on peut laisser à découvert les canaux, fossés, rigoles, saignées et autres conduits pratiqués pour l'écoulement des eaux, il ne faut point hésiter à le faire. Le succès du desséchement est plus assuré et plus durable ; il faut aussi moins de temps et de dépenses pour remédier aux accidens et à l'action destructive des eaux et des météores. L'essentiel alors est de livrer un passage suffisant à l'eau dessous de larges pierres, des briques, des tuiles ou planches épaisses employées pour former un chemin praticable aux bestiaux, aux voitures et autres articles nécessaires à la culture des terres. Il conviendrait que ces fossés fussent à découvert; mais le plus souvent on ne peut les y laisser, surtout s'ils sont très rapprochés, la régularité et la commodité de l'exploitation y mettent obstacle; il faut donc les convertir en conduits souterrains.

15.º L'extraction bien entendue de la tourbe, que l'on rencontre souvent dans les terrains marécageux, est à la fois un moyen additionnel de desséchement des parties qu'on laisse intactes, et un produit fort avantageux en procurant, soit un nouvel et puissant engrais, soit un combustible, qui dédommagent amplement des frais.

Le temps le plus propre pour opérer un desséchement est dans les mois d'octobre et de novembre ; le volume de l'eau diminué pendant les ardeurs de l'été et par l'activité moins grande des sources, donne plus de facilité pour l'exécution.

Nous avons déjà vu que l'opération peut se faire de diverses manières, selon la disposition du sol ; il nous reste maintenant à indiquer les méthodes les plus sûres et les plus économiques. Elles sont de deux sortes ; par écoulement et par attérissement.

I. Le *Desséchement par écoulement* est fort simple quand il y a pente suffisante ; mais quand la surface du pays est si peu inclinée que cette pente n'est légérement sensible qu'à de grandes distances, il faut tenter l'égouttement des terres, d'abord par niveler le terrain, le diviser ensuite par planches autour desquelles on trace des rigoles permanentes plus basses que les planches, afin d'y attirer l'eau surabondante du terrain que ces rigoles enveloppent. Les rigoles aboutissent à un fossé d'un mètre de profondeur qui reçoit leurs eaux et les porte avec une certaine force et abondance dans un canal qui les réunit toutes et se rend à la rivière ou au ruisseau le plus voisin. On entretient ce fossé et le canal bien nets ; les remplir, ainsi que le conseillent plusieurs auteurs, avec des fagots d'épine, des pierres ou autres matières, pour les couvrir ensuite des terres provenant des fouilles, c'est vouloir faire échouer son opération, c'est en rendre le travail de pure perte, et aggraver les peines pour recommencer ensuite. Plus les fossés sont creux, plus ils fournissent de matériaux excellens pour exhausser le terrain.

On peut réduire ces rigoles et saignées en conduits souterrains ; il existe différens moyens d'y parvenir qui tous ont leurs avantages et leurs inconvéniens. J'indiquerai les principaux ; les circonstances dans lesquelles on se trouve détermineront seules le choix à faire, en tâchant de réunir l'économie et la solidité, qu'il faut toujours avoir pour but dans ses entreprises.

Moins les fossés ou rigoles ont de largeur, plus l'eau coule facilement ; il est aussi beaucoup plus commode de les couvrir. Avez-vous à votre disposition des pierres plates et larges en suffisante quantité, placez-les en voûtes aiguës ou bien en voûtes plates, puis recouvrez-les de cailloux, de gravier ou de petites pierres anguleuses qui, tout en les consolidant., laissent encore un passage aux eaux supérieures, et préviennent les dégradations qu'elles pourraient causer en arrivant sur la bâtisse autrement que par suintement. Le lit de cailloux ne doit pas s'approcher du niveau du sol à plus de 65 centimètres ; on le couvre d'une couche de gazons renversés, ou de tourbe, ou bien encore de paille, de branchages ou toute autre substance propre à boucher les ouvertures supérieures, et à empêcher la terre d'obstruer tout passage à l'eau. On achève de remplir le fossé avec une portion de la terre qu'on a enlevée. Au lieu de pierres plates, on peut employer de larges tuiles épaisses, des briques, des tuiles courbées en demi-cercle, des tuyaux de terre ou de bois engagés les uns dans les autres ; faute de ces objets, plantez des pieux ou piquets inclinés de manière à figurer une voûte aiguë, que vous chargerez de bourrées placées longitudinalement, ou de petites bottes de paille bien serrées et appuyées les unes sur les autres, tantôt par le petit bout, tantôt par le gros, puis d'une couche de gravier et de gazons renversés, puis enfin de terre.

Si l'on croit pouvoir se dispenser d'établir une voûte, des fascines de bois tendre, unies entre elles par leurs extrémités, de manière à ne laisser aucun vide, placées longitudinalement au fond des fossés, et recouvertes avec les précautions indiquées, ou bien encore des bottes de paille torse et serrée en forme de corde, présenteront un passage suffisant aux eaux. Comme la nature de ces substances n'offre ni la solidité ni la durée des pierres, des briques, etc., le bois doit être employé le plus vert possible, et ne se servir que d'aulnes, de prunelier, d'épine blanche, qui résistent longtemps à l'humidité.

Pour prévenir toute espèce d'encombrement, il sera bon de maçonner les deux extrémités de ces canaux.

Le desséchement par écoulement peut s'opérer aussi par le procédé dont usent les habitans des départemens de la Vendée et des Deux-Sèvres. Ils divisent un marais en petites pièces, connues dans ces pays sous le nom de *mottes* ou *terrées*, larges de six mètres et demi, et séparées les unes des autres par des fossés de 32 décimètres de largeur sur 19 de profondeur, dont la terre est employée à exhausser le sol de la mottée ; on plante, le long des fossés, de chaque côté, à un mètre de distance, des saules et des frênes alternativement. L'hectare contient de la sorte sept mille pieds d'arbres, qui dédommagent des frais considérables faits pour leur plantation (1). L'intérieur des mottées est cultivé en chanvre, lin ou autres graines. Cette méthode n'a point d'inconvéniens sanitaires, l'action du vent détruit l'humidité surabondante, et complète l'absorption constante qu'opère la végétation.

C'est par de nombreuses saignées, ouvertes successivement depuis 1804, que l'on est parvenu à dessécher l'étang de Marseillette, situé dans le département de l'Aude, et dont le vaste bassin, où débouchaient plusieurs ruisseaux, couvrait une surface de deux mille hectares ; sa profondeur, au-dessous des eaux moyennes, était de trois mètres. Maintenant, à part quelques saignées qui servent à l'écoulement des ruisseaux chargés de pourvoir aux besoins des cultures et des bestiaux, tout cet espace, jadis foyer de vapeurs pernicieuses, est couvert par vingt-quatre métairies dans l'état le plus florissant. Les principaux marais du département de la Loire-Inférieure, ceux de l'arrondissement de Lesparre (Gironde) ont été de la sorte rendus à l'agriculture.

II. Le *Desséchement par atterrissement* est le plus généralement dû au travail de la nature ; le bord des rivières s'accroit sans cesse aux dépens de leur lit, mais elles restituent d'un côté par des atterrissemens, ce qu'elles enlèvent de l'autre par un courant plus impétueux. L'homme peut seconder et même diriger cette

_____

(1) On a calculé que la dépense pour disposer la terre et la planter, s'élève à 955 fr., à laquelle somme ajoutant les intérêts à 5 p. 100 pendant quatre-vingts ans, on a un total de 4675 fr. Au commencement de la cinquième année, on abat la tige à 12 décimètres de haut, et ensuite on coupe les branches tous les quatre ans. On arrache le saule, lorsqu'il est parvenu à l'âge de 25 ou 30 ans. Le frêne pousse alors plus vigoureusement, et seul il produit plus de fagots que les deux espèces réunies. On l'arrache de soixante-dix à quatre-vingts ans. L'on estime le bénéfice résultant de ces diverses opérations à la somme nette de 7,975 francs ou 99 francs 68 centimes par chacune des quatre-vingts années.

disposition de la nature, soit en plantant des saules sur le rivage, soit en établissant des digues transversales de fascinages ou de terre, soit enfin en dirigeant une partie des eaux courantes dans le marais.

Les ingénieurs italiens nous offrent des résultats très satisfaisans en ce genre, dans les *colmate* de l'Adige, du Pô, du Tanaro, de l'Arno, du Serchio, de la Chiana, du Tibre, etc. Nous pouvons aussi citer en France, les vastes marais de Quinquandon, sous les murs d'Aigue-mortes (Gard), qui ont été assainis et rendus à la culture en y jetant une partie des eaux du Vidourle; l'at-terrissement de l'étang de Capessan (Aude) et de la plaine de Narbonne sont dus aux dépôts successifs des eaux li-moneuses de l'Aude.

Pour garantir les terres de l'inondation de la mer, il faut se livrer à des travaux opiniâtres, suivis très assi-dûment et sans cesse renouvelés. C'est ainsi que les ha-bitans de l'arrondissement de Bergues (Nord) sont par-venus à mettre en culture réglée quarante-six mille hec-tares de terres long-temps couvertes en vastes marécages par les eaux de l'Océan; que les habitans de l'arrondis-sement de Dunckerque (Pas-de-Calais)ont métamorpho-sé de vastes plaines, fertiles et si bien cultivées aujourd'hui, de grands espaces qui, par leur nature, paraissaient destinés à une submersion perpétuelle; que la belle vallée d'Authie, située entre Montreuil (Pas-de-Calais) et Abbeville (Som-me), est sortie depuis vingt ans des eaux marécageuses qui la déshonoraient; que les marais de Dol (Ille-et-Vilaine) sont défendus de l'approche de la mer par les digues de trois myriamètres de longueur sur dix mètres de hauteur, cons-truites en terre et fortifiées par des enrochemens en pierres perdues. C'est en s'emparant ainsi des laisses de mer que le Hollandais, à force de patience a su se former un sol des plus riches et des mieux cultivés : son exemple est excellent à suivre.

On rend communément la fertilité aux terres qui ont été plus ou moins de temps inondées par les eaux de la mer, en ouvrant le sol pour y semer de l'orge d'été, de l'avoi-ne et du trèfle, qui s'enracinent peu profondément. Il vau-drait mieux les immerger, pendant quelques mois, d'eau douce, et, ce qui est préférable pour les terres maréca-geuses, les couvrir de chaux. En s'unissant au muriate de soude déposé par les eaux de la mer, cette substance diminue ce que la magnésie a de nuisible, elle neutralise l'aigreur du sol, et sert de véhicule puissant aux plantes qui lui sont confiées. -

§. VI. *Du Défrichement.*

On entend, à proprement parler, par le mot défrichement, toute tentative faite pour mettre en culture un terrain abandonné, d'un produit nul ou presque nul : c'est par abus que l'on applique cette expression aux prairies et aux bois que l'on convertit en terres labourables, puisque cette opération n'est qu'un changement d'exploitation.

Les terrains abandonnés sont de trois sortes : 1°. les terrains crayeux, siliceux ou rocailleux ; 2°. les bas-fonds ou fondrières qui présentent de nombreuses tiges de joncs, de roseaux, laiches ou carex, typhas ou massettes, glayeuls et autres plantes aquatiques ; 3°. et les landes dont le sol est tantôt d'une nudité presque complète, et tantôt couvert de ronces, d'épines, de bruyères, de fougères, d'ajoncs, de broussailles et autres végétaux rabougris et de peu de valeur.

Avant de commencer un défrichement, il faut s'assurer de la nature et de la qualité du sol par les moyens que nous avons déjà fait connaître ; puis calculer la dépense approximative et la mise de fonds avec l'utilité de l'entreprise et ses résultats présumables. On peut espérer de grands avantages d'une terre où croissent abondamment la fougère, et où les broussailles dénoncent une vigueur peu commune. Mais craignez de porter la pioche et la charrue au sommet des montagnes, et plus encore sur les coteaux dont la pente rapide les condamne à un état d'inculture perpétuelle. Celui qui méprise ces avis salutaires, recueillera péniblement quelques chétives récoltes qui le dédommageront à peine des frais d'exploitation ; et peu de temps après, la terre, inconsidérément remuée, privée du faible lien qui la retenait pour ainsi dire suspendue, deviendra la proie des orages : elle sera entraînée dans les vallons par les torrens, et le roc mis à nu agira comme principe de nouvelles dévastations dont les effets s'étendront au loin. Plusieurs communes des Pyrénées, des Alpes, des Cévennes, du Jura, etc., en ont fait la triste expérience : elles avaient des coteaux couverts de buissons et menus bois qui formaient de précieux pâturages aux troupeaux transhumans, elles les ont fait défricher, et maintenant ils sont frappés de la plus affreuse stérilité. Les défrichemens inconsidérés altèrent la température actuelle du climat, diminuent la population qu'ils poussent à la misère, rendent les saisons très inégales, les inondations plus fréquentes, les vents éminemment violens, et portent un préjudice notable à l'agriculture en multipliant les marais et les moyens de stérilité ; témoin ce vaste coteau devant Rhodez (Aveyron), qui, suivant l'ancien cadastre, portait une terre alors rangée parmi les bonnes des environs ; par suite des défrichemens, le nouveau cadastre l'a placé parmi les terres sans valeur aucune. Autrefois les eaux de l'Aveyron déposaient sur les prés un limon fertilisant, et cette rivière ne débordait jamais dans l'hiver, sans que la récolte en foin n'en fut considérablement augmentée ; aujourd'hui c'est tout le contraire. Les eaux pluviales, en descendant jadis des montagnes, s'enrichissaient de l'humus accumulé dans les bois par le détritus des feuilles, des mousses, de divers arbustes ; maintenant elles ne charrient, dans le lit de la rivière, que des paillettes de mica et un sable ferrugineux qui frappent de mort le gazon des prairies. C'est ainsi que tout se lie dans la nature, et que l'homme qui la bouleverse témérairement, au lieu d'entrer dans ses vues pour la diriger avec prudence, accumule autour de lui des maux de toutes les sortes. Cependant, l'exemple des Luquois et de quelques cantons des Cévennes, de l'Ardèche, nous apprend que l'on peut profiter même des coteaux rapides en en soutenant les terres par de bons murs placés en amphithéâtre les uns au-dessus des autres : la vigne, le châtaignier, le mûrier et d'autres arbres à fruit y viennent très bien, et dédommagent amplement le cultivateur de son travail et de l'entretien de ces murs très sujets à se dégrader. L'entrelacement des racines des végétaux ligneux arrête la marche fougueuse des eaux pluviales, les force à s'infiltrer lentement, et à fournir aux plaines voisines non seulement, un abri bienfaisant, mais encore les sources fécondes qui les arrosent en tous sens.

Selon la nature du sol on peut convertir les terres demeurées en friche, et par des moyens très simples, soit en prés

5. *

qui demandent un entretien peu coûteux, soit en terres labourables auxquelles on donne de la consistance par le mélange des terres, et en bois celles qui présentent une qualité mauvaise. Les défrichemens se font par petites portions, on ménage les issues avec soin et l'on profite des fontaines, des ruisseaux ou des mares situés dans le voisinage.

Pour défricher un sol crayeux, rocailleux et siliceux, on choisit l'automne comme la saison la plus généralement favorable, surtout quand la couche supérieure du terrain est fortement imprégnée d'eau. L'on donne un premier labour afin d'enterrer le peu de substance végétale qui tapisse la superficie du sol, et on le laisse en état de soulèvement jusqu'à ce que l'influence des météores et de la gelée, jointes à l'humidité dont les mottes sont saturées, aient détruit l'adhérence ordinaire à ces sortes de terrains.

On multiplie ensuite les labours, dans la vue d'étendre leurs bienfaisans effets sur un plus grand espace. Pendant l'hiver, et quand les circonstances le permettent, on augmente progressivement la profondeur des sillons ouverts. On profite ensuite des amendemens que l'on a le plus à sa portée, tel que la substance alumineuse, les boues et vases, les terres bourbeuses ou les plantes marines, etc.; on les incorpore au sol pour le diviser et l'empêcher de s'affaisser, puis on laisse reposer jusqu'au printemps suivant, époque à laquelle on met en culture réglée.

Quand aux bas-fonds ou fondrières, qui promettent d'indemniser le plus amplement des frais de défrichement, parce qu'ils abondent d'ordinaire en principes de la plus grande fertilité, il suffit de les débarrasser des eaux surabondantes et des débris de végétaux qui les obstruent. Nous avons dit plus haut comment on aide à l'écoulement des eaux, soit en profitant d'une pente plus ou moins éloignée, soit en ouvrant des tranchées de diverses dimensions, quand les obstacles s'opposent à leur versement, soit enfin en réunissant les eaux dans l'endroit le plus profond, et en entourant d'arbres et arbustes aquatiques les bords de ce bassin. On hâte la décomposition des substances végétales, tourbeuses et gazonneuses, par des labours profonds au moyen de la bêche ou de la charrue, et par l'incinération,

S'agit-il d'une lande ? on renverse le sol avec la pioche ou le hoyau, la bêche, ou bien avec une charrue à versoir, solidement construite, armée d'un soc parfaitement acéré et d'un ou plusieurs coutres forts et bien tranchans, selon la nature superficielle du terrain et les obstacles que présentent les racines qu'il est essentiel d'extirper. Cette opération se fait, en hiver ou bien au printemps, à une profondeur relative à la qualité du sol. Après avoir enlevé les parties ligneuses peu susceptibles par elles-mêmes d'une prompte décomposition, et ramassé en tas pour y pourrir les autres débris des végétaux que les instrumens n'ont pu enfouir, il faut laisser la terrre en cet état jusqu'à ce qu'on s'aperçoive que la couche superficielle enterrée ait subi un dégré suffisant de fermentation et de décomposition. Alors que le sol se couvre de plantes nouvellement germées, on donne plusieurs coups croisés de herse ou de charrue, on le remue partout et l'on ensemence. Mais il est des cas où l'emploi des outils indiqués est impossible, d'autres où il est insuffisant; que faire dans l'une et l'autre circonstance? recourir à l'action prompte et destructive du feu, c'est-à-dire à l'écobuage. Voyons en quoi consiste cette opération.

§. VII. *De l'Écobuage et de l'Enfumage des terres.*

L'amélioration des terres par l'écobuage ou fournelage, est une des anciennes pratiques agricoles les plus recommandables et les plus importantes. Les géopones grecs et latins en parlent. CRESCENZIO, le premier écrivain agronomique de la renaissance des lettres, en fait également mention (1); elle est recommandée par le patriarche de l'agriculture française (2). Son usage remonte à plusieurs siècles en Italie, en Espagne, en Angleterre, dans le nord de l'Europe, dans quelques cantons des Ardennes et dans la partie montagneuse des départemens du Tarn et de l'Aveyron. La théorie de l'écobuage a donné lieu à beaucoup de discussions et à bien des raisonnements, par-

---

(1) *Opus ruralium commodorum, sive de Agricultura,* dans l'avant-dernier chapitre du Livre III.

(2) OLIVIER DE SERRES, *Théâtre d'Agr.* Lieu II, chap. 1.

ce qu'on a presque toujours négligé d'en appeler à l'expérience. Rozier (1) s'est prononcé d'une manière très éner-
gique contre ce mode d'amendement, mais il avoue ingé-
nûment qu'il n'a fait aucun essai pratique à ce sujet. D'autres prétendent que l'écobuage occasionne beaucoup de
dépenses, qu'il produit peu d'effet, et qu'après avoir ap-
pauvri la terre et détruit tous les principes essentiels de
la végétation, il la condamne à une stérilité complète (2).
Persuadé que les faits valent mieux que les faux raisonne-
mens des esprits prévenus ou de mauvaise foi, et que la
théorie même la plus savante n'est souvent que trop dé-
concertée par la pratique, j'ai rassemblé ce que des travaux en grand m'ont appris dans diverses localités ; mais
avant d'administrer ces preuves irrécusables, et de céder
à leur évidence, il est convenable d'établir ici les règles
de l'opération et les principes auxquels les faits recueillis
viendront ensuite servir de corollaires.

Lorsqu'une terre est essentiellement alumineuse à une
grande profondeur, et que l'on n'a aucun moyen de l'a-
mender par tous les procédés ci-dessus indiqués et recon-
nus propres à diminuer l'adhérence d'un sol tenace, aquatique, d'une exploitation pénible ; quand les substances
calcaires ou siliceuses, sous les diverses formes qu'il est
possible de les employer avec fruit, sont rares, d'une extraction ou d'un transport long et dispendieux, il est,
pour le cultivateur, du plus grand intérêt d'incinérer une
partie de la couche superficielle des terres compactes et
stériles. Le feu, en détruisant le gluten qui presse les molécules alumineuses, diminuent leur force d'agrégation,
les rapproche de l'état de sable. Le feu convertit en engrais
la partie végétale inutile, il rend la terre d'une exploitation facile ; l'améliore sensiblement, et par l'union des
cendres et du charbon provenant des matières combustibles employées, lui donne toutes les qualités nécessaires
à la végétation. Plus la terre qui adhère au gazon est
chargée de substance calcaire, plus le volume des
cendres qui en résulte est considérable, et plus l'opération
réunit d'avantages.

---

(1) *Dictionnaire d'Agriculture.*

(2) Yvart. note VIII du Licu II, chap. 1, du *Théâtre d'Agr.*

On brûle ordinairement les friches couvertes de bruyères, de genêts et de mauvaises herbes ; on brûle aussi les
glaises, les marnes, les prés humides et les fonds marécageux ; les sols roides et froids, les terres tourbeuses
et celles qui sont remplies de fibres végétales mortes et des
racines de plantes ligneuses ; les mauvais pâturages dont
le sol est calcaire, les vieilles luzernières dont on veut
détruire les racines, et les prairies couvertes de mousse ou
de plantes grossières et inutiles. Mais l'écobuage serait
inutile et même quelquefois dangereux sur des terrains
composés de justes proportions, dans les sables siliceux
et dans les terres peu compactes dites *à seigle*, ou couvertes de gravier ; il détruirait dans les uns ce qu'ils ont d'excellent, dans les autres le peu de glaise qui leur sert d'amalgame, et les rendrait absolument infertiles. Il vaut mieux
diviser, dans ces terrains, les gazons et les racines des
plantes, au moyen de labours profonds et de bons hersages.

Les brûlis des terres compactes et stériles peut s'opérer
d'abord en arrachant avec un pic ou une forte houe bien
tranchante toutes les tiges enracinées, puis en enlevant la
superficie du sol avec les plantes qui le couvrent à l'aide
d'une houe ou d'une charrue, et en établissant de distance en distance, par un temps sec, des monceaux formés
de couches alternatives de combustibles et de mottes de
terre. On commence par l'arrachage ; et l'on finit par la
terre disposée comme dans les briqueteries et les fours à
plâtre.

Lorsque le feu est complétement éteint, on brise, avec
un maillet de bois, les mottes, et l'on en répand les débris le plus également possible sur le champ ; on incorpore ce résidu avec le sol par plusieurs labours et hersages
à diverses profondeurs. Ceux qui retardent ces opérations
long-temps après la combustion et le refroidissement s'exposent à perdre, par l'effet de l'air et celui plus destructeur encore des pluies, tous les avantages que procure un
écobuage fait avec soin. Labourée et ensemencée de suite,
la terre, devenue douce par ce mélange, acquiert pour
dix ans (1) les qualités des terres très productives, sans

(1) Au bout de ce terme, il est bon de renouveler l'écobuage et

avoir exigé beaucoup de frais , et sans demander d'autres engrais. L'écobuage est également fort avantageux aux luzernes , aux trèfles , et surtout à la culture des graminées: la paille, que ces dernières produisent, est abondante, plus haute et d'une qualité supérieure. Il est même constant que l'effet de l'incinération ne s'étend pas seulement aux mauvaises herbes et à l'amélioration du sol , mais qu'il détruit aussi les myriades d'animaux qui désolent les prairies basses et humides.

On écobue de deux manières, ou à bras d'homme en se servant de l'écobue, ou bien avec une charrue à versoir. Cette dernière méthode, quoique la plus économique , n'est cependant pas la meilleure. Je m'étendrai donc d'avantage sur la première.

L'écobue , nommée *tranque* dans quelques départemens , est une espèce de pioche recourbée d'environ 42 centimètres de long sur 21 à 24 de large ; sa base tranchante va toujours en se rétrécissant , jusqu'au manche, où elle se trouve réduite à environ 81 millimètres. Son épaisseur est proportionnée à ses dimensions. Le milieu , se trouvant le point où tout l'effort se porte, doit être renforcé ; la trempe est solide , et la douille, dans laquelle entre le manche, ronde, et a 54 millimètres de diamètre en dedans. Ce manche est recourbé en dessus , afin que l'ouvrier qui s'en sert soit moins obligé de se pencher en travaillant , et qu'il puisse , lorsqu'il frappe la terre , enfoncer son instrument plus perpendiculairement. On donne à ce manche assez généralement 1 mètre de longueur.

On emploie l'écobue de la manière suivante. L'ouvrier, en s'inclinant vers la terre et en tenant ses jambes écartées, enfonce d'abord l'instrument un peu horizontalement à sa droite, puis devant lui ; il donne ensuite à sa gauche un troisième coup qui enlève un gazon d'environ 32 centimètres de large sur 48 de long et 10 d'épaisseur. Par un léger mouvement, il déplace de dessus l'écobue ce gazon qu'il pose à sa droite, toujours dans le même sens, c'est-à-dire les racines endessous, et il continue

---

de convertir le terrain en luzerne : cette plante à fourrage en acquiert d'excellentes qualités.

de même en avançant devant lui. Ce premier sillon ouvert, il revient au lieu d'où il est parti, et recommence sur une seconde ligne. Lorsque plusieurs écobueurs sont occupés sur le même terrain, ils se placent successivement et en échelons à la gauche les uns des autres: leur travail est le même pour tous; ils doivent avoir soin d'enfoncer l'écobue au-dessous des principales racines tracantes, afin qu'elles ne puissent plus produire de nouvelles tiges.

J'ai dit que cette opération voulait être faite par un temps chaud, afin d'accélérer la dessiccation des gazons, qui, dans une atmosphère humide, végéteraient plutôt que de sécher. Pour hâter cette dessiccation, on les retourne alternativement sur l'un et l'autre côté, ou plutôt on les dresse, on les appuie l'un contre l'autre en les inclinant. Dès qu'ils sont suffisamment secs, on les réunit pour en former, comme je l'ai déjà dit, des tas que l'on dispose de distance en distance, circulairement en forme de petits fourneaux dont le centre est vide, peu élevé, et recouvert le plus solidement possible par de nouveaux gazons placés d'abord horizontalement, puis verticalement. Le plus ordinairement ces fourneaux ont 65 centimètres de haut; quelques propriétaires, pour diminuer la masse du combustible, leur donnent jusqu'à 16 décimètres, ou cinq pieds d'élévation, avec un diamètre et une base proportionnés (1). La partie gazonneuse veut être tournée à l'intérieur, afin de donner plus de prise au feu que l'on introduit dans cette espèce de fourneau, et que l'on alimente, au moyen de la paille, de racines, de bruyères ou de feuilles sèches. On a soin de ménager, dans la partie supérieure de ce four, une petite issue pour le passage de la fumée, et de choisir un temps calme, parce qu'un vent violent donnerait trop d'énergie à la flamme, et

---

(1) Dans la Catalogne et dans quelques autres parties de l'Espagne, ces monceaux, que l'on y nomme *formiges* ou fourmilières, par allusion à l'habitation des fourmis, ont un mètre de base sur trois et quatre d'élévation. De la sorte on compte cinq cents monceaux sur un demi-hectare de terre. La combustion y dure vingt-quatre heures.

dissiperait aussi en pure perte une bonne partie du combustible.

C'est pour éviter cet nconvénient et pour amortir l'action de la flamme qui dévorerait la substance la plus utile à la végétation, qu'il faut boucher soigneusement toutes les ouvertures, excepté celles indispensables pour que le feu ne s'éteigne pas. Les gazons doivent brûler lentement: plus le feu est concentré, plus les cendres sont abondantes, et plus elles ont de qualités (1). Du moment que le feu est éteint, il faut enterrer de suite, et le plus également possible, les cendres par un labour, dans la crainte que le vent ne vienne en enlever une partie. Il serait, sans doute, à désirer qu'il tombât alors une petite pluie; mais il ne faut point l'attendre, pour ne pas compromettre le succès de l'opération.

Arrivons maintenant aux faits qui appuient et développent ce que nous venons de dire: c'est la meilleure réponse aux objections. Commençons par les résultats que nous offrent les pays étrangers, nous terminerons par ceux que nous fournit notre patrie.

Le Zaïre, ce grand fleuve appelé communément *Congo*, situé dans la partie occidentale de l'Afrique, présente sur ses bords de longues zones de terres incultes, et certaines parties d'une belle culture et d'une grande fertilité. Celles-ci, examinées avec soin, sont le fruit de l'écobuage. Les Nègres coupent l'herbe qui garnit le sol, la réunissent en petits tas sur lesquels ils jettent de la terre coupée par tranches; ils y mettent le feu; et quand le tout est consumé, ils sèment du maïz et des pois dans les places couvertes de cendres, et plantent de la cassave (*Jatropha manihot*) dans les intervalles. Partout ailleurs, où l'on néglige d'écobuer le sol, on ne rencontre que de misérables banza (villages), déshonorés par le despotisme le plus affreux, et dont tous les habitans, depuis le veillard infirme jusqu'aux chefs ou chenous, demandent l'aumône.

Dans le Frioul, l'écobuage a lieu en hiver et au printemps, quelquefois même en été. L'on y suit encore ponc-

(1) Lorsque la couche superficielle du terrain que l'on écobue abonde en substances calcaires, une forte partie se calcine, lors de l'incinération de la substance végétale; elle donne plus de puissance aux effets de l'opération, et sert en même temps d'engrais.

tuellement le précepte de Caton (1), que le poète de
Mantoue a si bien exprimé dans ces vers (2) :

> Cérès approuve encor que des chaumes flétris
> La flamme, en pétillant, dévore les débris :
> Soit que les sels heureux d'une cendre fertile
> Deviennent pour la terre un aliment utile ;
> Soit que le feu l'épure et chasse le venin
> Des funestes vapeurs qui dorment dans son sein ;
> Soit qu'en la dilatant par sa chaleur active,
> Il ouvre des chemins à la sève captive.

En automne, on y couvre les prés stériles de paille ou
de fourrage sec, de pauvre qualité ; et, dès qu'il souffle un
vent léger, on y met le feu. Toute la superficie de la prairie, ainsi brûlée, présente, l'année suivante, une herbe vigoureuse et très abondante.

Dans le Brescian (Lombardie), l'écobuage était autrefois d'un usage plus généralement suivi qu'il ne l'est aujourd'hui ; on n'y brûle plus que les fonds marégageux, et
la méthode employée est celle indiquée au milieu du seizième siècle par le re-tarateur de l'agriculture italienne
(3), c'est-à-dire que l'on coupe plusieurs morceaux de la
superficie du terrain destiné à être écobué ; ces morceaux
sont longs de 85 centimètres, larges de 57, et épais de 44
à 54 millimètres. On les laisse sécher, puis on les rapproche pour en former des petits fourneaux que l'on remplit
de paille, et on y met le feu. L'on a soin qu'ils brûlent
tous exactement et le plus également possible. Deux
jours après, on répand la terre brûlée et les cendres sur
les champs : on les arrose ensuite, ou bien l'on attend les
pluies douces de mai, puis l'on passe légèrement avec l'a-
raire, et l'on sème le maïz (4). J'ai retrouvé la méthode

(1) De re rustica.

(2) VIRGILE, Georg. Lib. I. v. 84.

(3) GALLO, le venti Giornate dell' Agricoltura, II.e Giornata.

(4) C'est aussi le procédé des sauvages de la Louisiane, qui cultivent leur maïz sur des terrains expressément incendiés.

bresciane à Civago , près de Reggio en Lombardie ; la seule différence est que l'on y sème sans avoir recours à la charrue.

Dans les environs du beau lac de Como , l'on ne voit plus que quelques propriétaires industrieux qui soumettent leurs terres à l'écobuage, et encore réservent-ils cet engrais pour les lieux marécageux et les bas-fonds ; ils sèment après le trèfle ou la luzerne. Leur récolte est toujours très abondante. C'est par cette pratique que les longues avenues de roseaux, qui plaçaient la ville de Ferrare, pour ainsi dire , au milieu d'un verdoyant désert, sont devenues utiles à ses habitans, et qu'elles ne versent plus sur la patrie du jovial ARIOSTO , ces nuages pestilentiels si nuisibles à la santé.

Les montagnards des Apennins fertilisent aussi chaque année par l'écobuage les terrains qu'ils ensemencent de seigle. En août , ils coupent les branches et les troncs des plus gros arbrisseaux , et y mettent le feu. Lorsqu'il est éteint, ils donnent un léger labour et sèment. L'Angleterre, l'Islande, et surtout les moores de la Hollande, qui sont, comme l'on sait , le plus grand amas de tourbe connu , nous fournissent aussi des preuves de l'efficacité de l'écobuage dans les terrains tourbeux.

Un grand nombre de propriétaires des départements du Loiret, de la Haute-Garonne et de l'Aveyron , surtout ceux de l'arrondissement de Castres (Tarn), qui ont mis en culture les terrains plats et unis des montagnes , dits *les Plainiers*, le Vintron , le Monlédier, etc. , se louent beaucoup des bons effets qu'ils obtiennent chaque année de cet amendement , et tous nous assurent être parvenus avec l'écobuage à augmenter la rente de leurs domaines, dont la terre compacte , alumineuse et aquatique ne produisait qu'un foin maigre , peu propre à la nourriture des bestiaux.

Dans le département de la Charente-Inférieure , on écobue avec la charrue les mauvais prés, bas et froids, dont le sol est tourbeux, et sur lesquels il naît des petits joncs. Après avoir répandu les terres brûlées, on donne un léger labour, peu profond ; on herse , on laboure une seconde fois pour former les sillons, et l'on sème en même temps , avec la précaution de ne procéder au semis que quand le sol est très mouillé. La première année, on lui fait porter du froment barbu de la grosse espèce , et l'on récolte d'ordinaire douze à quinze pour un ; l'année suivante , sans qu'il soit besoin d'engrais, on sème du blé fin ou menu blé, soit rouge, soit blanc , et l'on en retire à peu près le même produit qu'à la première récolte ; la troisième année, on lui confie, dès la fin d'octobre, de l'orge précoce qui rapporte aussi abondamment ; la quatrième année est consacrée à une récolte de légumineuses ; la cinquième , on fume, on sème du blé qui donne alors communément huit à dix pour un ; la sixième année est en orge prime avec ou sans engrais ; enfin, dans la septième année, on amende, soit avec du terreau , soit à l'aide d'un fumier bien consommé, et l'on confie à la terre , au mois de mars, de l'avoine tardive, dans laquelle on mêle des graines de foin et de trèfle , afin de remettre le terrain en prairie naturelle , qui se trouve améliorée et plus productive qu'elle ne l'était avant l'écobuage. Si l'on ne veut pas rétablir sa prairie, on continue de cultiver avec avantage, en fumant tous les deux ans , et en commençant la rotation par le blé que l'on fait précéder d'un engrais , puis l'orge et une légumineuse.

Dans la partie montueuse du département des Deux-Sèvres , qui est hérissée de rochers , couverte de bocages sablonneux , et nommée *Gâtine* (1) , l'écobuage se fait à la houe pendant l'été. Le terrain , soumis à cette opération, produit deux bonnes récoltes en seigle ; on le laisse ensuite en paccage, les uns durant huit à neuf ans , les autres avec plus de profit pendant trois années seulement ; on laboure, ensuite on fume et on sème des céréales.

Certes , l'écobuage procure, dans les premières années, des récoltes brillantes ; mais ces propriétés demandent, après un certain temps, trois ans le plus communément , à être soutenues par des engrais bien entendus et par une rotation de culture convenable : c'est le seul moyen de rendre l'incinération des terres une opération vraiment très-avantageuse.

J'ai vu à Savenay , département de la Loire-Inférieure , de vastes terrains écobués devenus très fertiles , et entrete-

(1) Sous cette dénomination on entend un pays de landes , une terre inculte. Dans le midi, on les appelle *garrigues ; à l'est, des friches ; au nord-ouest, des landes.*

nus dans cette bonne disposition par des fumiers, le plâtre, de la chaux, ou même par le mélange des terres, fait d'après les besoins des plantes à cultiver.

On a remarqué, dans des expériences en grand, que les terres écobuées exigent moins de semences, qu'elles sont fort long-temps sans produire de plantes parasites, et l'exemple de la Catalogne, surtout la partie située le long de la mer, prouve que l'écobuage n'est point funeste, comme on la dit, aux campagnes voisines des bords de l'Océan.

Turbilly, qui a mis en valeur tant de terrains incultes dans le département de Maine-et-Loire, recommande l'écobuage pour les terres encombrées d'ajoncs (*Ulex europœus*), de ronces, de genêts, de fougères et autres sous-arbrisseaux, tandis que Rozier lui préfère le semis de certaines plantes fourragères et leur enfouissement. Cette opération, tout-à-fait différente de l'écobuage, et qui veut un sol propre au labour, mérite de fixer notre attention comme un puissant moyen de prédisposer un sol à une culture avantageuse. Nous en traiterons dans quelques instans ; pour le moment, il nous faut parler de l'*enfumage des terres*, que quelques cultivateurs ont adopté comme un moyen sûr de rendre toute espèce de terrain excellent pour la culture du froment, de l'olivier et des vignes.

La manière de procéder à l'enfumage a quelques rapports avec celle d'écobuer. On fait avec des branches d'arbre, ou des morceaux de bois refendu, des espèces de cabanes en forme de pain de sucre, de façon que ces matériaux ne soient distans par le bas que de 10 centimètres. Ensuite, avec des pelles bien larges, on enlève la superficie de la terre, que l'on veut enfumer, par tranches de 40 millimètres d'épaisseur, suivant que le sol est plus ou moins fort, gazonné ou non. On transporte ces tranches sur une brouette, sur une civière, ou mieux encore sur une espèce de traîneau à quatre petites roues, et on les adosse aux cabanes, plaçant la partie de l'herbe ou du chaume à l'intérieur. On emploie ainsi deux ou trois couches à former un lit de 16 à 21 centimètres égal sur tous les points. Du moment que la carcasse de la cabane se trouve entièrement entourée, on pratique une petite ouverture par le bas au moyen de laquelle on emplit l'intérieur d'herbe verte, de petits branchages d'arbres verts, de paille mouillée, etc. , et l'on y met le feu. Comme il faut ici plus de fumée que de flamme : on entretient le plus possible l'humidité de la terre ; car plus celle-ci est humide., plus elle se charge de sels végétatifs, et on la perce çà et là avec un bâton pour aider la fumée à la bien pénétrer. L'opération est terminée quand la terre devient absolument sèche. On la répand alors sur le champ en ayant soin de la bien diviser auparavant. Si le champ est une terre légère ou sablonneuse, on peut semer aussitôt le grain., après un labour de 10 centimètres de profondeur., et dans un sens seulement ; puis on passe la herse. Si , au contraire, la terre est forte, après y avoir répandu la terre enfumée, on laboure premièrement dans un sens et à 10 centimètres de profondeur ; on sème ensuite, puis on ouvre des sillons en travers de 81 millimètres seulement de profondeur , et l'on termine l'opération en passant la herse. Les terrains situés en plaine, et dont la nature est argileuse, veulent être ouverts, afin que les eaux n'y séjournent pas , et n'affaiblissent point les effets de l'enfumage. Dans tout autre terrain on peut se dispenser de sillonner.

Une terre travaillée de la sorte peut servir pour deux récoltes de suite en froment ; la première en froment barbu, la seconde en froment sans barbes : toute autre espèce de céréales réussit encore très bien à la seconde année ; mais à la troisième , il ne faut y mettre que du trèfle, des lupins ou de l'orge. L'année suivante on recommence à enfumer pour y semer du blé.

L'enfumage des terres allège les travaux de la campagne pour les hommes et les animaux ; il diminue de plus de moitié les dépenses du labourage , et donne aussi moitié plus de récoltes ; tels sont du moins les avantages qu'on lui a reconnu , non seulement dans les montagnes du département de l'Hérault , mais encore aux environs de Vendôme, de Tours, d'Angers , etc. etc. Un autre avantage non moins important , c'est que cette opération assainit les terres des mauvaises herbes et des insectes, et qu'elle paraît empêcher que les semences ne dégénèrent par suite d'une culture trop long-temps répétée.

§ VIII. *De l'Enfouissement des plantes.*

Une plante quelconque, enfouie avant sa maturité , res-

6.*

titue à la terre plus de matière fertilisante qu'elle n'en a reçu pendant toute la durée de la végétation. L'enfouissement est donc un moyen utile de bonifier un sol, de lui fournir un engrais héroïque, et de répondre pour ainsi dire au besoin qu'il a de développer les élémens d'une vigueur durable. Mais de toutes les plantes bonnes à être enfouies, la meilleure, à circonstances égales, est celle qui, sur une étendue de terrain donnée, produit une plus grande quantité d'herbe ou de substance végétale ; c'est celle qui puise dans l'atmosphère la plus grande partie de sa nourriture, qui ne demande presqu'aucun soin, et qui est susceptible fournir une belle végétation dans le sol le moins fertile. Les anciens, grands partisans de cette méthode trop négligée parmi nous, cultivaient peu, dans cette vue, les graminées ; mais ils adoptaient les légumineuses, et parmi celles-ci ils donnaient la préférence au lupin (*Lupinus albus*) ; ils en tiraient parti de deux manières. Les uns faisaient couper cette légumineuse avant que ses grains eussent atteint leur entière maturité ; puis ils retournaient le sol avec la charrue, et enterraient les racines, les feuilles et les tiges restées sur la terre après la fenaison. Ils avaient soin de faire ce labour sur-le-champ afin que ces mêmes tiges, feuilles et racines n'eussent point le temps de se dessécher sous l'influence de l'air atmosphérique ou du soleil. D'autres cultivateurs, moins ménagers en apparence, et, cependant plus réellement économes, sacrifiaient la plante avant le solstice d'été ; au moment où elle entrait en fleur, ils l'enfouissaient, tantôt avec la charrue, tantôt avec la houe (1). Le lupin est également enfoui en fleur dans les parties méridionales de la France, où les terres légères et sèches sont malheureusement très communes, et particulièrement dans plusieurs cantons des départemens des Hautes-Alpes, de la Drôme, de l'Isère, du Rhône, de la Loire et de l'Ain. On le sèche à cet effet sur les chaumes, immédiatement après la récolte. Sur les rians coteaux de Damazan, département de Lot-et-Garonne, où les vignes montent en larges rideaux, on est dans l'usage d'y semer le lupin ; cette plante, qui fleurit à l'époque des travaux, est

---

(1) Virgile, *Georg.* Lib. I, v. 74 et seq. Pline, *Hist. Natur.* Lib. XVII, cap. 9.

enfouie au pied des ceps , et forme, sans frais de transport, un engrais dont l'utilité se justifie par l'abondance des raisins , la qualité du vin que l'on en retire , et par la fertilité des terres dont la majeure partie est sablonneuse. C'est aussi l'usage des cultivateurs de la Drôme.

Comme le lupin craint le froid , et que les gélées tardives compromettent souvent sa réussite dans nos départemens situés au nord , on a dû porter son attention sur d'autres végétaux. Le sarrazin , les fèves , la vesce , le colzat, la navette , la rave , la moutarde , etc. , ont été essayés ou sont cultivés localement pour être enfouis , et on en obtient de très bons effets.

Aux environs d'Issoire , département du Puy-de-Dôme , ville doublement intéressante , et par son site agréable , et par son ancienneté , les cultivateurs ont adopté , depuis quelques années , l'habitude d'enfouir à la bêche , dès les premiers jours de novembre , les pois qu'ils ont semés à la charrue immédiatement après la récolte du seigle et du froment. Au printemps suivant ils placent sur cet engrais , le plus simple de tous , de l'orge qui réussit parfaitement. Les terres en ont acquis plus de prix , et leur rapport est très considérable.

J'ai vu employer dans les mêmes intentions, en Toscane , outre le lupin , l'ers (*Ervum ervilia*), la vesce (*Vicia sativa*), et le tabac (*Nicotiana tabacum*), que nos lois fiscales, si funestes à l'agriculture, ne nous permettent pas d'employer de la sorte; dans diverses parties de la Lombardie , surtout aux environs de Vicence , les fèves (*Faba major*), qui sont le meilleur engrais, pour les fromens et les prés; dans la campagne bolonaise et la Romagne on enterre la roquette (*Brassica erucastrum*); dans le Milanais , c'est le navet (*Brassica napus*); en Calabre , le sainfoin d'Espagne (*Hedysarum coronarium*), que l'on y désigne sous le nom de *Sulla* (1), etc. Depuis peu l'on emploie à

(1) Cette plante , introduite depuis quelques années dans nos départemens du midi, a la propriété, assure-t-on , de fournir une prairie permanente et d'alterner sur le même terrain avec le blé, sans qu'il soit nécessaire de la semer de nouveau , parce qu'elle se reproduit par bulles végétant au-dehors seulement lorsque le sol est

cet usage, dans le département du Var, le dolic à onglet (*Dolichos unguiculatus*); auprès de Turin, et sur quelques propriétés en France, le seigle (*Secale cereale*). que quelques agronomes (1) regardent comme pouvant suppléer au manque total d'engrais et entretenir les terres dans une continuelle fertilité durant plusieurs années. Dès 1767, Massac, d'Agen, recommandait l'emploi de cette plante pour l'enfouissement, de même que l'avoine et l'orge (2). Dans le pays de Caux, département de la Seine-Inférieure, on a recours tantôt à la culture isolée de la rabette (*Brassica napus*), qui affermit le sol, ou de la vesce, qui ameublit et engraisse davantage ; tantôt à la culture de ces deux plantes réunies ensemble, ce qui rend leur action plus puissante encore. Quelle que soit la plante à laquelle on se décide à donner une préférence marquée, il faut insister surtout sur les moyens de lui procurer une végétation vigoureuse, soit en la plâtrant si c'est une légumineuse, soit en fumant abondamment le sol qu'on lui destine. On ne peut attendre d'un sol pauvre et épuisé qu'un produit insignifiant qui ne paie jamais la semence. Une chétive récolte enfouie veut être suivie d'une seconde, et même d'une troisième ; c'est le seul moyen d'améliorer une terre aride quand on ne peut lui donner les façons nécessaires ; le temps et la persévérance vaincront toutes les difficultés. C'est ainsi que quelques propriétaires des départemens de l'Indre et du Cher ont fait surgir au rang des terres labourables de vastes terrains assis sur une roche antique, privée des dépôts calcaires que la nature a départis à d'autres sols, et n'offrant qu'une couche superficielle, composée de débris de granit et de schiste.

L'enfouissement convient dans les grandes fermes, comme dans les domaines bornés, *exiguum colito*, selon l'expression de Virgile. On peut semer ensemble les graines de plusieurs espèces, légumineuses, graminées, crucifères

---

libre, mais se conservant dans la terre quand il est occupé. Les bestiaux la mangent en vert et sèche.

(1) Giobert, *del sovescio o nuovo sistema di coltura fertilizzante senza dispendio di concio.* Turin, 1819, in-8.

(2) *Mémoire sur la qualité et l'emploi des engrais ;* in-12.

et autres; y faire servir les criblures des grains : ce riche tapis de verdure, enfoui, se décomposera promptement, s'incorporera avec les molécules du sol, et les décidera à une récolte succulente et très belle. Ne craignez point, ainsi qu'on l'a dit, que les végétaux, confiés à une terre amendée de la sorte, soient plus sujets à geler: c'est une absurdité que l'expérience a démentie sous diverses latitudes et dans toutes sortes de terrains. Enfouissez donc, si vous voulez améliorer les plus mauvaises terres et féconder les sables les plus arides; mais n'imitez point ces cultivateurs paresseux qui attendent que les plantes à renverser soient à migrain; c'est diminuer singulièrement les avantages de cette sorte d'engrais : passé l'époque de la floraison, la plante épuise le sol, et lui rapporte à peine ce qu'elle lui a enlevé. Les plantes ligneuses, à racines fortes et drageonnantes, sont moins bonnes que les plantes herbacées, dont la décomposition est plus prompte ; cependant ne proscrivez rien ; l'essentiel en agriculture c'est de chercher quel est le végétal qui convient le mieux dans chaque localité. J'ai vu le sarrazin cultivé sur une terre légère, très maigre, et où le seigle ne rembourse pas ordinairement les frais de culture, afin d'améliorer cette terre ingrate par son enfouissement, ne donner aucun résultat, tandis que la navette y fournissait en très peu de temps un feuillage épais et facile à enfouir. La racine pivotante de cette dernière plante puisait sa nourriture au-dessous de la couche sur laquelle le sarrazin et le seigle ne trouvaient rien!

§. IX. *Des Engrais.*

A part l'enfouissement, tous les moyens indiqués pour préparer la terre à une culture convenable ne sont que des préliminaires, avantageux il est vrai, mais aucun ne peut suppléer aux engrais. Les labours, les hersages bien conduits, en exposant toutes les parties du sol au contact immédiat de l'air atmosphérique, les disposent à une certaine maturité, qu'on me passe le mot; mais pour prolonger cette maturité, pour lui donner des principes plus longtemps actifs et persistans, il faut recourir aux engrais, que votre terrain aie ou non les qualités que l'on attribue aux terres vierges ou neuves, ou même que le défrichement et l'écobuage lui aient fourni les élémens de la fertilité. Le but des

engrais et des amendemens de toute espèce est d'apporter
d'abord d'utiles changemens dans la constitution présente
du sol, et de mettre ensuite les végétaux dans la position
la plus avantageuse d'assimilation pour développer leurs facultés germinatives, et puiser dans la terre et l'atmosphère la plus grande partie de leurs produits à venir. Les engrais sont toujours des débris de matières dont la décomposition est plus ou moins avancée. Ils sont de trois sortes :
les engrais simples, les engrais mixtes, et les engrais composés.

Les premiers, que nous appellerons *Amendemens*, com-
prennent toutes les substances de nature inorganique qui
agissent comme ferment ; ils forcent la terre argileuse et
compacte à se diviser, ils élaborent et agitent les sucs qu'elle renferme, ils en aiguillonnent la lenteur, ils la réveil-
lent de sa plénitude ; mais loin de réparer les pertes résultant de la grande fertilité, ils effritent et ruinent promptement le sol, surtout s'il est en colline ou en pente, à l'exposition du midi, si le gravier y abonde, si la charrue le
pénètre profondément et sans difficulté, si la terre se réduit aisément en poussière et manque de consistance, etc.
Pour ces sortes de terrains, les engrais simples sont ce que
les liqueurs spiritueuses sont pour un homme robuste et
phlegmatique, un levain qui l'anime, qui fait circuler dans
ses veines avec promptitude de nouveaux principes de vie,
qui lui donne une énergie extraordinaire, une puissance
jusqu'alors inconnue, mais cette action ne dure pas ; comme elle n'a rien réparé, c'est un feu follet, il brille un instant et s'éteint sans laisser derrière lui aucune trace. La
chaux et les coquillages, le plâtre, la marne, la craie, le
tuf, le sel, les cendres, le charbon, les balayures de colombier et de poulailler, les sables et les graviers, sont
des engrais simples, secs et chauds.

Les engrais mixtes, formés de débris des végétaux et d'a-
nimaux, sont en même temps excitateurs, soutiens et ré-
parateurs de la fécondité. Ils font sur un terrain l'office des
bons alimens dans un homme épuisé ou sujet à de grandes
déperditions continuelles ; ils l'entretiennent et rétablissent
sans cesse l'équilibre entre ce qu'il perd et ce qu'il doit
gagner. Aussi doivent-ils être employés en quantités variables, de différentes manières, à des époques diverses, et
être appropriés aux cultures. Sous la dénomination de fu-

miers composés, j'entends comprendre ceux que l'on appelle *gras et humides*, c'est-à-dire les litières, les débris
d'animaux et de végétaux, les os pillés cu moulus, les pou-
drettes, les boues des villes, les curures des fossés, des
mares, etc.

La troisième classe des engrais est celle des composés,
c'est-à-dire celle des composts économiques.

Il est des engrais qui ne produisent leurs effets que long-
temps après leur emploi ; de ce nombre sont les pailles
sèches des graminées, les matières ligneuses sèches, la
tourbe, les peaux, les cuirs, les laines et les cornes, qui
ne sont pas susceptibles d'être attaqués de suite par les
eaux pluviales. Ils fermentent très lentement dans la terre ;
et si on les met à macérer à l'air libre, ils éprouvent une
grande déperdition de leur substance ; tous les gaz se dis-
sipent ; ils se dessèchent par la chaleur que produit la fermentation ; ils diminuent de volume, et n'ont plus la même efficacité.

Les plantes absorbent les engrais sous deux états, au
moyen de leurs suçoirs quand ils sont rendus solubles par
la fermentation putride, et au moyen de leurs tiges et de
leurs feuilles quand ils sont réduits à l'état gazeux par une
décomposition complète. Les expériences faites jusqu'ici ne
prouvent directement cette absorption que pour le gaz carbonique ; mais il est vraisemblable qu'elle s'étend aux autres gaz que les phénomènes naturels répandent continuellement dans l'atmosphère. L'azote lui-même doit être
absorbé par les végétaux comme il l'est dans la respiration
animale.

Avant donc d'employer les engrais, il faut les bien connaître, les adapter au sol, savoir le temps convenable pour
que leur action ait lieu, quand et comment il faut s'en servir. Ce sont ces notions qui nous mettront à même d'attendre l'époque où ils doivent produire leurs effets, et de ne
leur point attribuer une puissance végétative exagérée. Règles générales : Employez les engrais solides, et par conséquent d'une décomposition lente en hiver, pour les enterrer au printemps ; mais gardez-vous bien de distribuer
les engrais liquides avant les semailles : il vaut mieux les
répandre pendant la durée de la végétation. Trop d'engrais diminue les produits ; la plante abonde en parties
vertes, et son fruit est aqueux, de conservation difficile.

PREMIÈRE CLASSE D'ENGRAIS OU DES ENGRAIS SIMPLES.

1°. *De la Chaux.* — La chaux est la substance calcaire simple, privée par la calcination de son eau et du gaz acide carbonique. Cet amendement est excellent dans le défrichement des marais; il sert tantôt à rendre solubles les matières organiques employés comme engrais. A cet effet on en use de différentes manières : les uns la déposent, au sortir du four, sur le terrain qu'elle doit régénérer, et là elle doit s'éteindre à l'air et à la pluie pour être ensuite enfouie à des époques plus ou moins éloignées. D'autres la rassemblent en petits tas, de distance en distance, qu'ils recouvrent d'environ 32 centimètres de terre, et dont l'humidité éteint insensiblement la chaux. L'augmentation des tas, qui se crevassent, annonce que la chaux est entièrement éteinte ; alors on frappe les tas pour les égaliser dans leurs diverses parties, et l'on se sert à cet effet d'une pelle. Quelque temps après on mêle le tout exactement, on le répand sur le sol à la volée, et on l'enterre d'un coup de charrue.

La première de ces méthodes est sujette à un grave inconvénient. S'il survient une pluie diluviale ou plusieurs jours de suite de pluie abondante, la chaux est tellement gâchée et agglutinée à la terre, qu'elle forme en quelque sorte un mortier difficile à diviser et à répandre également; si l'on retarde son enfouissement, la chaux perd de son efficacité : le but est totalement manqué.

La seconde méthode est préférable ; mais il convient, 1°. que l'on réduise la chaux, avant d'être éteinte, en morceaux de grosseur moyenne, et à peu près égaux, pour que l'opération soit prompte et simultanée ; 2°. que chaque crevasse soit exactement remplie avec de la terre au moment même qu'elle se forme, afin d'arrêter toute évaporation et empêcher l'eau de pluie de réduire la chaux en mortier ; 3° qu'aussitôt après l'extinction complète et le mélange de la chaux et de la terre, cet amalgame soit répandu le plus uniformément possible, hersé pour l'incorporer au sol à diverses profondeurs, et enfoui par la charrue : ces trois opérations doivent se suivre si l'on veut prévenir toute déperdition et l'affaiblissement des principes fermentatifs de la chaux.

Il y a encore deux autres méthodes pour amender la terre

re, au moyen de la chaux ; l'une consiste à donner d'abord un profond labour aux extremités du champ où l'on veut répandre la chaux. Ces extrémités sont d'ordinaire fournies par une bordure plus ou moins large qui sépare le champ de la haie, du fossé ou toute autre clôture. Il n'y croît que de mauvaises herbes. Dans le sillon ouvert on dépose la chaux sortant du four, et on la recouvre de terre en forme de monticules auxquels on ne touche pas, afin de donner à la chaux le temps de fuser insensiblement. Cela fait, on la remue plusieurs fois avec la pelle au bout de quinze jours ou trois semaines, plus ou moins, suivant l'humidité de la terre et de l'atmosphère, jusqu'à ce que le mélange soit parfait et ait pris une couleur grise uniforme. Alors, on la distribue au printemps le plus également possible sur les sillons. On améliore ainsi les champs riches en terre végétale, qui sont épuisés par plusieurs récoltes successives de céréales. L'action de la chaux tend à rendre soluble, par l'eau des pluies, la plus grande portion d'humus qui se trouve naturellement dans le sol, ou qui y a été précédemment porté par les fumiers, et par conséquent à faciliter, par les racines des plantes, l'absorption de ces principes qu'on ne trouverait plus, ou du moins en très mince quantité, sur des terres pauvres auxquelles on aurait déjà fait rapporter une ou deux bonnes récoltes. Tout cela serait parfaitement exact, si la terre végétale était mise en assez grande quantité pour opérer l'amélioration désirée; mais plus vous en employez, et plus vous augmentez la somme des inconvéniens. En effet, avez-vous bien calculé tout ce que demande de main-d'œuvre cette réunion de terre, et la nécessité de travailler des tas plus ou moins énormes, pour que le tout soit brassé convenablement? Le charroi de ce mélange est long et pénible, surtout dans les pays où la récolte se bat dehors, vers la fin de septembre ou en octobre, au moment de l'emblavaison, époque des pluies qui, d'une part, augmentent le poids de cette terre, et de l'autre en rendent le transport presque impossible. Il vaut mieux distribuer, comme dans la seconde méthode indiquée, par petits tas, à égale distance entre eux, et en opérer le mélange ; là se trouve économie de temps, de main-d'œuvre et de charrois.

La quatrième méthode est moins commune que la troisième, quoique bien meilleure, et la plus utile pour les

Cultivateur. 7.

cultures de la fin du printemps et de l'été ; elle consiste à stratifier la chaux au sortir du four avec une portion de fumier, qui ne serait pas suffisante seule pour fertiliser le champ. On diminue de la sorte, et sans nuire à la terre, la quantité de chaux que l'on emploie communément par hectare. On répand le mélange aussitôt les récoltes levées, et l'on retire de la semence que l'on confie au sol au moins dix pour un. Un des grands avantages de cette dernière méthode, c'est d'augmenter, par une combinaison lente et bien entendue, les sels propres à la végétation, et de faciliter le dégorgement du gaz acide carbonique, aliment principal des plantes,

Avec cette méthode, le propriétaire, dont le petit nombre de bétail ne pouvait lui fournir qu'une quantité de fumier bien au-dessous de ce qu'il lui fallait pour fumer convenablement ses champs, jouit des mêmes résultats que le grand propriétaire ; il fait plus, il épargne la main-d'œuvre et hâte le mouvement de ses opérations.

Plus la chaux est pure, plus elle est caustique, et plus elle nuit aux plantes qu'elle touche ; elle ne convient alors qu'aux sols alumineux et humides, riches en substances végétales. La moins caustique, contenant plus d'alumine. est bonne pour les sols siliceux. Dans l'un et l'autre cas, quelle que soit la qualité de la chaux, il est de la plus grande importance que l'assolement soit tel, après son emploi, que la terre se trouve suffisamment pourvue de substances végéto-animales, afin de suppléer aux fortes déperditions que cet amendement occasionne, et prévenir un épuisement inévitable dans les années chaudes et sèches, et toujours très-difficile à réparer.

Quelquefois la chaux contient de la magnésie en assez grande quantité ; dans ce cas elle soutire de l'atmosphère une faible quantité d'air fixe, et nuit plutôt à la végétation qu'elle ne la favorise.

On ne peut nier les effets de la chaux sur la végétation ; en général, les récoltes sont plus abondantes, mûrissent plus tôt ; elles présentent des grains mieux nourris, et d'une qualité supérieure dans les champs amendés au moyen de cette substance. Ils contiennent aussi moins de son et plus de farine ; mais, encore une fois, la chaux épuise les terres sur lesquelles on la verse en trop grande quantité ; de là est venu le proverbe que *les terres engraissées avec la chaux enrichissent le vieillard et ruinent ses enfans.* Voici un fait récent qui le prouve.

Les cultivateurs des communes d'Esneux, de Sontain, de Dolembreux et autres situées aux environs de Liège, ayant vu que l'année, qui suivait celle où ils chaulaient leurs champs, rapportait des récoltes très abondantes en trèfle et autres plantes fourragères, s'avisèrent d'amender de nouveau par la chaux, les uns la cinquième, les autres la sixième année, au lieu de la quinzième ou de la vingtième : le résultat fut réellement extraordinaire pendant quelqes années, et tous de s'en applaudir. Mais bientôt les terres où d'ordinaire ils recueillaient d'assez belles récoltes de céréales, s'épuisèrent tout à coup, et sont tombées depuis 1818 dans un état de stérilité tel qu'elles n'ont pas donné dans l'espace de dix ans une récolte suffisante d'herbes artificielles.

Chaulez les terres froides des pays montagneux, à la fin de l'automne dans les années pluvieuses, en octobre dans les années sèches, tandis qu'il ne faut point l'employer pour les terres sablonneuses, graveleuses, etc., etc., surtout si l'année est chaude. Suivez les lois de l'analogie, et sachez approprier au sol que vous cultivez l'espèce d'engrais qui lui convient, et la nature de plantes qui doivent y prospérer : vous obtiendrez de la sorte des résultats toujours avantageux. Il importe aussi que l'achat et la manipulation de l'engrais ne coûtent pas plus cher que le fumier fourni par les bestiaux du domaine. En agriculture il ne faut rien adopter par enthousiasme, tout doit être apprécié à sa juste valeur, et rejeté du moment qu'il n'y a pas un bénéfice certain.

Pour détruire les insectes malfaisans, et surtout les limaces dont les dégâts sont si fâcheux dans les cultures, l'emploi de l'eau de chaux est merveilleux. Elle est de beaucoup préférable à la chaux pulvérisée, qui perd toute sa causticité une heure, et même une demi-heure après qu'elle est jetée sur un sol humide. Les limaces, en laissant derrière elles une matière gluante, s'échappent souvent de la chaux pulvérisée.

2°. *Des Coquillages et Ecailles d'huitres.*—Les débris des testacés, soit fossiles, soit vivans, contiennent la chaux dans un état de pureté plus grand que la plupart des mar-

nes et des pierres à chaux. Il faut donc moins de ces détritus réduits en poudre pour amender un sol ; l'on doit les
employer de préférence sur les terres humides , compactes et alumineuses qu'ils divisent , qu'ils allégent et dessèchent.

Nous possédons en France des amas considérables de
ces débris. Les plus étendus sont les falunières des environs de Tours (Indre-et-Loire) , où la couche des coquilles est parfois mêlée à des madrépores et à des plantes marines; elles ont plus d'un myriamètre et demi de long sur une
largeur beaucoup moindre. Les autres sont situées auprès de
Dax (Landes), à Grignon (Seine-et-Oise) et Courtagnon (Marne). Les effets de ces débris , employés pour engrais, ne
sont pas très sensibles la première année; mais ils durent
souvent pendant trente ans quand ils sont intimement mé-
langés au sol.

Les amas de coquilles, qui se trouvent au bord de la mer,
sont aussi d'excellens amendemens. Le sel marin , dont
elles sont imprégnées, ajoute encore à leur propriété. On
les calcine ou bien on les emploie pillées et stratifiées avec
des fumiers frais, dont la chaleur accélère la décomposition. Dans l'un et l'autre cas, leur effet est puissant ; il est
plus prolongé quand les coquilles sont entières et dans
leur état naturel ou bien quand elles sont mêlées à du fumier.
Lorsqu'elles renferment encore des débris de l'animal , elles
se décomposent plus promptement.

3°. *Des Graviers et Sables calcaires.* — Les graviers
sont des débris de pierres qui prennent le nom de *sable*,
quand ils sont réduits en poudre , et *sablon*, quand il est
le plus fin possible. Ils offrent un moyen d'amender les
terres légères et les plus stériles d'une manière avantageuse. C'est ainsi que DUHAMEL DU MONCEAU convertit en très
belles prairies des terrains improductifs auprès de Pithi-
viers (Loiret) , et que JACQUES GOUYER, surnommé le *So-
crate rustique* (1), obtint, en Suisse, de très bons champs
à blé d'un sol reconnu pour un des plus mauvais de tout le
canton de Zurich.

4°. *De la Craie.* — Cette substance est regardée , avec
raison, comme une variété de chaux , tantôt concrète,

(1) Le docteur Hirzel , de Zurich , a publié sous ce titre l'histoire
du cultivateur suisse et celle de ses procédés économiques. Ce livre
réunit l'utile à l'agréable.

tantôt pulvérulente , et ordinairement blanche quand elle
n'est point pénétrée par des corps étrangers. Une grande
partie du nord de la France est de formation crayeuse.
Dans le bassin de Paris , fond d'un golfe immense , la craie
forme des collines entières et des monticules, îles ou écueils
de l'antique Océan , dont les côtes étaient hérissées à des
époques loin de toute espèce de tradition. Des bancs considérables de cette substance constituent la partie du département de la Marne, que l'on nommait la *Champagne
pouilleuse.*

Dans son état naturel , on peut employer la craie comme amendement ; mais elle est généralement plus lente à
opérer, parce qu'elle se dissout et se mêle moins promptement et moins intimement avec le sol. Il convient donc de
la diviser le plus possible à l'aide du rouleau, de la herse ou de la charrue , surtout lorsqu'on l'applique sur
une terre siliceuse. Elle peut être employée avec avantage
moins atténuée sur les terrains alumineux ; mais il faut
bien se garder de l'enterrer en morceaux volumineux. Son
mélange avec les engrais animaux accélère et sa division et
son action. On l'unit aussi avec succès aux engrais végétaux quand on veut détruire une prairie artificielle ou naturelle. Sur les prairies aquatiques que l'on désire conserver et améliorer, la craie est d'autant plus utile qu'elle est
plus divisée et qu'elle a été plus étroitement unie aux engrais animaux avant d'être déposée sur le sol ; elle les dessèche , et à la place des mousses , des joncs , des roseaux ,
des laîches et autres plantes nuisibles qu'elle fait disparaître , on voit croître des graminées et autres végétaux de bonne qualité dont elle facilite le développement.

5°. *Du Tuf ou Tufau.* — On donne ce nom à une pierre calcaire mélangée de silice , dont on trouve des carriè-
res assez considérables ordinairement très près de la surface de la terre. Cette pierre est friable dans les premières
couches , et sa dureté augmente à raison de la profondeur
qu'elle occupe. Pour s'en servir comme amendement on,
l'extrait de la carrière , on la dépose par petit tas sur les
terrains compactes et humides , et lorsqu'elle est réduite en
poussière par l'action des météores , on l'incorpore au sol
à l'aide de la charrue ou de la bêche. Le tuf ainsi employé
rend la terre plus traitable et plus fertile. Ses effets sont

7.*

moins sensibles dans la première année que dans les suivantes.

On donne aussi le nom de *tuf*, *cran* ou *crayon*, *terre
sauvage* ou *stérile*, etc., à une substance crétacée, plus
ou moins ferrugineuse, siliceuse, dure et pierreuse qui se
rencontre assez souvent au-dessous de la couche labourâble. Lorsqu'un labour plus profond que de coutume ramène une portion de cette terre infertile à la surfrce d'un
champ, les récoltes sont ordinairement moins bonnes pendant plusieurs années, surtout si elle n'est pas suffisamment divisée et incorporée à des restes d'organisation vitale, il faut en neutraliser les fâcheux résultats en recourant aux engrais et amendemens appropriés. C'est là que
l'industrie du cultivateur doit se montrer attentive et expérimentée.

6°. *Du Plâtre.*—Le plâtre ou gypse est un mélange fait
par la nature de terre calcaire libre et de cette même substance dissoute par l'acide sulfurique. Son emploi comme
amendement est réellement prodigieux, surtout sur les
terres composées d'argile et de craie fondante, comme
celles connues sous le nom de *vallage* dans le département
la Marne. Il agit moins encore comme engrais que comme un stimulant des principes végétatifs. Il n'effrite point la
terre, surtout celle qui est compacte. On le sème comme du
grain, au commencement du printemps, et l'on choisit l'approche de la pluie, afin de hâter la dissolution de cette substance, et de profiter de toutes ses parties salines. On s'en
sert cru et cuit. Les opinions varient sur la préférence à donner à l'un ou à l'autre de ces deux états. Laissons parler les
faits, ils ne nous égareront pas autant que les théories.

Le plâtre cru, réduit en poudre, et répandu sur les fromens mal venans, rétablit promptement la végétation et
assure une récolte abondante; son action se porte directement sur les racines. Appliqué à la culture du chanvre,
cette plante en acquiert de la force, donne de superbes tiges là où elle venait auparavant très mal, très claire et à
peine haute d'un mètre.

Quelques propriétaires l'emploient en lui faisant subir
la chaleur d'un fumier, dans lequel ils en enterrent des
morceaux d'une grande dureté. Huit jours suffisent pour
rendre ces morceaux très faciles à se reduire en poudre.

Ce procédé présente le double avantage d'éviter la perte qu'entraîne l'évaporation, et de réunir sur lui les sels végétatifs qui lui donnent à leur tour une qualité en quelque sorte analogue à celle de l'urate. D'autres propriétaires délaient le plâtre non calciné, et réduit en poudre, dans l'urine des écuries étendue d'une certaine quantité d'eau, ou dans des eaux de lessives usées par le blanchissage. En cet état liquide et épais, ils en aspergent les blés au moment de leur première pousse. Ils s'en servent également avec succès sur les sols où la terre calcaire n'est pas dans la proportion désirée au labour des semailles.

Mélangé à une certaine quantité de charbon, le plâtre pulvérisé favorise la végétation des légumineuses destinées à former une prairie naturelle ou artificielle : il leur imprime en cet état une énergie de végétation telle, qu'il les pousse sans cesse à se garnir de feuilles très succulentes, et à renouveler long-temps les tiges que l'on coupe pour la nourriture des bestiaux. Mais, comme la graine de cette belle famille de plantes contient déjà du gypse, et qu'elle a une tendance à absorber tout ce qu'un terrain peut en renfermer, il ne faut point plâtrer le sol appelé à porter des légumineuses dont on veut manger la graine, encore moins faire suivre l'une à l'autre ces deux sortes de culture.

L'action du plâtre cuit sur une prairie artificielle se manifeste d'une manière très prononcée pendant les deux premières années ; mais à la quatrième il faut plâtrer de nouveau si l'on veut la conserver en bon état de production durant huit ans. Les lentilles plâtrées cuisent plus vite, et fournissent une purée plus abondante que celles récoltées sur des champs non plâtrés.

On a dit que le plâtre calciné fertilise les plantes fourragères, uniquement en secondant ou bien en suppléant le pouvoir désoxigénant de la lumière sur le parenchyme vert des feuilles. L'on a avancé une erreur : le sulfate de chaux ne passe point à l'état de sulfure par la simple calcination. Un degré de chaleur peu élevé suffit, il est vrai, pour lui faire perdre son eau de cristallisation, dont il ne contient que 20 à 21 pour cent, tandis que pour se changer en sulfure, les sulfates veulent être exposés plusieurs heures à l'action d'un feu violent et au conctact du charbon. Ce qui prouve combien la théorie proposée est fausse, c'est que l'on peut non seulement employer le plâtre sur les prairies long-temps après sa préparation, quelque quantité d'oxigène qu'il ait absorbé dans l'air atmosphérique, mais encore on se sert avec succès des plâtres et autres débris calcaires provenant des démolitions, dont les effets sont prompts et durables sur les terres fortes et alumineuses, lorsque surtout ils ont été convenablement divisés.

Malgré l'évidence des prodiges que le plâtre sagement administré opère sur toutes les sortes de terres (les sols calcaires exceptés), on ne cesse encore de décrier son usage. On va même jusqu'à dire que les animaux qui mangent des fourrages venus sur des terrains plâtrés, sont plus exposés que les autres aux maladies épizootiques, et que sous l'influence d'un semblable fléau il sévit avec plus de force sur ces animaux. La routine se roidit contre tout ce qui est nouveau, et, comme la calomnie, elle se sert de tous les prétextes pour combattre les faits, pour repousser la vérité. Ce qu'il y a de certain, c'est que tout propriétaire jaloux d'augmenter autour de lui les germes de la prospérité, profitera de l'emploi du plâtre pour avoir constamment des fourrages abondans qui l'aideront à multiplier ses troupeaux, et à donner plus de valeur à ses produits.

Cet engrais doit être déposé sur le champ avant l'hiver, et être enfoui après les gelées. Son importance a fait imaginer un plâtre factice pour les pays où le plâtre manque. Nous croyons rendre service en indiquant le procédé à suivre pour cette sorte de succédanée.

On se procure de la pierre à chaux, que l'on brise à l'aide d'une massue en fer, et que l'on passe au travers d'une claie. On étend cette matière sur une surface unie, dans la basse-cour ou bien sur l'aire dépicatoire, ou mieux encore dans un vaisseau de bois rempli aux trois quarts d'eau ; l'on verse dessus de l'acide sulfurique, en ayant soin d'agiter fortement le mélange au moyen d'une pelle ou d'un gros bâton. La matière obtenue est un sulfate de chaux, avec excès de carbonate, c'est-à-dire une substance très voisine du plâtre naturel cru ; pour lui donner de nouveaux principes fertilisans, on chauffe le four à peu près au même dégré que pour cuire le pain, avec des broussailles, des ronces, des chardons, des genêts, des fougères, des tiges de maïz, et même du gazon, qui sont de peu de valeur, et qui contiennent des matières salines en abondance ; on réunit les cendres et le charbon provenant de cette com-

bustion ; on les brasse avec le sulfate de chaux ; puis on
ajoute de nouveaux combustibles pour élever le degré de
chaleur du four ; on y jette la pâte obtenue de ce mélange,
que l'on a eu soin de diviser par petites masses ; on bou-
che l'ouverture avant l'entière réduction du nouveau combustible, afin que les parties huileuses et acides des végétaux
refluent sur les matières calcaires. Du moment que le four
est refroidi, de son côté, le plâtre artificiel est arrivé à point.
Il ne s'agit plus que de l'employer, ce qu'il faut toujours
faire le plus tôt possible. C'est dans cette vue qu'on ne le
prépare qu'à l'instant même où l'on doit le répandre sur
le sol.

7°. *Du Sel.* — Les anciens avaient adopté l'usage de semer du sel sur l'emplacement des villes qu'ils avaient ra-
sées et sur les les champs environnans, afin que le sol ne
pût être mis en culture. Une semblable coutume était fondée sur l'opinion, généralement encore répandue, que le
sel marin est extrêmement contraire à la végétation, à l'exception des crucifères qui prennent plus d'accroissement
vers le littoral de la mer et dans les terres un peu nitreuses
que partout ailleurs. Cette opinion reçue semblait justifiée
à son tour par l'état des arbres exposés à l'influence, je ne
dis pas de l'air marin, qui ne contient point de particules
salines, du moins en dissolution, comme le prétendent quelques écrivains, et surtout le médecin anglais MEAT, mais
bien des vents de mer, par l'aspect des champs situés dans
le voisinage des marais salans, par la maigreur ou pour
mieux dire la nullité des plantes qui y croissent comme sur
une terre d'exil. Cependant des essais nombreux et variés,
tentés par des cultivateurs riverains de l'Océan et de la Méditerranée, prouvent aujourd'hui que le sel, employé avec
prudence, et dans de justes proportions, loin de nuire aux
végétaux, possède des propriétés remarquables pour accroître la fertilité de la terre. Ces essais nous apprennent
qu'il donne une nouvelle vigueur aux plantes légumineuses, qu'il avance leur maturité sans altérer leur saveur,
qu'il brûle les mauvaises herbes, ainsi que les insectes
destructeurs des récoltes. Mais, comment espérer que le sel
puisse servir d'engrais, quand on pense que depuis cinq siècles que le fisc s'en est emparé pour en faire ou pour en céder le monopole, un impôt odieux en entrave sans cesse le

commerce, et en rend le prix fatigant aux citoyens les moins fortunés? Tous les intérêts s'élèvent contre cette usurpation qui frappe sur une des bases des alimens de l'homme et des bestiaux.

8°. *De la Marne.* — Sous cette dénomination, que l'on a trop étendue, on doit entendre le mélange naturel et varié des substances calcaire, alumineuse et siliceuse, lesquelles s'y trouvent bien rarement en proportions égales. Les deux premières dominent ordinairement, mais le plus souvent la substance calcaire l'emporte, et cette sorte de marne est estimée la meilleure : elle l'est en effet quand on doit en faire usage sur un sol composé d'argile et de sable. Si le sol abonde en silice, la marne à base argileuse est préférable ; de même que si le sol abonde en alumine, la marne qui en contiendra le moins est celle qui lui convient le mieux. D'après ces faits irrécusables, il est absurde d'avancer en thèse générale que la marne ne convient qu'à tel terrain, et qu'elle est inutile et même nuisible à tel autre. Cette substance est destinée à rétablir l'harmonie dans les sols où les proportions ne sont point en rapport.

La marne se trouve à différentes profondeurs qui varient depuis six jusqu'à trente mètres ; quelquefois, surtout dans les vallons, elle est presque voisine de la surface de la terre ; elle est disposée par masses ou par couches alternatives, dans des états et sous des couleurs très variées en raison des alluvions qui l'ont formée ; elle est tantôt molle ou dure, douce ou rude au toucher, friable ou lamelleuse, blanche ou colorée par le fer ; tantôt unie à des matières étrangères à sa composition, ou bien mêlée à de la magnésie. Plus elle est douce et légère, savonneuse et onctueuse, plus elle fait effervescence avec les acides, plus elle renferme de débris d'animaux, et par conséquent de substance calcaire ; elle fuse alors très aisément dans l'eau, et se délite à l'air promptement. Plus elle est compacte, tenace et ductile, plus elle happe à la langue et tient aux doigts, et plus elle renferme d'alumine : son caractère est alors d'être brillante, lamelleuse ou feuilletée comme les schistes ou ardoises, et de faire peu effervescence avec les acides. Plus elle est pesante, anguleuse, rude au toucher, et plus elle contient de silice : son grain est grossier, inattaquable par les acides.

La marne molle et savonneuse s'incorpore facilement
avec le sol ; celle qui est dure et graveleuse ne le fait que
très imparfaitement, à moins qu'elle ne soit calcinée et divisée dans toutes ses molécules. Quand la marne renferme du
fer ou de la magnésie, elle nuit à la végétation selon que
ces substances s'y trouvent en plus ou moins grande quantité.

On emploie ordinairement la marne crue telle qu'on
l'extrait de la terre ; quelquefois aussi l'usage veut qu'on
la calcine, surtout si elle est très calcaire : alors elle acquiert plus d'activité sous un moindre volume. Dans l'un
et l'autre cas, elle opère des changemens extraordinaires
sur les terrains, particulièrement dans les années qui font
craindre une chétive récolte. Le sol acquiert toutes les propriétés de la terre calcaire, l'humus est ménagé, et le fumier produit le plus grand effet. La durée de cet amendement varie suivant sa nature, celle du sol, ses proportions
et l'assolement adopté. Le terme moyen est de quatre ans ;
il faut alors marner de nouveau si l'on veut que le produit
du sol se soutienne long-temps et rapporte des bénéfices
considérables. La culture prolongée et consécutive des céréales paraît être celle qui abrége le plus les effets du marnage, tandis qu'ils se prolongent si l'on fait succéder aux
graminées la culture des plantes à racines ou les récoltes
faites en vert.

Quelle est la dose de marne qu'il convient de donner au
sol pour lui communiquer, avec le moins de dépense, de
temps et de peine possible, les avantages des sols calcaires? La solution de cette question est des plus importantes : il faut pour cela partir d'un point connu, c'est-à-dire
que la marne ne convient qu'aux terres qui ne renferment
point de composés calcaires. Il n'y a pas cependant d'inconvénient à répandre, pour essai, quelques tombereaux
de marne sur le sol pour lequel on conserve des doutes sur
sa nature: ici la plus grande perte est celle du temps, parce
qu'il faut presque le cours d'une année, ou au moins l'espace entre le semis et la récolte avant de pouvoir juger
sainement. En général, l'élément calcaire convient mieux
dans un sol en petite dose qu'en grande. THAER conseille,
comme un résultat de ses expériences et de ses observations,

d'employer pour un journal de Berlin (1), une moyenne de soixante chars de 18 pieds cubes du Rhin de marne, contenant 25 pour cent de carbonate de chaux. Cette dose, jetée sur une couche labourable moyenne de 10 centimètres d'épaisseur, donne un peu plus de 2 et demi pour cent en volume de carbonate de chaux.

Les cultivateurs d'une grande partie du département de l'Yonne emploient une dose de marne pierreuse qui se délite assez difficilement, et contenant 90 pour cent de carbonate de chaux, que l'on peut estimer de 7 pour cent ; tandis que chez les autres, la marne d'une richesse égale, mais fusant aisément à l'air, n'est que d'un et demi pour cent de la couche labourable de 13 centimètres d'épaisseur. Dans le département de l'Isère, où la dose, en résultat, paraît plutôt trop forte que trop faible, le carbonate de chaux, donné au sol par le marnage, s'élève de 3 à 5 pour cent de la couche labourable. Dans le département du Nord, cette dose est à peine d'un demi pour cent de la couche labourée, quand elle est du double dans le Pas-de-Calais et le Calvados. Dans ceux de l'Ain et de Saône-et-Loire, on a réduit la dose à 7 millimètres de marne.

Il résulterait de ces données, 1°. que tout marnage qui porte à la couche labourable trois pour cent du principe calcaire est plutôt au-dessus qu'au-dessous du nécessaire ; 2°. que, à ce point, le marnage devient une entreprise facile à toutes les bourses ; 3.° et que partout où il a fourni 5 ou 6 pour cent de carbonate de chaux à la couche labourée, l'accroissement de ce principe par de nouveaux principes est non seulement inutile, mais souvent nuisible.

Ainsi donc, après avoir reconnu que la couche labourée demande 3 pour cent de carbonate de chaux, on peut conclure que chaque 27 millimètres de cette couche exigent une épaisseur de 3 centièmes de marne, pourvu que celle-ci soit toute de carbonate de chaux ; mais si la marne renferme, comme cela arrive le plus communément, d'autres principes que le calcaire, la quantité doit être augmentée en proportion. Les doses de marne riche doivent être plutôt diminuées qu'augmentées pour les terrains secs et lé-

[1] Environ 25 ares.

gers , surtout si la couche labourée est épaisse. Dans les
terres arides , dans les défrichemens où l'humus insoluble
abonde , dans les sols très froids , il convient , au contraire , d'augmenter la dose.

Quand le chiendent (*Triticum repens*), l'oseille sauvage (*Rumex acetosella*) et autres plantes des sols siliceux
commencent à faire disparaître les légumineuses des terrains calcaires ; quand les récoltes baissent sans qu'on ait
diminué la quantité du fumier, on doit en conclure que la
marne a perdu de son efficacité, que son principe actif , le
carbonate de chaux , s'est en partie décomposé en faveur
des végétations successives , et qu'enfin il est temps de recommencer. Alors la moitié de la dose indiquée est celle
qui convient le mieux pour replacer le champ dans un état
analogue , et même supérieur à celui où il s'est trouvé après
le marnage.

L'époque la plus convenable pour marner est la fin de
l'été ou bien en automne , lorsque les autres travaux agricoles permettent de s'y livrer. Cette opération se fait en dé-
posant la marne par petits tas le plus rapprochés possible,
qu'il faut se hâter de répandre partout sur le sol au moins
grossièrement. Les premières pluies qui surviennent bientôt contribuent à sa division , que les gelées complètent ensuite. Au dégel , elle tombe en poussière ; c'est le moment
de la repartir également avec la pelle , la herse l'incorpore au sol, et les labours achèvent l'ouvrage. Rarement ,
lorsqu'on l'emploie seule, les effets de la marne sont sensibles la première année , parce que son union avec le sol ne
devient réellement intime qu'après un laps de temps plus ou
moins long. Ces effets ne se manifestent qu'à la seconde et
même à la troisième année. Pour les accélérer , il faut recourir aux labours réitérés , et surtout à l'emploi des engrais animaux , principalement au parcage, qui est d'autant
plus avantageux que le sol est moins compacte. L'amalgame de la marne avec le fumier est aussi un moyen d'en hâter les effets. Quelquefois on enfouit la marne avec la seconde récolte de trèfle, ou bien avec le gazon des vieilles
prairies naturelles que l'on veut détruire : cet engrais végétal en augmente les avantages.

Sur les prairies aquatiques , on jette la marne pour les
dessécher et améliorer la qualité des herbages ; on la répand le plus également possible , on herse par un temps

sec, et l'on passe le rouleau, afin de briser les portions de
marne qui ne se seraient point délitées.

La culture des plantes légumineuses, fourragères, et de
toutes celles qui demandent des binages, buttages et sarclages répétés, est celle qui convient généralement le plus
dans l'année du marnage. Cette culture, justement appelée
améliorante, dispose le sol d'une manière très avantageuse au développement des céréales qui doivent suivre. Le
sarrazin, en laissant tout le temps nécessaire pour donner
au terrain les labours et autres préparations convenables, est
aussi très bien approprié à cette circonstance.

Voulez-vous acquérir la certitude que votre champ re-
cèle des bancs de marne? Voyez si toutes les plantes y végètent avec vigueur; si les ronces sont fort épaisses, le pas
d'âne (*Tussilago farfara*), le tussilage des Alpes (*Tussilago alpina*), et la sauge des prés (*Salvia pratensis*)
très abondans, et le trèfle jaune (*Trifolium procumbens*)
d'une beauté, d'une richesse remarquable, vous pouvez
ouvrir une tranchée, vos frais seront amplement couverts.
La sonde est un moyen de découvrir aussi l'existence de
la marne.

On a trouvé dans la vinasse ou résidu de la distillation
des vins, une subsance propre à suppléer à la marne. On
emploie à la confection des terreaux ces résidus jusqu'ici
demeurés sans aucun usage, soit en les portant de suite
sur le sol qu'ils doivent fertiliser, soit en les renfermant
dans une fosse où on les réunit au fur et à mesure de la distillation pour y être mêlés avec de la terre, et y former une
sorte de pâte que l'on répand sur le champ destiné à porter des céréales, dans les vignes et sur les prairies artificielles ou naturelles. Les élémens qui constituent la vinasse, réduite en compost, sont les mêmes que ceux de la
marne, ce qui lui a fait donner le nom de *marne artificielle*. On peut rendre ce mélange plus ou moins actif, en di-
minuant ou en augmentant la masse de terre. Il a l'avantage d'être à la portée du vigneron qui n'a besoin de faire
aucun frais pour son emploi, et de ne demander de transport que dans la saison où il y a le moins d'ouvrage à la
campagne.

9°. *Du Charbon végétal.* — On peut employer le charbon de bois comme engrais; réduit en poussier, il agit sur

la végétation et sur la terre d'une manière égale et pendant
un temps assez long : il n'en faut qu'une petite quantité.
Comme chacun le sait , il absorbe plus promptement et
plus facilement que les autres corps , la lumière , la chaleur, l'air atmosphérique , l'humidité , et en même temps
il est bon conducteur du fluide électrique. Ces propriétés le
rendent propre à préserver les vignes de la gelée , à rendre
les récoltes abondantes et le vin excellent. On en a une
preuve remarquable dans les vignobles de Saint-Lajer ,
près de Beaujean , département du Rhône. Les ceps y sont ,
depuis cinquante ans, fumés avec du poussier de charbon,
et leur vin est recherché par le commerce. Dans le pays ,
on nomme ces vignes *brûlées*.

10°. *Des Cendres.*—Il est certain que les cendres, provenant de nos foyers où l'on brûle du bois, sont un excellent
engrais, convenable également à la grande comme à la petite
culture , ainsi qu'aux vergers dont les arbres sont languis-
sans ; mais il ne faut pas les employer aussitôt qu'elles sont
retirées du feu. Laissez-les reposer pendant quelque temps,
si vous voulez qu'elles stimulent le sol, et qu'elles nourrissent les plantes ; en cet état , elles absorbent l'eau , et la
transmettent aux plantes chargées alternativement de sels
vivificateurs et de l'acide carbonique qu'elles puisent dans
l'atmosphère. Si les cendres sont vieilles, il en faut une
plus grande quantité; celles qui ont servi aux lessives sont
assez généralement réservées pour les jeunes plantations ,
les prairies semées en trèfles ; ailleurs , on les remet au
feu pour leur faire subir une seconde cuite , puis on les mêle à de la suie , quand il s'agit d'amender des terrains tenaces et froids.

Les cendres lessivées ne produisent aucun effet sur les
terrains calcaires; mais elles conviennent essentiellement
aux terres argilo-siliceuses, nommées *terres blanches* dans
un grand nombre de localités situées à l'est , *boulbènes* dans
le midi , *terres à bois* dans le Nord , et *puisage* dans le département de la Côte-d'Or. Leur effet est analogue à celui
de la marne et de la chaux; mais il n'est pas identique,
puisque leur emploi peut , après quelques années d'intervalle , se répéter indéfiniment sans crainte d'épuiser le sol ;
elles l'améliorent , au contraire , de plus en plus. Le sarrazin , le colza , le chanvre , le froment, l'orge, le maïs, les

pommes de terre ; sont particulièrement améliorés par les cendres ; si la tige se montre d'un beau vert, se soutient bien, le grain n'en est que mieux nourri. Cette action est due aux principes constituans des cendres, dans lesquels, d'après des analyses variées faites par des mains habiles, les phosphates de chaux, de magnésie et de potasse entrent pour beaucoup ; le carbonate de chaux s'y trouve pour un quart ; la silice et l'alumine à peine pour un vingtième ; les carbonates et muriates de potasse pour à peu près un autre quart. Ces quantités varient nécessairement à raison de l'essence, de l'âge des bois et de la nature du sol où ils ont crû. L'union du fumier avec les cendres double leur action réciproque et accroît de beaucoup la fécondité naturelle du sol. Seules, elles ameublissent, il est vrai, la terre, en lui imprimant la faculté de se déliter aux variations atmosphériques, en lui donnant de la consistance quand elle est trop légère, en l'adoucissant lorsqu'elle est trop tenace ; mais alors il convient de les faire alterner avec les engrais végétaux enfouis et de les semer sèches. Presque toute l'étendue du grand plateau qui compose les départemens de l'Ain, de Saône-et-Loire, du Jura et de la Haute-Saône, fait de temps immémorial usage des cendres lessivées. La commune de Ratte et ses environs (Saône-et-Loire) sont le pays où leur usage est le plus régulier et le mieux entendu. Là, les cendres sont employées le plus souvent pour le froment, 10 ou 12 hectolitres par hectare, et moitié du fumier ordinaire. On les sème d'ordinaire avant le labour de semaille ; si le soleil brille, on estime avantageux de les laisser exposées à son action pendant quelques heures, on jette ensuite la semence, et on recouvre le tout d'un léger coup de charrue. Sur les semis d'automne, elles font produire à un sol de médiocre fécondité de 12 à 15 hectolitres de froment et 40 quintaux de paille ; les raves, qui succèdent au froment, rapportent de 4 à 500 quintaux tant en feuilles qu'en racines ; l'année suivante, le maïz est superbe, ainsi que les citrouilles et les haricots qui remplacent les raves. On emploie plus volontiers les cendres pour les récoltes du printemps que pour celles des blés d'hiver, quoiqu'elles réussissent très bien pour le froment d'automne. Répandues sur les prairies comme engrais superficiel, leur effet est très remarquable, pourvu que la dose en soit un peu forte, ainsi que cela se pratique dans la parlie granitique du département du Rhône qui sert d'échelon aux montagnes du Forez. Cependant il ne faudrait pas en conclure que l'on doit, comme dans quelques localités, employer de préférence les cendres saupoudrées à celles enterrées à la charrue ; car l'expérience a prouvé que, en général, les engrais superficiels favorisent les plantes adventices aux dépens de la récolte principale.

Les cendres lessivées ne produisent d'effet que sur les sols égouttés ; dans les terrains marécageux, leur action est nulle ; rassemblées en grumeaux par suite de la grande humidité, leur mélange avec la terre ne pouvant se faire, elles sont là en pure perte, et nuisent même à la végétation. Dans le département de la Sarthe, on les emploie concurremment avec la chaux dans la proportion de six fois la semence du sarrazin. Dans le département de l'Indre, cette proportion est portée à dix pour la navette. Comme elles ne conviennent pas au sol des environs de Paris, elles y restent presque sans usage.

11°. *De la Suie.* — Chez les anciens on se servait de la suie sur les veilles prairies abondantes en joncs ou infestées par la mousse, et l'on se gardait bien d'en faire usage sur un terrain sec : cet amendement brûle les plantes. La suie est très abondante en huile et en acide pyroligneux, et cependant ses effets ne durent que deux ans. Le moment le plus favorable pour la répandre est celui qui précède la végétation, c'est-à-dire en janvier et en février. Il importe de choisir aussi une journée qui annonce devoir être suivie bientôt d'un peu de pluie, car, sans elle, la suie perdrait de ses effets. Sur des semis d'avoine, les produits sont très avantageux, ainsi que sur les chanvres, sur les blés qui jaunissent, les prairies arrosables : les proportions sont de 36 à 45 hectolitres par hectare. Les orges, les luzernes, les trèfles, levés de quinze jours, brûlent si on les couvre de cette substance, tandis qu'ils prospèrent admirablement si l'on s'en est servi pour amender le sol avant de confier leurs graines à la terre. La suie produit de merveilleux effets sur les pâturages médiocres. Son usage commence à s'étendre : je l'ai vu adoptée dans un grand nombre de localités en Italie.

8.*

SECONDE CLASSE D'ENGRAIS, OU DES ENGRAIS
MIXTES.

Les engrais de cette seconde classe sont fournis par les
végétaux et par les animaux. Sous le nom d'*amendemens
végétaux* ou *engrais mixtes*, nous comprenons les différentes variétés de tourbe et de houille, les terreaux,
les terres ou vases de marais, fondrières, fossés, rivières et de mer, ainsi que les débris de plantes terrestres
ou aquatiques réunis en masse plus ou moins grande et
peu amalgamée. Sous la dénomination d'*amendemens
animaux* ou *fumiers proprement dits*, nous traiterons
des déjections alvines unies à la litière des écuries ou
étables, du parcage, de la colombine, de la poudrette
et de l'urate, des os pilés ou moulus, et des autres débris d'animaux.

I. Amendemens végétaux.

1.º *De la Tourbe.* = Formée par les débris des plantes demeurées long-temps ensevelies sous l'eau ou dans
la terre, la tourbe se rencontre particulièrement dans les
endroits bas et quelquefois aussi sur les montagnes. La
plupart des marais et des grands dépôts d'eau stagnante
sont les fabriques naturelles de la tourbe ; elle est due à
l'accumulation des végétaux qui y croissent et meurent
chaque année. L'art, en imitant la nature, est parvenu
à créer des tourbières artificielles qui confirment cette
théorie. Les végétaux sont ordinairement convertis, par
un commencement de fermentation, en une masse noirâtre, spongieuse et compressible. Ils y conservent la majeure partie de leurs formes et de leurs principaux caractères, et l'on pourrait aisément les reconnaître tous sans
la plus ou moins grande quantité de substances hétéro-
gènes qui se trouvent mêlées à eux.

La densité des différentes sortes de tourbes, leur bonté
comme amendement, et leurs propriétés varient, suivant
la nature et le dégré de décomposition plus ou moins avancée des végétaux qui les constituent et les mélanges auxquels ils sont agglomérés. On emploie la tourbe par morceaux divisés le plus possible. Elle se décompose si len-

tement et si difficilement exposée à l'air, et même imprégnée d'eau, qu'on a senti la nécessité de l'additionner
tantôt avec du fumier, avec de la chaux, de la suie et
des cendres en quantité suffisante, tantôt avec une substance animale ou végétale quelconque très-fermentesci-
ble, afin de la déliter, d'en développer l'activité, et de
la convertir en un amendement avantageux. Sans ce levain, ses effets sont nuls ou très-peu sensibles.

On la convertit aussi en cendres, et sous ce point de
vue ses propriétés sont vraiment héroïques. Employées
sans aucune addition de fumier, les cendres tourbeuses,
que l'on appelle *sulfuro-muriatiques* dans quelques localités, et simplement *sulfureuses* dans d'autres, accroissent la germination, et impriment au sol léger une telle
vigueur, que ses produits sont aussi brillans qu'abondans,
et dépassent de beaucoup ce que l'on aurait pu raisonnablement attendre d'une terre engraissée avec le meilleur
fumier. En effet, ces cendres semées sur différentes récoltes, telles que trèfle, luzerne, sarrazin, lin, chanvre,
prairies naturelles et artificielles, ont présenté des résultats extraordinaires. Il en est de même dans les jardins :
les légumes, les pommes de terre, les racines pivotantes
surtout, en reçoivent un accroissement peu commun et
des qualités supérieures. Les arbres de différentes espèces,
et notamment les arbres à fruits, arrosés avec une lessive de ces cendres, poussent avec rapidité, donnent des
fruits plus gros, plus savoureux et d'un goût fort agréable. Le blé, déshonoré par la présence de la nielle, celui qui a souffert des rigueurs de l'hiver, est purgé et
reprend toute l'énergie de sa végétation par l'action de
ces cendres : il suffit de verser sur lui une lessive préparée avec ces cendres.

La quantité moyenne à employer est d'environ quatre
à cinq demi-hectolitres par chaque cinquante ares ou un
arpent, suivant la nature du terrain.

Il existe tant sur les côtes que dans l'intérieur de la
France, de nombreuses et riches tourbières ; il suffit
d'indiquer les avantages qu'elles procurent au premier des
arts pour décider partout à leur exploitation. Les tourbières du Calvados sont une source de prospérité pour ce
département et pour ceux qui l'environnent. C'est à l'emploi de celles que renferme le département de la Marne

(1) qu'il doit le développement de culture qui s'est opéré en très-peu d'années dans ses vastes plaines que l'on estimait, depuis plusieurs siècles, vouées à une éternelle stérilité. Le sainfoin, qui donnait les plus maigres récoltes sur un sol aride, privé de toute espèce d'amendement, y fournit aujourd'hui de superbes tapis de verdure ; le tréfle et la luzerne, qui n'avaient point osé franchir les haies de quelques jardins où l'on tentait leur culture, enrichissent maintenant tous les propriétaires, et raniment les troupeaux jusqu'alors abâtardis. Cependant quelques personnes pensent que les plantes qui viennent sur les terres ainsi fumées sont moins odoriférantes et contiennent moins de principes sucrés ; d'autres attribuent à la vapeur sulfureuse que les cendres exhalent dès qu'elles sont semées, et entrent en contact avec le sol, les maladies qui affectent au printemps les ruchers. Ce sont des erreurs que le temps détruira. La première assertion est démentie par l'état prospère des bestiaux et celui des abeilles dans tous les cantons où l'usage des cendres ou de la tourbe elle-même est adopté depuis plusieurs années ; la seconde assertion est également fausse : la véritable cause de la maladie est occasionnée par la faiblesse des ruches et la trop grande quantité de miel et de cire que l'on en retire. Toutes les fois qu'on voudra se rendre compte d'un phénomène quelconque, il faut l'aborder franchement, et la vérité se présentera de suite à nos yeux.

2.º *De la Houille.* — La houille est une substance noire, opaque, tendre, brillante, bitumineuse, souvent feuilletée, d'une saveur âcre, dégageant de l'acide sulfurique ; elle appartient aux terrains secondaires et se compose de 60 à 75 pour cent de carbone, avec des quantités plus ou moins notables d'hydrogène, d'oxigène et d'azote. Sa formation se rattache à la deuxième époque,

---

[1] Les cendres de tourbe s'extraient de plusieurs endroits, particulièrement des montagues de Reims et d'Epernay ; on les trouve plutôt sous forme de houillie imparfaite, plus susceptible quelquefois de recevoir le nom de charbon que celui de cendres.

géologique , c'est-à-dire à celle des terrains intermédiaires et secondaires ; elle est d'origine végétale (1) et due particulièrement aux characées, aux roseaux et autres plantes d'eau douce , ainsi qu'aux graminées gigantesques et fougères arborescentes vivant dans le voisinage des eaux courantes.

La présence de l'azote , variant depuis six jusqu'à seize pour cent, est une preuve incontestable que des matières animales se trouvent de même agglomérées dans la houille, et que le rôle qu'elles ont été appelées à jouer sur l'accumulation des végétaux était nécessaire à leur fermentation , afin de rendre plus facile la combinaison de la houille avec ses différentes bases et les amener à une cohésion plus intime (2).

La houille tient le milieu entre la tourbe et le charbon fossile , avec lequel elle a beaucoup d'analogie Elle existe le plus souvent à la surface des mines de charbon dont elle est ainsi l'indice , et pour bien dire le précurseur. On la désigne tantôt sous le nom *Houille* , le plus scientifiquement adopté, tantôt sous celui de *Terre noire* et sous celui de *Ampélito*. Nous en connaissons plusieurs variétés, savoir : la *houille compacte* , douée d'un éclat résineux , d'une cassure présentant des creux et des reliefs arrondis ou conchoïdes selon l'expression des minéralogistes; la *houille granulaire* , qui semble être une réunion de petits fragmens rapprochés les uns des autres ; la *houille polyèdre* aux formes ordinairement rhomboïdales , ou dont les angles sont inégaux , deux étant aigus et les deux autres obtus; la *houille réniforme*, c'est-à-dire en rognons plus ou moins volumineux dissémi-

---

[1] Le bois à l'état fossile qui fait partie des terrains houlliers sert de transition aux bois végétant sous nos yeux et lie les âges du monde actuel à ceux du monde ancien , c'est-à-dire de l'époque très-reculée où notre globe était circonscrit aux montagnes primitives et secondaires.

[2] Les dépouilles animales, surtout les ossemens des grands quadrupèdes perdus ; les coquilles blanches, plus ou moins entières que l'on découvre journellement au sein des mines, sont là pour attester ce fait.

nés dans les matières terreuses de la formation houil-
lère ; la *houille schisteuse*, qui se divise en feuillets à
cassure inégale et même conchoïde, et la *houille terreuse*,
qui se trouve sous forme de matière noirâtre, pulvérulente, tachant les doigts. La distinction vulgaire et par
conséquent la plus générale réduit à deux seules ces diverses variétés : la *houille grasse* et la *houille sèche*.

La houille grasse ou en amas est de première formation ; elle présente toujours des couches superposées,
séparées les unes des autres par une série de couches de
grès micacé, de schistes ou d'argile qui se répètent plusieurs fois (de deux à soixante) dans le même ordre : ce
gisement renferme une houille peu friable, la plus légère, la plus noire, en un mot de la meilleure qualité,
celle qui donne lieu aux exploitations les plus importantes.

La houille de deuxième formation, dite houille sèche,
est maigre, pesante, plus solide et moins noire que la
houille grasse : elle appartient aux chaînes des montagnes du second ordre, appuyées sur la base des Alpes et
des Pyrénées, et la puissance ou épaisseur de ses couches
varie depuis seize centimètres jusqu'à douze mètres au
plus.

En France, la masse de houille est loin d'avoir les
proportions colossales des houillères de l'Ecosse et de
l'Angleterre ; cependant son sol est très-bien fourni de
cette riche substance. Elle exploite, en effet, année commune, plus de cent millions de kilogrammes dans quarante et un départemens (1). Les gîtes les plus considérables sont situés à Saint-Etienne, Rive-de-Gier et environs

---

[1] SAVOIR : L'Allier, les Hautes et Basses-Alpes, l'Aude, l'Ardèche, les Ardennes, l'Aveyron, les Bouches-du-Rhône, le Calvados, le Cantal, la Corrèze, la Creuze, les Deux-Sèvres, la Dordogne, le Doubs, le Finistère, le Gard, le Haut et le Bas-Rhin,
la Haute-Loire, la Haute-Marne et la Haute-Saone, l'Hérault,
l'Isère, la Loire, la Loire-Intérieure, le Lot, le Maine-et-Loire,
la Manche, la Moselle, la Nièvre, le Nord, le Pas-de-Calais, le
Puy-de-Dôme, les Pyrénées Orientales, le Rhône, la Saone-et-
Loire, le Tarn, le Var, Vaucluse et les Vosges.

(Loire) , à Anzin et Raisme (Nord) ; viennent ensuite ceux
de Litry (Calvados) , Carmeaux (Tarn) , du Creusot et de
Blangy (Saône-et-Loire) ; Champagny et Ronchamps
(Haute-Saône) , etc.

Dans toutes les localités , la houille paraît être appelée
à favoriser l'industrie dans ses diverses et nombreuses
ramifications. On en retire une espèce de goudron fort
employé pour la marine , et par une nouvelle distillation,
le bitume dont elle est pénétrée (1) , et une huile essentielle empyreumatique.

De notre côté , nous sommes allés demander à la
houille un amendement , quoique la sachant positivement
infertile , et qu'on ne peut faire croître aucune plante partout où elle se montre pure , si finement réduite en poudre qu'elle soit. Nous avons justement bravé le préjugé
qui veut qu'elle frappe la terre de stérilité complète ,
durant un grand nombre d'années, par les émanations qui
s'en échappent, et nous avons appris qu'on peut l'employer
avec prudence. Disons donc ce qu'il importe de faire
pour que son application soit utile et régulière.

Elle convient uniquement aux terrains forts , argileux ,
compacts , glaiseux , tenaces à l'excès ; elle en facilite la
division ; elle les empêche de garder trop long-temps
l'eau dont ils sont imprégnés , et que d'ordinaire ils ne
laissent ni égoutter ni évaporer. La houille , en effet ,
agit sur eux de même , et peut-être plus efficacement
que les cendres de bois , le charbon végétal , le sable
pur , les plâtres, les décombres, les marnes sableuses, l'argile cuite , pilée et réduite en poudre. On l'incorpore
dans le sol par de fréquens labours : c'est le moyen de
l'obliger plus vite et plus sûrement à s'interposer entre les
molécules du sol , à les diviser, à les forcer à se pénétrer
des sucs nourriciers que l'air, la lumière, l'humidité ,
le contact direct avec les ondulations et les variations
atmosphériques leur apportent ; c'est , en un mot , l'ob-

_____

(1) C'est le bitume qui produit la flamme et l odeur que la
houille dégage en brûlant; l'authracite et le coke ne sont autre
chose que de la houille privée de bitume , le premier l'est naturellement , le second artificiellement.

liger à nous payer par de bonnes récoltes nos travaux et les fatigues de nos auxiliaires dévoués.

Parfois on applique la houille sur les terres labourables, compactes et humides, destinées à porter des pois, vesces, lentilles, trèfle, sainfoin et luzerne, dont elle double le produit. On l'emploie alors comme la marne, mais en moindre quantité, et toujours par un temps pluvieux. Elle est plus nuisible qu'utile sur une terre siliceuse et aride, surtout quand l'année est sèche. Les fromens semés immédiatement après l'application de cet engrais demeurent long-temps verts, mûrissent difficilement, et sont sujets au *miellat*, c'est-à-dire à présenter leurs feuilles comme enduites d'une liqueur sucrée ; aussi, pour éviter ce triple inconvénient, fait-on précéder la culture des céréales d'une récolte de plantes fourragères.

Les habitans des rives de la Moselle et du Rhin, surtout ceux des pays voisins de leur confluent, se servent tous les deux ans, pour fumer leurs vignes de la houille quand elle est réduite en terreau noir et friable. Elle les améliore d'une manière très-sensible et durable, mais on lui reproche d'imprimer aux vins un goût de succin ou de pierre à fusil. On lui reproche aussi de causer plusieurs incommodités plus ou moins graves aux bestiaux que l'on nourrit avec des fourrages venus dans les prairies amendées au moyen de la houille. Ces reproches sont fondées ; celui relatif aux vins ne nuit point à leur qualité, nous en avons pour preuve la liqueur si justement rép_ée de Hochkein et de Rhingaw. Loin d'être un vice, les amateurs regardent le goût particulier que la houille lui imprime, comme un mérite de plus. Quant au reproche relativement aux animaux domestiques, il exige qu'on ne leur donne de ces fourrages très-nourrissans qu'en petite quantité aux approches de l'hiver et de les faire boire avant de les manger.

S'il est vrai, comme on le répête souvent, que la houille épuise à la longue les terres, et que, comme ceux de la chaux, ses mauvais effets soient alors difficiles à réparer, pour prévenir un semblable inconvénient et profiter des avantages que présente l'emploi de cette substance, on mêle la houille avec de la terre calcaire, on remue souvent le mélange afin de le rendre homogène et on le répand modérement. Cependant ceci est encore un point à bien examiner.

Avant de mettre fin à ce sujet, ajoutons qu'il est dangereux de faire usage de la houille en sortant de la mine; elle veut être long-temps exposée à l'action de l'air pour subir une première décomposition et recevoir d'utiles modifications. On hâte ce moment en la remuant de temps à autre. Il n'est point rare de la voir s'enflammer lentement; surtout quand elle est humectée d'eau. Sa flamme est blanche, et sa masse semble se fondre en se consumant. La matière huileuse et bitumineuse qu'elle contient lui donne la propriété de se résoudre en cendres, qui produisent d'excellens effets sur les prairies naturelles et artificielles; elles dessèchent avec promptitude celles qui sont marécageuses ou simplement humides, elles les nettoient de toutes les plantes parasites et les préservent des ravages des insectes (1).

La suie extrêmement abondante provenue de la houille brulée par les forgerons, par les établissemens industriels ou dans le foyer domestique, répandue au premier printemps (cette époque est de rigueur) est un excellent engrais. Son âcreté tue toutes les larves d'insectes, principalement celles de la courtillière et du hanneton au moment où elles se rapprochent de la surface du sol pour subir leur dernière métamorphose. Aux environs de Liège, cette suie a purgé les houblonnières des chenilles de l'hépiale. Au pied des arbres fruitiers, je l'ai vu éloigner les fourmis et le puceron émigrant, si fâcheux pour les pêchers et les pommiers.

3.º *Des Terreaux*. — On nomme ainsi tout amas de dépouilles végétales que l'on rencontre abondamment dans les bruyères, dans les vieilles forêts, où ils forment des couches précieuses plus ou moins épaisses, et dont les qualités varient selon la nature des plantes dont ils sont le produit, et le degré de fermentation et de décomposition qu'elles ont subies lentement. Le terreau ou

---

(1) Il ne faut pas les confondre avec la cendre des tourbes pyriteuses du Soissonnais et du Laonnais.

terre de bruyère est spongieux et léger ; il s'associe très-bien aux végétaux qu'on lui confie ; il amende généreusement le sol auquel on l'associe , et étend son influence sur les récoltes de plusieurs années. Nous avons vu changer la nature d'un terrain demeuré long-temps stérile , quoiqu'on y eût répandu du fumier d'étable , par la simple addition du terreau qui se forme à la longue sous les haies de clôture , et même des déblais des caves qui contiennent des sels terreux nitriques et muriatiques. Les chènevières y gagnent , et l'accroissement du chanvre est vraiment extraordinaire.

A Argenton-le-Château , bourg du département des Deux-Sèvres , situé sur une colline d'un accès difficile , on est dans l'usage de vendre , pour fertiliser les terres, le sol sur lequel on doit bâtir. La couche que l'on enlève pour ce commerce lucratif , a de 15 à 18 décimètres de profondeur ; elle est noire et formée des débris d'une antique forêt dont il ne reste plus d'autres vertiges. Ce terreau sert d'amendement aux terrains arides qui constituent le territoire de cette commune , et montre que , dans des circonstances souvent moins défavorables que celles des habitans d'Argenton , l'on néglige des ressources précieuses qui sont à sa portée.

4.º *Des Vases ou Boues déposées par les eaux.* — Le sédiment terreux que les eaux entraînent et déposent sans cesse dans les fondrières et les fossés , dans le lit des marais et des étangs , des rivières et des ruisseaux , dans les laisses de mer , est une sorte de tourbe imparfaite ; ordinairement noirâtre, elle offre des débris plus ou moins nombreux d'animaux et de végétaux , des gazons mêlés à des fragmens calcaires ou de substances métalliques plus ou moins tenus. Son amoncellement détermine un mouvement intestin très-actif que l'on rend plus pressant encore en la remuant souvent , en la divisant et en facilitant la germination des semences , et l'agglomération des corps fermentescibles qu'elle renferme presque toujours en grande quantité. Employée ensuite comme engrais, cette vase ou tourbe imparfaite produit des résultats précieux et durables sur la plupart des terrains , spécialement ceux où domine la silice.

Beaucoup de cultivateurs négligent de se servir de ces

boues, et les laissent perdre sur les bords des fossés ou
des rivages, tandis que d'autres, non moins blâmables,
les incorporent sans aucun soin à la masse des fumiers,
et les appliquent indistinctement à toutes les sortes de
sols. Ceux qui entendent le mieux leurs intérêts, et qui
apprécient à leur juste valeur les diverses améliorations
dont ils doivent profiter, réservent cette sorte d'amende
ment pour les terres sablonneuses; et si, pour en lier
davantage les parties, ils y mêlent du fumier, c'est
toujours en petite quantité, et lorsque celui-ci est parfait,
c'est-à-dire convenablement consommé. Le curage des
fossés, des rigoles, du lit des eaux courantes et stagnantes se fait en été ou bien dans les premiers jours de
l'automne, alors qu'il n'y a plus d'eau dans les fossés,
et que celles des rivières et canaux sont très-basses; on
répand de suite la vase seule ou mélangée sur les prairies, ou bien on l'amasse par tas auxquels on incorpore
un peu de bon fumier, puis on les distribue sur le sol
avant les labours.

Le limon que les eaux courantes entraînent dans leur
cours pendant leurs débordemens mérite d'être recueilli:
c'est avec lui que les cultivateurs italiens, particulièrement ceux de la Toscane, sont parvenus à arracher aux
eaux dévastatrices des plaines immenses, et à convertir
en campagnes fertiles de vastes étendues de marécages
infects. Le val de Chiana m'a présenté dans ce genre
l'exemple le plus remarquable, et fait voir ce que peut
l'industrie humaine quand elle lutte contre la puissance
des eaux et une nature ingrate. Rien de plus grand que
les *colmate* ou comblées de cette riche vallée. Sans doute,
des travaux de la sorte, sont au-dessus des facultés pécuniaires d'un simple cultivateur, ils rentrent dans le domaine des améliorations que les gouvernemens bien
constitués sont appelés à faire dans l'intérêt général;
mais tout propriétaire riverain ne doit point négliger les
moyens de profiter d'un amendement utile plus encore
aux terres légères et sablonneuses qu'aux terres fortes,
à moins cependant que les débordemens n'entraînent
avec le limon une grande quantité de sable ou de cailloux. Il est donc essentiel d'en reconnaître la nature
avant d'en faire l'application. Il faut aussi raisonner cet
emploi. Le dépôt caillouteux et sablonneux peut servir

à élever toutes les sortes de terrains et en combler les
fondrières, tandis que le limon terreux doit être réservé
pour former ou pour améliorer la couche de terre cultivable.

Les vases de mer sont employées avec succès en Angleterre et dans quelques parties de l'Italie; on les ramasse après les marées, on les mêle au printemps avec
un peu de chaux, de la craie, de la marne ou les engrais animaux, et on les porte de suite sur les terres légères, sablonneuses, ou bien on les laisse en tas se dessécher à l'air pour en saupoudrer les terres humides et compactes. Cet engrais convient aux blés, aux orges et aux
mauvaises prairies. L'on ramasse les vases de mer en
établissant, dans différens endroits de la côte, et particulièrement dans les fonds marécageux, des dépôts considérables. Ceux qui se forment à l'extrémité des marais
salans sont un engrais très-productif, qui réunit l'activité
de la marne à la graisse du fumier; il renouvelle la fertilité d'un terrain par les sels et les plantes marines en
décomposition qu'il contient. A la première récolte, les
effets de cet amendement ne sont pas aussi brillans qu'à
la seconde.

5.º *Résidus de plantes herbacées, terrestres ou aquatiques.* = Il n'est pas de matière végétale, quelque dure
qu'elle soit, qui ne puisse être appropriée comme engrais;
il suffit de diviser les plus dures en les imprégnant de
chaleur et d'humidité, pour déterminer leur prompte décomposition. Veut-on la rendre plus complète, on les
saupoudre d'une petite quantité de chaux, qui, par son
affinité avec quelques uns des principes du corps solide,
en facilite et accélère la fermentation. C'est dans cette
vue et de cette manière que la sciure de bois, les menus
copeaux des ménuisiers et des charpentiers, tous les débris végétaux enfin, qui peuvent être le résultat de différens travaux industriels, sont susceptibles de devenir
utiles à l'art agricole.

Il en est de même de la paille des céréales, des fanes de
fèves, pois, haricots, etc.; des tiges de maïz, du foin
gâté. On peut les employer imprégnés de matières animales et excrémentielles, ou bien à l'état de siccité. Convenablement divisés en cet état, et répandus sur les ter-

rains argileux et difficilement perméables , ils y produisent le double effet d'y déterminer une fermentation
lente , et par conséquent long-temps efficace , et d'en
alléger le sol tout en l'ameublissant.

Les chevelures des raves que l'on jette partout , ont
converti, dans la commune de Hoerd, près de Strasbourg
(Bas-Rhin), en terrain fertile un sol naturellement in-
grat. On y cultive beaucoup de raves , et l'on enterre
toutes les parties qui ne sont pas utiles dans le ménage.
Les récoltes y sont superbes depuis l'introduction de cette
culture.

Les balles provenant du battage des blés , brûlées lentement et presque étouffées sur les prés , les champs ,
les carreaux de jardins , servent d'engrais et augmentent
la production.

Dans les brasseries , on sépare de l'orge , dont on suspend la fermentation , une substance nommée *Germon
d'orge* et *Touraillon*, que l'on rejette d'ordinaire comme
absolument inutile. Cependant elle a des propriétés fer-
tilisantes qui ne sont pas à dédaigner. Nous avons reconnu qu'elle renferme avec abondance une matière végéto-animale, fort analogue à la gélantine, et susceptible de doubler la puissance des plantes légumières. Elle
convient surtout à la solanée parmentière, aux turneps et
aux racines pivotantes.

Toutes les plantes nuisibles recueillies au moment où
elles sont en fleur , et stratifiées par lits de 32 centimètres d'épaisseur avec une couche mince de chaux vive
grossièrement brisée ou de plâtras , puis recouverts d'une
couche de terre grasse ou de gazons renversés , fournissent un engrais pulvérulent qui convient aux sols peu ou
point substantiels.

Les tourteaux ou pains formés avec le résidu des graines grasses , dont on a retiré l'huile , fournissent un
engrais chaud fort estimé et très en usage , surtout dans
nos départemens du Nord. On les sème à la main , réduits
en poudre , et l'on choisit un temps humide pour cette
opération , quand on ne les mêle pas avec de l'eau ou de
l'urine. On les réserve pour les terres cultivées en tabac
ou destinées à porter des plantes oléagineuses. Mais
pour qu'ils jouissent de toutes leurs propriétés comme engrais , on ne doit pas entièrement les dépouiller d'huile.

9.*

On en fait aussi d'excellens composts , comme nous le verrons plus bas.

Les plantes aquatiques enterrées entières ou en partie , sont aussi propres à former un bon engrais. Dans les chénevières , on a remarqué que le chanvre , fumé par leur moyen, y soutient avec plus de force l'action d'une grande chaleur , et que le blé gagne de vigueur , surtout dans les grandes sécheresses.

Nous avons aussi pour les pays voisins de l'Océan , les thalassiophytes ou plantes annuelles marines qui donnent un excellent engrais , produisent toujours des récoltes abondantes et hâtives , particulièrement sur les terres de nature légère , sèche et sablonneuse. Ces plantes sont désignées sous la dénomination générale de *Goesmons* , de *Sart* , de W*raich* ou varecs, de *Bizin* (1) ; elles sont déracinées par la main des hommes ou bien enlevées au moyen d'un instrument tranchant, et plus souvent portées par les tempêtes ou le simple choc des vagues , sur les grèves où elles s'amoncèlent , de préférence dans les anses et les endroits sinueux où il s'établit un remou. Ces plantes , considérées comme engrais, sont employées de différentes manières. Ici l'on s'en sert durant l'hiver sur les prairies artificielles immédiatement après les avoir amenées de la plage , ou bien on les répand , dès les premières journées de mai et en été , sur la terre préparée pour les blés , sur les trèfles après la première coupe et sur les chaumes immédiatement après la moisson où elles sont enterrées à la charrue. Là , on les dépose en tas sous un lieu couvert pour y fermenter pendant un temps plus ou moins long , ou bien on les jette dans les rues pour y être foulées , imprégnées de l'urine, de la

---

[1] Ce nom est le plus adopté dans le dialecte breton ; on lui ajoute un adjectif pour exprimer la qualité ou les accidens que ces végétaux présentent. Cet adjectif varie suivant les lieux. Je ne citerai que les principaux. Le goesmon vert, noir, ou de coupe, est le *bizin du* ou *tré* ; celui que les vents et les flots poussent sur les plages, *bizin torr* , *torn* , *taol* ; *goesmon roulé* et *solach*. Le goesmon gardé en tas pendant deux ou trois ans , pour fumier, est appelé *bizin bren* ou pourri.

boue et autres ingrédiens, et unies ensuite aux autres fumiers, ou mieux encore entassées dans des fosses où elles demeurent une année et où elles sont mélangées avec des eaux de cuisine ou des étables et même de source : ailleurs, on les brûle, et leurs cendres sont portées sur les terres. Toutes ces méthodes tiennent à des habitudes de localité qu'il est bon de régulariser pour tirer de ces substances tous les avantages qu'elles offrent. La nature et la science vont nous éclairer sur ce point important pour les cultivateurs à portée de profiter des varecs.

Nécessairement saturées plus ou moins de sel marin, les thalassiophytes ne veulent souffrir aucune fermentation préliminaire, il faut les employer telles que la marée les apporte, ou lorsque, après avoir été séchées, elles ont servi de litière aux bestiaux, ou bien qu'elles sont empreintes de muriate de chaux et de matière animale. Dans cet état, elles présentent une masse de principes fécondateurs ; brûlées, elles n'ont plus les mêmes qualités, et, outre la perte de temps que l'incinération exige, elles ne répondent que très médiocrement à l'espérance du propriétaire qui recourait à leur emploi. Mais il nous faut appuyer ces observations d'un fait curieux.

L'île d'Oléron, si fertile en blés et en vins, employait les varecs frais pour engraisser les terres, et ses récoltes étaient très-abondantes. En 1784, l'abus de recueillir ces plantes uniquement pour en extraire la soude, se répandit bientôt parmi tous ses habitans et plus particulièrement chez les cultivateurs de l'arrondissement de Saint-Denis. Les récoltes diminuèrent presque aussitôt d'une manière très-sensible, et déjà tout annonçait que l'absence de cet engrais allait entraîner la ruine de l'agriculture, quand, en décembre 1790, on sentit l'urgente nécessité d'y porter remède. De ce moment il ne fut plus permis aux habitans de couper des goesmons que pour fumer les terres, et quand il était constaté par l'universalité des propriétaires, représentés par quelques uns d'entre eux, que le sol avait reçu partout l'engrais nécessaire, on pouvait alors brûler des varecs pour en retirer une quantité donnée de soude. Par suite d'une mesure aussi sage, cette petite île a retrouvé sa fertilité première, qu'elle conserve encore.

Dans le grand Caux (Seine-Inférieure), vers le littoral de la mer, on amende, de temps immémorial, les terres destinées à la culture du lin , du chanvre, du colzat et des autres plantes oléracées et textiles , avec un compost d'algues et de fumier ordinaire bien hachés ensemble.

Il arrive souvent que la mer jette sur le rivage plus de varecs que le besoin du moment ne le comporte , il est alors nécessaire de les conserver. On le fait dans certains endroits en les réunissant par tas auxquels on mêle de la terre végétale et de la chaux : la première est en assez grande quantité pour absorber promptement et conserver les sucs propres à ces sortes de plantes ; la seconde doit être beaucoup moins considérable , et la masse garantie avec soin des pluies et des rosées trop abondantes Les tas se disposent à cet effet en dos d'âne, ils sont battus avec la bêche ou la houe , et recouverts de chaume comme les meules à blé. L'on aura la précaution de ne pas rassembler de la sorte les varecs trop secs , dans la crainte qu'ils ne s'embrâsent par l'addition de la chaux (1).

Les cultivateurs voisins de rivières ou d'étangs peuvent préparer un pareil engrais avec les plantes qu'ils retireront de leurs eaux. L'été est pour eux la saison la plus favorable , c'est en effet l'époque de l'année où ces végétaux ont acquis toute leur force, où les eaux sont les plus basses et où leur récolte est plus facile et en même temps plus copieuse.

II. Amendemens animaux.

1.º *Des fumiers proprement dits.* — On entend par ce mot la litière des bestiaux mêlée avec leur fiente et

---

(1) A une certaine époque encore très récente, le fisc a voulu contester aux cultivateurs riverains de la mer l'usage immémorial de récolter le goesmon , non seulement déposé sur les plages, mais encore flottant sur les eaux. Ce droit inhérent à la propriété rurale en tant qu'il s'agit de l'emploi de cette plante comme amendement des terres ne peut sous aucun point de vue appartenir au domaine public de la mer. il rentre dans le droit d'*épaves*, consacré par le temps et la législation des communes qui date en France du douzième siècle.

leurs urines. Le fumier tire son nom de l'animal et non
des végétaux placés sous lui. Partout où l'on compte de
nombreux troupeaux, les cultivateurs ont du fumier en
abondance. La bonté dépend de la qualité de la nourriture fournie et de celle de la matière employée pour litière, de l'espèce, de l'âge et de l'état des animaux. Le
meilleur est le fumier qui a pour base la paille de froment
après le battage du grain. Quand cette substance manque,
on y supplée par le chaume, le foin éventé, les feuilles
du maïz, la paille de riz, les herbes qui croissent le long
des fossés, canaux ou dans le lit des rivières, les bruyères et les fougères, les branches, rameaux et sommités
des ajoncs, genêts, bois, arbres verts, par le produit de
l'élagage, etc. ; mais ce fumier est d'une qualité moins
bonne. Quand les bestiaux sont mal nourris, le fumier
n'est jamais bon. Pour l'améliorer, on mêle celui des
bêtes à cornes avec celui du cheval, de l'âne ou du mulet ; et comme le premier fermente plus difficilement,
on met le second en plus grande quantité : quand le tout
est bien consommé, on l'étend sur les terrains légers où
il produit des effets bien plus avantageux que sur les
terres fortes.

Quelle que soit la base des fumiers, son mélange avec
les déjections des animaux domestiques détermine bientôt
une fermentation, qui se manifeste par une vapeur ou
espèce de fumée, d'où tout donne à penser que lui est
venu le nom de *fumier*. Il agit et comme amendement et
comme engrais. Comme amendement, en s'interposant
entre les parties de la terre qu'il ouvre, divise et rend
plus légère, en exposant la couche végétale à toutes les
impressions des influences atmosphériques, en attirant
l'humidité nécessaire à sa décomposition. Comme engrais,
le fumier porte aux racines et à toutes les surfaces des
plantes, confiées à la terre, une forte partie des gaz
acide, carbonique et hydrogène, ainsi que les substances salines et terreuses qui les constituent.

Les crottins du cheval, nourri d'avoine et de bon foin,
constituent un excellent fumier, surtout quand la paille
de blé forme la litière. On le réserve pour les prairies de
nature argileuse, qu'il échauffe et enrichit de graines qui
ont reçu dans l'estomac de l'animal une préparation propre à favoriser leur développement. Le fumier de mulet

peut-être comparé à celui du cheval ; celui de l'âne est d'une qualité inférieure quand il est mal nourri ; mais il est excellent pour les terres fortes et humides quand l'animal est soigné convenablement. Dans plusieurs montagnes, on réserve ce fumier pour les semis tardifs.

Du mouton et de la chèvre, on obtient un fumier réputé très-héroïque sur les sols où l'on cultive l'olivier, la vigne, le lin et le chanvre. Etendu sur un pré marécageux, il change totalement la qualité de l'herbe qui y croît ; il détruit les joncs, les roseaux, et fournit, pendant quelques années, un fourrage excellent et abondant. Dans quelques cantons, on le fait sécher pour le réduire ensuite en poudre : cet engrais convient aux jardins potagers ; ailleurs, on l'amalgame à la vase des fossés, à la boue des villes, à la litière de fougères, et même aux autres fumiers.

Celui de porc n'est pas aussi nuisible qu'on veut bien le dire, et le cultivateur qui néglige de le recueillir, commet une faute d'autant plus grave qu'elle est l'indice de la mauvaise tenue de cet animal. Son fumier liquide est très-actif et brûle les plantes ; mais quand il est mêlé dans l'étable même avec de la bonne litière, placée sur une couche de terre parfaitement étendue, il est comparable à tous les meilleurs engrais. On peut aussi le laisser fermenter lentement, uni avec des broussailles et des feuilles d'arbres.

Le fumier des bêtes à cornes et des chevaux ne convient qu'en très-petite quantité dans la vigne. Les cultivateurs qui pensent, en en mettant beaucoup, obtenir des produits plus abondans, nuisent à la qualité du raisin, en diminuent considérablement la quantité, et le vin qu'ils en retirent tourne aisément à la graisse. Qu'ils observent plus attentivement encore, et ils verront bientôt dépérir les ceps qu'ils prétendent conserver en les fumant beaucoup. La première année, les feuilles de la vigne prennent une teinte jaunâtre ; à la seconde, elles sont tout à-fait jaunes ; et à la troisième, elles cessent de paraître. Il faut alors replanter.

Il y a des terres et de certaines plantes qui demandent à être fumées tous les ans. Le blé, traité de la sorte, rapporte huit et douze fois plus que celui que l'on ne fume que tous les trois ans. Il s'agit donc d'augmenter la masse des fumiers, et de les combiner de manière à en obtenir un excellent terreau.

Le fumier de vache et de porc passe pour le meilleur, dans les terrains siliceux, calcaires et arides; tandis que celui du cheval et du mouton est recommandé pour les terrains humides et compactes; l'onctuosité, l'état long-temps frais, la facilité à pourrir du premier, empêchent, il est vrai, la trop grande tendance des terres calcaires à la dessiccation; mais on peutobtenir les mêmes résultats du fumier de mouton et de cheval, quand il est suffisam-ment humecté. A cet effet, on dispose ce fumier en tas, et couche par couche; sur chaque couche, on verse des seaux d'eau; et comme il en absorbe beaucoup avant d'être complètement fait, on en jette souvent et abondam-ment. Non seulement on hâte ainsi sa fermentation et sa décomposition, mais on l'empêche encore de prendre feu, ce qu'on appelle vulgairement *se couvrir de blanc*.

Le fumier de cheval et de porc est rempli de semences, ou entières, ou peu décomposées, qui ont échappé à la dent de ces animaux. Il n'en est pas de même de celui provenant du bœuf, du mouton et de la chèvre, dont les excrémens, parfaitement digérés, sont toujours exempts de ces semences. Le fumier du cheval et du mouton con-tient plus d'ammoniaque, et est généralement plus actif que celui du bœuf et du porc.

De la conduite des tas de fumier dépendent les moyens d'en perfectionner la qualité. La plus grande incurie règne à cet égard. On entasse sans choix toutes les matières animales, végétales et minérales, sans s'inquiéter si toutes sont également susceptibles de se décomposer dans le même temps, de se mélanger et de s'incorporer utile-ment dans la masse; on en laisse les diverses parties exposées à être alternativement brûlées par les rayons du soleil, desséchées par l'air, et lavées par les averses; ce qui les dépouille nécessairement d'une bonne portion de leurs principes fécondans. On ne calcule point assez, avant de l'employer, l'âge de son fumier : trop jeune, il n'a pas encore acquis les qualités de terreau; il renferme dans son sein le germe d'une foule de plantes parasites, et des myriades d'insectes, qui se développeront bientôt, et dévasteront les champs en tout sens; trop vieux, il a perdu toutes ses propriétés, et loin de servir d'heureux stimulant à la terre , il la surcharge inutilement. Pour avoir un fumier parfait , et se prolongeant durant plusieurs années , dont les effets soient durables, ouvrez dans le voisinage des étables et écuries , un grand fossé carré-long , en terre glaise bien battue , environné d'un petit fossé dans lequel aboutissent les urines des animaux , et les eaux pluviales , que vous aurez soin d'y conduire. Établissez votre tas de fumier , en l'étendant sur toute l'étendue du fossé , et en égalisant les bords à l'aide de la fourche ; de 32 centimètres en 32 centimètres , jetez dessus le fumier une couche de terre , étendue d'abord , ainsi que cela se pratique dans un trop petit nombre de localités, sur le sol de l'habitation de ces divers bestiaux, et arrosez cette première masse, non pas avec de l'eau simple , ainsi que cela se fait durant l'été dans diverses communes, mais avec la liqueur du fossé ; puis répandez, au moyen d'une pelle , un peu de chaux vive , réduite en poudre et éteinte à l'air , pour qu'elle contienne à saturation le gaz acide carbonique de l'atmosphère. Placez ensuite une seconde couche de fumier , et continuez comme précédemment. La proportion de la terre doit être calculée relativement au fumier : comme 1 est à 2 ; une plus forte quantité empêcherait la fermentation , et comprimerait beaucoup trop la masse. L'addition de la chaux produit une fermentation salutaire qui détruit les insectes et les mauvaises graines ; l'humidité entretenue par les immersions d'eau , et le dégagement du calorique fourni par la chaux , hâtent la décomposition de la paille et autres substances végétales ; les couches terreuses s'opposent constamment à la vaporisation des fluides aériformes. On couvre le tout d'une forte couche de terre ordinaire , pour qu'elle empêche le desséchement, pour que les rayons solaires n'attirent point à eux les produits gazeux contenus dans la masse , et particulièrement l'acide carbonique , si essentiellement nécessaire à la végétation. On peut aussi , au lieu d'une forte couche de terre , élever au-dessus de sa fosse un toît en roseaux , en chaume , etc. , soutenu par des pieux pas trop hauts , et ombragé du côté du midi par une haie , ou mieux encore par quelques grands arbres.

Le fumier ainsi disposé , ne sera entamé qu'à l'époque juste des besoins : et l'on aura soin de rétablir chaque

fois la couverture , afin de s'opposer à l'évaporation des
des principes gazeux ; arrivé au champ, le laboureur l'en-
fouira sans le moindre délai. Ce fumier n'a point, comme
celui préparé selon la méthode ordinaire , l'inconvénient
de soulever la terre de manière à exposer les plantes ,
jeunes encore , au déchaussement pendant l'hiver et au
printemps , ce qui met leurs racines en contact avec une
atmosphère alors trop rigoureuse pour elles, ou avec les
vents desséchans , qui peuvent les faire périr , ou du
moins retarder leur végétation Il s'incorpore avec les
diverses molécules du sol , les lie intimement, en les
imprégnant de leurs sels , il leur imprime une nouvelle
puissance ; par suite nécessaire , il favorise une végétation
brillante, qui développe tous les principes alimentaires
de la plante , sans les pousser à une luxuriance toujours
fâcheuse. Il ne communique point un arôme désagréable
aux végétaux , comme cela n'arrive que trop souvent
pour la vigne , et autres plantes délicates, avec les fu iers
non complètement réduits en terreau.

Il est cependant des cantons où l'on assure que les fumiers préparés et conservés dans des fosses sont inférieurs
en qualité , sous tous les rapports , à ceux que l'on tient
à l'air , disposés en meules élevées , et dont les côtés
sont légèrement inclinés. On prétexte , 1° que l'opération
de retourner de temps à autre ces masses profondes et
comprimées est très-pénible , et ne peut remplacer le
contact habituel de l'air si convenable pour en décomposer toutes les parties ; 2° et que cette autre opération de
vider la fosse pour en employer le contenu à l'engrais
des terres , indépendamment du temps qu'elle exige ,
expose nécessairement à une perte de principes très-con-
sidérable. Ces objections captieuses sont faciles à combattre. La fermentation des fumiers se fait plus convenablement dans les fosses qu'en plein air. L'humidité qui y
règne constamment ne laisse échapper aucune portion à
son action ; tout s'y consomme également bien et vite,
et l'espèce de vapeur , qui tend sans cesse à s'exhaler ,
s'y trouve refoulée sans cesse, et pour ainsi dire enchaî-
née , de manière à résister à la puissance des rayons solaires. Les tas de fumiers prennent souvent feu , ce qui
n'arrive jamais et ne peut point arriver aux fumiers renfermés dans des fosses.

Les cultivateurs de nos départemens du Morbihan et du Finistère entendent fort bien l'art de fumer leurs champs ; ils ne se contentent pas d'y porter le fumier de leurs étables tout seul , de le faire tomber de la charrette par tas , à distances à peu près égales , et de le laisser ainsi , souvent plusieurs jours , jusqu'à ce qu'ils aient le temps de le répandre , comme cela se pratique dans la plupart de nos fermes. Avant de porter leur fumier d'étables dans le champ , ils s'assurent d'une quantité plus considérable de terre provenant du curage ou de la levée des fossés , du pélage des landes , ou du sol même qu'ils ont à fumer ; ils mêlent soigneusement ces terres avec le fumier , et en forment un gros tas sur le terrain même qu'ils veulent amender ; ils laissent ces matières ensemble pendant un certains temps , et lorsque le moment est venu de les répandre , plusieurs charrettes se rendent à la fois dans le champ , avec un grand nombre de femmes et de jeunes gens, munis de petites bronettes qui se composent de deux brancards courbes , joints par une planche mince , un peu plus courbée encore. Les charrettes laissent d'abord tomber l'engrais par tas égaux , et à des distances égales ; puis les bronettes subdivisent ces tas principaux en petits tas , qui ne sont chacun que le produit d'une brouettée : ces petits tas ne peuvent point être inégalement espacés , car ils se touchent presque tous ; enfin , avec des pelles et des bêches, on étend tout-à-fait l'engrais , et l'on en couvre toutes les parties du champ , sans aucune solution de continuité.

L'emploi le plus avantageux que l'on puisse faire des fumiers , c'est de les appliquer aux cultures préparatoires , c'est-à-dire à celles des plantes qui , le plus souvent cultivées en rayons , exigent et reçoivent aux différentes périodes de leur végétation , les hersages , sarclages , houages , binages , buttages et autres opérations semblables. Le sol ainsi nettoyé , ameubli , fertilisé , donne des récoltes très-riches , soit qu'on les destine à être ou consommées sur place , en vert , par les bestiaux, ou bien enfouies en fleur , comme engrais végétal , soit à être fauchées comme récolte fourragère , ou bien encore recueillies en fruits. Les fumiers conviennent aussi dans les cultures intercallaires et secondaires , ou supplétives.

On réserve pour les autres, l'emploi de la poudrette, de la colombine, des os moulus, et même du parcage ; sur lesquels nous allons dire quelques mots.

2° *Du Parcage* — Partout où les saisons, la température du climat, et celle si variable de l'atmosphère, permettent de tenir les animaux domestiques dans des parcs, en plein air et entièrement libres, outre que l'animal y acquiert une vigueur nouvelle et un développement très-remarquable, la terre en reçoit une amélioration des plus efficaces et en même temps des plus économiques. Cet avantage a frappé beaucoup de cultivateurs intelligens, et de nombreux parcs couvrent maintenant les champs montueux et les pâturages où la charrue ne peut labourer que difficilement. En effet, les fumiers du parcage contribuent singulièrement à la fertilisation de la terre, et sont de beaucoup supérieurs aux fumiers des étables, qui ont reçu toutes les préparations d'usage. Les parcs du printemps et de l'été sont les plus favorables au sol, parce que dans ces deux saisons, l'herbe étant plus succulente, nourrit mieux, et donne aux sécrétions plus de consistance et de volume. La durée du parcage sur un terrain se calcule d'après sa qualité, le besoin qu'il a de cette espèce d'engrais, et les productions auxquelles il est destiné. On le donne de très-bonne heure aux orges, et pendant une journée seulement, la nuit comprise ; on passe ensuite aux turneps, puis aux blés, durant deux jours de suite. On passe le lendemain la charrue, afin que l'engrais ne se perde point par l'évaporation. Dans nos départemens du Cantal et du Puy-de-Dôme, on fait cette opération avec le fossoir ou la bêche : cette manière est moins coûteuse ; elle est, de plus, du devoir du berger ou du pâtre. Sur les vieux prés secs, on laisse le parc dans la même place, quatre, cinq, et même six jours : l'herbe y vient superbe, de première qualité, parfois haute d'un mètre, et tellement épaisse, que la faux y peut à peine pénétrer. Il est bon de revenir une, deux, et suivant la nature du sol, jusqu'à trois fois avec le parc, pour mieux engraisser le sol.

Un autre usage du parcage, que l'on estime très-important dans les terres légères, où les plantes sont sujettes à être échauffées, mais qui ne doit avoir que huit

ou dix jours d'emploi, c'est celui qui a lieu sur les semailles, jusqu'à ce que le blé ait la longueur de
cinquante-quatre millimètres hors de terre. Ce parcage
affermit la plante par le trépignement des moutons ; il
éloigne les vers, par l'odeur du fumier qu'il répand, et
il est aussi bon pour les blés que s'il eût été fait sur la
terre en culture : on doit avoir l'attention de ne l'employer que dans les temps et sur les terrains secs. Après
la pluie, et sur les terres fortes et disposées à retenir
les eaux, il faut souvent attendre trois ou quatre jours,
et même davantage, suivant le plus ou moins de ténacité
du sol, selon qu'il a été labouré plus ou moins profondément, et si la quantité d'eau tombée est retenue.

3° *De la Colombine, et de la Poulnée.* — La fiente
de pigeon et celle de poule sont un excellent engrais,
quand il est bien appliqué. Il est bon à toutes sortes de
grains, aux prairies artificielles, aux prés naturels, dans
les vignes languissantes, et les jardins potagers ; il fait
des merveilles, répandu dix à douze jours avant les semailles, sur les chénevières et les linières. Employé
pour la culture des cucurbitacées, il donne un goût ex-
quis et fort délicat aux melons de couche et d'eau,
comme je m'en suis assuré durant mon séjour dans la
Campagnie, ou Terre de Labour (Italie méridionale).
Comme il stimule la terre, il suffit seul dans un sol un
peu amaigri, pour produire un bon blé ; l'on s'en sert
aussi avec avantage sur les sols tenaces et froids, sur les
terrains que l'on convertit pour la première fois en jardin. On enlève la fiente de poule et de pigeon au commencement de chaque mois, et en été deux fois ; on la met
ensuite en tas, reposer à sec jusqu'au mois d'avril, époque à laquelle on l'emploie. Alors on remue et on bat
cette substance séchée, avec des fourches à triples dents,
ou bien avec des fléaux, puis on la porte sur les champs.
Avant d'en couvrir les prairies naturelles et artificielles,
il faut avoir soin d'en extraire les plumes, qui, s'y trouvant trop nombreuses et se mêlant plus tard aux fourrages, pourraient nuire aux bestiaux. Une fois semé, il
faut herser le grain, d'abord légèrement avec la petite
herse, ensuite y passer le rouleau ou le dos de la herse,
afin de rendre le terrain uni. L'on s'en sert aussi réduit

en liquide, au moyen d'une certaine quantité d'eau : nous le verrons plus tard entrer avec avantage dans les composts. Mais quelle que soit la manière dont on en fait usage, il est bon de savoir que ce fumier exige de la prudence dans son emploi. Partout où la charrue est médiocre, il convient de répandre à la main la colombine, au printemps, sur les blés et les verdures ; là où elle est plus grande, lorsque la terre est bien sèche, dès le matin, pourvu qu'il ne fasse point de vent, et dans la proportion d'une charretée pour un hectare ou deux arpens. Comme l'activité de ce fumier pourrait nuire aux champs semés de chanvre et de lin, on le réduit à l'état de poudrette avant de le répandre. Afin d'en modérer la chaleur, j'ai vu, dans quelques localités, et particulièrement dans le Bolonnais, en Italie, employer sous le nom de *poulmée*, une espèce d'engrais, composée ici de fiente de pigeon, là, de fiente de poule, de dindon, de canard et d'oie, auquel on incorpore du fumier de porc et de bœuf, bien consommé. Ailleurs, on jette la poulmée dans de l'eau, où elle est réduite en *bouillie* peu épaisse, et dont on se sert pour arroser les jeunes plantations d'oliviers, les marcottes et les arbres à fruit, ainsi que les autres grands végétaux ligneux, qui annoncent quelque altération dans leurs sucs séveux : elle prolonge leur existence.

Il y a des cultivateurs qui mêlent la colombine au tas commun des autres fumiers, c'est à tort ; ils entendraient mieux leurs intérêts s'ils s'en servaient séparément. Ils sont aussi à blâmer ceux qui l'unissent au crottin de cheval, puisqu'il n'y a pas de fermentation régulière entre ces deux substances, et qu'elles ne peuvent que s'échauffer, privées du concours de l'air et de l'eau. Une autre erreur, qui peut amener à des résultats très-fâcheux, c'est de laisser, comme certains agronomes le conseillent sans réflexion, cette masse hétérogène croupir pendant une année entière dans le colombier ou le poulailler ; elle en augmente singulièrement la malpropreté, et tend sans cesse à infecter l'air.

C'est ici le moment de parler de l'usage que l'on fait en Italie de la fiente des chauve-souris, dont la puissance égale et même surpasse celle de la colombine.

Tout le monde sait que ce mammifère ailé recherche les

10

profondes cavernes des montagnes calcaires, les ténèbres
des voûtes souterraines, les ruines et les caves où l'atmosphère se trouve toujours au-dessus de zéro pendant
la saison des frimas. Là, les chauve-souris se rassemblent
le jour, y passent l'hiver, suspendues les unes aux autres
par les pates de derrière, et enveloppées de leurs ailes comme dans un ample manteau. J'en ai vu des masses considérables agglomérées ainsi dans les fameuses grottes d'Arcy,
département de l'Yonne, et en plusieurs lieux de l'Italie.

La fiente des chauve-souris fournit une matière noirâtre,
d'une odeur désagréable ; réduite presqu'à l'état pulvérulent, elle est un des fumiers les plus énergiques connus,
fort recherché pour les prés et les plantations établis sur
un sol argileux. On le mêle avantageusement avec les cendres fraîches et avec le crottin de chèvre pulvérisé : l'herbe des prés en acquiert une qualité de plus pour l'engraissement des bestiaux ; le mûrier en reçoit une nouvelle force qui contribue à donner plus de consistance et d'élasticité à la soie. On le récolte depuis la mi-avril jusqu'à la fin
de septembre, époque où la chauve-souris se cache pour
s'abriter contre le froid. Ce fumier, réduit en une sorte de
bouillie, se répand par un temps humide vers la mi-mars,
en ayant soin de ne point en jeter trop près de la tige, et
même des racines des plantes. On m'a montré, à Cardano,
près de Como, des ceps de vigne, au pied desquels on avait
établi une petite tranchée remplie de fiente de chauve-souris, et recouverte de terre ; ils étaient pleins de vigueur,
garnis de pampres légers et de sarmens nombreux ; ils rap-
portaient au moins le double des autres ceps non fumés,
et le raisin était excellent.

A. Novaro, en Lombardie, ce fumier s'est vendu plus
cher que tous les autres : on s'en servait principalement
pour engraisser les terres destinées à porter du lin, des
choux-raves, des asperges, du céleri, des orangers, etc.
A Milan, on le vend encore *venti soldi*, ou 90 de nos centimes, l'hectolitre et demi. A Como, l'on en ramasse des
quantités considérables sous les voûtes de l'église cathé-
drale ; on l'y emploie également dans son état naturel et
mélangé avec d'autres substances pour les vignes, les pâ-
rages et les carrés de jardins où l'on cultive les choufleurs,
les brocolis, etc.

4°. *De la Poudrette.*—Les matières excrémentitielles qui s'amassent dans les latrines offrent un engrais des plus efficaces, lorsqu'elles sont employées après un certain temps et mêlées à d'autres substances pour subir un nouveau genre de fermentation, et, par conséquent, une nouvelle combinaison. Seules, elles brûleraient la plante, ou bien lui feraient contracter une saveur insupportable. On les prépare de trois manières, comme engrais solide, comme engrais liquide et comme engrais sec et pulvérulent : c'est ce dernier que l'on nomme particulièrement *poudrette*.

Engrais solide.—Au sortir des fosses, les matières fécales se portent dans l'endroit consacré à la préparation des fumiers. Là, dans un fossé creusé à 32 centimètres de profondeur, et sur un lit de 16 centimètres ou demi-pied de matières fécales, on étend une couche de terre de 81 millimètres, ou 3 pouces d'épaisseur, et ainsi successivement. Il faut que la couche supérieure soit en terre bien battue, c'est elle qui doit entretenir la chaleur dans la masse, et empêcher la trop prompte évaporation ; tandis que le fossé, en retenant les eaux, maintiendra partout une humidité nécessaire. Lorsqu'on s'aperçoit que l'eau du creux est prête à être entièrement absorbée, on en ajoute de la nouvelle, autrement le fumier se consommerait à pure perte. Alors, au moyen de longues perches, on pratique des trous sur le haut de la masse, afin que l'eau que l'on va jeter dessus la pénètre dans toutes ses parties. Cette opération finie, on rebouche les trous avec de la terre. Dès la seconde année, on peut employer ce fumier en toute sûreté, il produira le meilleur effet, surtout dans les sols compactes et argileux. On diffère son emploi, pourvu toutefois qu'il ne soit point délavé par les pluies : on ne court aucun risque à le laisser vieillir.

Des propriétaires ajoutent aux matières fécales qu'ils veulent employer de suite des cendres de tourbe, qu'ils mêlent avec la bêche jusqu'à ce qu'ils puissent répandre ce terreau à la volée. La manipulation ne dure qu'une heure, elle n'est point coûteuse, et ses effets sont très remarquables. Des sainfoins fumés de la sorte se sont élevés, à Saint-Valery, département de la Somme, à 12 décimètres (42 pouces), tandis que ceux qui avaient été couverts de plâtre, montèrent tout au plus de 4 à 5 décimètres (15 à 18 pouces).

Engrais liquide.—Dans quelques parties du département du Nord, on met les matières fécales à délayer dans une quantité plus ou moins grande d'eau, et l'on s'en sert, par aspersion, sur les champs que l'on vient de semer, sans que les graines en éprouvent aucun mauvais effet et sans que leurs produits, soit verts, soit secs, en contractent aucune mauvaise odeur. On emploie aussi cette eau pour humecter les fumiers qui ne sont pas bien décomposés, à l'effet d'y réveiller le mouvement de la fermentation. On s'est assuré que cette eau réussit mieux sur les terres fortes que sur les terres légères; cependant, je l'ai vu employer avec succès dans des terrains sablonneux : elle donne des résultats vraiment surprenans sur les plantes oléagineuses, les potagères, et particulièrement dans la transplantation des choux : on creuse, à cet effet, à une certaine distance de la tige, une petite rigole dans laquelle on verse un peu de cette liqueur qui veut être recouverte aussitôt. Pour lui ôter une partie de son odeur et pouvoir s'en servir de suite, il convient de verser dessus de la chaux, des tourteaux, des plâtras réduits en poudre : c'est aussi le moyen de tirer de cet engrais le plus grand avantage possible. Il faut en être très économe, la prodigalité causerait des préjudices de plus d'un genre, et ne le donner à la terre que tous les trois ans. Des cultivateurs le répandent après le semis et après avoir recouvert la graine au rouleau ; d'autres avant de confier les semences à la terre. Dans l'un et l'autre cas, cet engrais est si puissant, que les plantes germent souvent en moins de trente-six heures, lorsque le sol et la graine ont été convenablement préparés.

Engrais pulvérulent.—Sans aucun doute, en mettant les matières excrémentitielles à dessécher, et en les réduisant ensuite à l'état pulvérulent, on perd une grande partie de leurs principes fertilisans ; mais ces principes étendus dans l'eau et enchaînés par leur mélange avec la terre, surtout celle extraite des fossés, et qu'on a laissé suffisamment sécher auparavant, tournent au profit des récoltes, tandis que leur résidu acquiert insensiblement le caractère et la forme de poudrette en le desséchant à l'air libre. Sous cette forme, les organes ne sont plus blessés, ni par l'odeur fétide que les matières fécales exhalent, ni même par leur apparence désagréable ; on peut transporter au loin l'engrais, et l'employer à son gré à l'époque où la plante commence à végéter, ou bien au moment même du semis ; et, quand on veut lui rendre une partie des principes qu'il a perdus lors de la dessiccation, comme aussi en rendre le transport moins fâcheux pour ceux qui le conduisent, on y mêle une certaine quantité de plâtre fraîchement calciné. On trouve la poudrette dans le commerce ; mais on peut la faire soi-même en jetant de temps à autre de la chaux dans les fosses d'aisances : on peut aussi y mêler de la sciure de bois, de la tourbe ou de la terre bien sèche. Elle a converti en terrains fertiles les sables les plus ingrats, les terres les plus arides, les dunes où précédemment on ne voyait pas un brin d'herbe.

6.º *Urines et Urate.* — Depuis des siècles, on a reconnu la nécessité de réunir les urines, et de les employer comme engrais ; cependant, on en laisse perdre de grandes quantités. Répandues immédiatement sur les champs, particulièrement sur les terrains légers, sablonneux ou graveleux, ou bien employées pour arroser les fumiers, les composts, elles en augmentent la valeur, et doublent le produit de leurs récoltes Si on les laisse fermenter, se perfectionner dans des réservoirs, où l'on jette du plâtre nouvellement cuit, elles fournissent un corps gras et alcalescent très-favorable à l'accroissement des plantes et à la bonification des terres : on lui donne le nom d'*urate.* Quand on le répand sur les champs sous forme pulvérulente, il produit peu d'effet durant les sécheresses ; mais est-il humecté par les pluies, il développe sa puissance, et donne à la végétation une sorte de luxuriance qui charme l'œil, et paie largement plus tard les fatigues du laboureur. On trouve l'urate tout préparé, et l'on peut, sans frais considérables, le préparer soi-même. Il faut pour cela des appareils très-simples : ils consistent en plusieurs bassins de mélange et de gâchage disposés les uns à la suite des autres, où, sous de vastes hangards, se font toutes les opérations nécessaires. Chaque bassin contenant de 6 à 7 hectolitres d'urines d'hommes et d'animaux, reçoit égale quantité de plâtre nouvellement calciné, battu fin et tamisé. On verse alternativement et successivement l'urine et le plâtre, au fur et à mesure du mélange. On gâche ce mélange, pendant quinze minutes environ, à l'aide de râbles ou rabots de bois ; et, lorsque le tout se réunit en pâte, il se fait une vive effervescence qui, d'une part, dégage des gaz chauds et fétides de l'atteinte desquels on se préserve en se tenant sur le vent ; et, de l'autre, détermine un gonflement plus ou moins considérable de la masse. Le degré de chaleur produit durant cette opération, varie selon la nature du plâtre et son degré de calcination. Il est peu sensible avec le plâtre éventé, tandis qu'il est très-élevé avec le plâtre nouvellement calciné. Après trois ou quatre heures de repos, suivant la saison, et surtout suivant la température du moment, le mélange est assez compacte pour être retiré des bassins. On se sert, à cet effet, de bêches, de pelles, de pioches et de hoyaux ; l'urate est alors jeté sous les hangards des séchoirs pour y être réduit en poudre, quand il est entièrement sec, au moyen du rouleau en fer de fonte, de battes, ou mieux encore sous des pilons mis en mouvement par un manège ou par la puissance de l'eau. Cette opération terminée, on passe à la double claie, et l'on met son engrais dans un lieu sec à l'abri de toute humidité pour s'en servir en temps opportun. Il est inutile de donner ici le plan et la coupe des ateliers, ainsi que la figure des instrumens propres à la fabrication de l'urate, chacun adoptant les outils de la maison rurale et consacrant à cette fabrication un hangar particulier.

6.º *Os pilés ou moulus.* — Les os écrasés, pilés ou moulus, nourrissent les plantes sur lesquelles on les sème comme engrais, non seulement par la graisse et la gélatine qu'ils renferment, mais encore par les phosphates de chaux et de magnésie qui font la base de leurs principes constituans. Ils conservent long-temps leur puissance : ceux de porcs, de bœufs et de veaux sont préférables aux autres, parce qu'ils renferment ces principes en plus grande quantité. Un hectolitre d'os de ces animaux, converti en poudre, équivaut à quatre voitures du meilleur fumier. On les broie, soit avec des meules verticales en pierredure disposées à peu près comme dans les moulins à huile ou à cidre, soit avec des cylindres formés de disques en fonte dure et à dents qui se chevauchent alternativement, et qui, tournant en sens contraire avec une vitesse diffé- rente, pulvérisent les os promptement ; soit, enfin, ce qui, à mon sens, est plus économique lorsqu'on n'a point de meule, avec la râpe de Thiers. Cette râpe, qui a reçu son nom de la ville du département du Puy-de-Dôme, où elle a été inventée et adoptée, est composée d'un grand cy- lindre creux en acier, disposé en forme de virole, ayant trente-deux centimètres de diamètre sur autant de lon- gueur, dont la surface extérieure est fortement piquée comme les râpes à bois. Le cylindre est fixé concentri- quement sur le bout d'un arbre de moulin avec lequel il tourne ; au-dessus se trouve une forte pièce de bois, à travers laquelle on pratique un trou carré servant de trémie aux os destinés à être broyés, et que l'on presse contre le tambour-râpe, à l'aide d'un poussoir ou d'un levier chargé de poids. En deux ou trois minutes, la râpe réduit les os en une pâte grossière, que l'on additionne avec de l'eau de fumier ou seulement avec de l'eau ordinaire. On l'é- tend ainsi sur le terrain. Cet engrais convient peu aux terres légères : on s'en sert avec succès pour amender certains sols sablonneux ; il produit des résultats étonnans dans ceux qui sont argileux, limoneux et couverts de pierres. On le mêle parfois aux semences ; il augmente le rapport du tabac de trois dixièmes, et il en améliore tellement la qualité, qu'il a été payé dans le département du Bas-Rhin le double de celui pour la culture duquel on a employé les engrais ordinaires. La vigne se trouve fort bien de ce nouvel engrais, dont les agriculteurs des pays de Bade et de Wurtemberg, ainsi que ceux de l'Angleterre, font le plus grand cas. Des propriétaires se contentent de piler les os, de les porter ainsi sur leurs terres et de les couvrir très-légèrement. Parmi eux, il y en a qui les éten- dent sur la récolte un peu avant le premier mouvement de la végétation ; d'autres dès qu'il a commencé : ceux- ci ne hersent point quand la récolte doit être en blé, tan- dis que ceux là hersent immédiatement après avoir semé l'orge. Ceux qui emploient les os sans aucune préparation ni mélange doivent les réunir à la masse commune des fumiers, ou mieux encore les distribuer dans les champs par petits monceaux, les couvrir d'une grande quantité de matières végétales vertes susceptibles de fermenter vivement et promptement, d'un peu de chaux et de terre, afin de les trouver réduits au moment de les employer sur leurs terres calcaires, crayonneuses et graveleuses. Appliqués seuls, les os seraient sans effet dans les glaises tenaces qui ne contiennent que peu de substances calcaires : la pluie leur enleverait leurs sels fertilisans.

7.º *Autres Débris d'animaux.*— Il est constant que le sang, les débris d'animaux, ainsi que les eaux des baquets dans lesquels les bouchers, les charcutiers, les tripiers, boyaudiers, etc., ont trempé et nettoyé les intestins, fournissent un des engrais les plus riches, soit qu'on l'enfouisse de suite dans la terre sur laquelle on a pratiqué des saignées souterraines, soit qu'on l'unisse à une certaine quantité de chaux qui en opère promptement la dissolution. En cherchant à se procurer ces substances, le cultivateur trouvera une quantité considérable d'engrais de première qualité propre à fertiliser ses plus mauvaises terres, et il purgera les villes d'un foyer permanent de corruption et d'insalubrité. Il aura, à cet effet, des tonneaux en bois, doublés extérieurement par une bonne couche de plâtre, fermés dans le haut par une large bonde, et dans lesquels il tiendra un peu de lait de chaux. Pendant qu'une partie se remplira, il conduira les autres directement sur ses terres, ou bien encore sur ses fumiers.

Les cornes et les ongles réduits en poudre, en copeaux ou râclés, et enterrés avec la charrue, conviennent plutôt aux terres légères que tenaces; on les réunit aussi avec avantage à la masse des fumiers. Les arbres fruitiers et la vigne aiment cet engrais sous la première forme.

Les poils, les rognures de cuirs et de peaux, les eaux grasses des cuisines sont aussi des élémens de fertilité quand on les emploie comme engrais. Je connais des propriétaires ruraux qui ramassent avec beaucoup de soin les soies du cochon, et qui les répandent en automne sur les chenevières; ils les estiment beaucoup plus que le poil des autres animaux. ROGER SCHABOL cite un figuier dont les racines descendaient dans un puisard où coulaient les eaux de cuisine, lequel montrait une vigueur extraordinaire, donnait des fruits très savoureux et très abondans.

Les cultivateurs voisins des grands lacs ou de la mer trouvent dans les poissons que les eaux rejettent sur le rivage un très bon engrais. On les entasse afin de déterminer leur prompte décomposition, puis l'on y mêle de la terre à laquelle on ajoute de la craie ou de la chaux vive dans la proportion d'une voiture de chaux sur trois de poisson. Un mois après, on répand cet engrais sur les blés, les orges et surtout sur les plantes jeunes encore.

Ceux qui s'adonnent à la culture du ver à soie possèdent dans les résidus des cocons après que la soie en a été extraite, un engrais puissant, auquel on attribue la propriété d'éloigner les courtilières, qui sont, comme l'on sait, le fléau des jardins, des prairies artificielles, des jeunes plantations, etc. On s'en sert de diverses manières : les chrysalides, séchées en plein air et réduites en poudre, s'enterrent sur le sol consacré à des cultures soignées ; mises à fermenter dans une fosse, et arrosées avec l'eau des chaudières dans lesquelles on a tiré la soie, elles sont employées sur les terrains où l'on cultive le maïz quarantain ; mêlées à deux tiers de cendres, on les répand aussitôt sur le champ, ici, immédiatement avant qu'il soit labouré, là, dès qu'il est entièrement préparé pour les semis.

En un mot, rien n'est à négliger dans une ferme régulièrement tenue ; on ne doit laisser perdre aucune portion des matières végéto-animales : toutes isolément, ou mélangées avec des engrais minéraux, fournissent les moyens d'alimenter le besoin sans cesse renaissant que la nature éprouve de produire. On augmente ces moyens par la préparation des composts, dont nous allons nous occuper.

III. Des Composts.

Sous cette dénomination, l'on entend parler de ces masses de diverses substances animales, végétales et minérales que l'on réunit ensemble, que l'on force à s'amalgamer, afin que, de l'action réciproque qu'elles exercent les unes sur les autres, il résulte une décomposition plus ou moins rapide, et la fermentation nécessaire pour obtenir un engrais parfait, susceptible de développer toutes les puissances de la végétation. Dans cet amalgame, quand il est fait d'une manière convenable, aucune substance ne domine, toutes ont réuni leurs propriétés particulières pour ne présenter qu'une masse homogène, très active, et d'une merveilleuse efficacité. Si le mouvement de cuisson, qu'on me

passe le mot, n'a pas été le même dans les diverses parties de la masse, il n'y aura plus équilibre dans les qualités végétatives, le compost ne répondra qu'imparfaitement
à l'espoir du cultivateur; s'il y a eu excès dans les proportions, l'action surabondante lui fera éprouver une perte
d'autant plus grande, qu'elle frappera sur une plus grande
étendue de terrain.

Pour arriver à avoir d'excellens composts, il faut connaître les principes constituans de chacune des subtances que
l'on veut amalgamer, afin de pouvoir, par des mélanges
bien entendus, modérer la puissance des unes, et augmenter celle des autres; autrement on courrait le risque de
perdre et son temps, et les avantages sur lesquels on est
autorisé de compter, quand on a bien étudié non seulement
la surface de son sol, mais encore ses différentes couches
inférieures.

En parlant de chacune des nombreuses matières propres
à être converties en engrais, j'ai déjà indiqué divers moyens
pour les amalgamer les unes aux autres; il me reste donc
peu de chose à dire en ce moment.

L'observation nous a appris qu'il était bon de changer les
engrais, employés pendant un certain laps de temps sur une
même terre; que ce moyen réveillait des facultés susceptibles de s'assoupir, et tendait à maintenir la végétation dans
un état toujours prospère. C'est un fait que l'expérience
nous révèle : comme les plantes changent la nature du sol
ou le modifient, de même les engrais ont avec la terre un
rapport intime qui influe nécessairement sur ses productions, sur la bonté et l'abondance des récoltes. Il faut donc
varier ses engrais, et les combiner de manière à faire cesser toute disposition entre les besoins du sol et ceux des végétaux qu'il est chargé de nourrir. Le procédé le plus simple et en même temps le plus certain, c'est de recourir à
l'emploi des composts. Avec eux, les substances qui servent d'engrais se mêlent, se pénètrent réciproquement, et
acquièrent par conséquent plus d'efficacité; leur combinaison intime pourvoit aux besoins de toutes les parties de
la végétation; elle provoque, développpe et conserve en
même temps les propriétés particulières à chacun des sols,
à chacun des végétaux qui couvrent leur surface. Un bon
compost est celui dont toutes les substances sont parfaitement imprégnées des liquides qui proviennent de leur amal-

game bien entendu , ainsi que des parties volatiles et des
gaz qui en émanent. Sa préparation dépend de la base
qu'on veut lui donner , de la nature du sol auquel on le
destine , et de l'espèce de récolte que l'on veut obtenir.
Je ne citerai qu'un exemple : je veux convertir en un compost mon fumier de cheval , afin de remplacer sur mes
terres argileuses et compactes, la marne, que je ne puis
me procurer qu'à grands frais. Je le rassemble au sortir
de l'écurie , par tas, dont j'arrose les couches successives,
des urines d'homme et de cheval que j'ai précédemment
préparées, en les mêlant avec un peu de terre, des feuilles
d'arbres, des tiges dures et sèches , pilées , afin d'en atténuer les parties ligneuses , et d'en hâter la macération et
la décomposition ; de temps à autre , je saupoudre les lits
d'un peu de chaux, j'entoure la masse d'une couche de
terre d'environ 32 centimètres d'épaisseur , dans la vue de
ne rien perdre , et de retenir les matières liquides qui pourraient s'échapper. Lorsque la fermentation a cessé , je l'excite de nouveau en ouvrant, dans la partie supérieure , des
trous avec une perche, pour donner plus d'action à l'air,
dans lesquels je verse des eaux grasses de vaisselle ; je l'en-
tretiens en jetant sur la masse de nouvelles matières ani-
malisées ou végétales , dont je calcule les proportions d'a-
près leurs puissances particulières, et lorsque cette seconde
fermentation a rempli son cours , je recouvre le tout de gazons, que je maintiens jusqu'au moment où je fais emploi
de mon compost. Des résultats constans, toujours brillans
m'ont prouvé l'efficacité de cet amendement, dont la durée
excède trois et cinq années de récoltes permanentes. Il
fournit les moyens de limiter l'espace destiné aux céréales
sans en diminuer la quantité , et en même temps d'étendre
les autres cultures , surtout celle des prairies , qui double
les ressources de la ferme. Tous ces avantages, que
l'on ne peut contester, parce qu'ils n'ont rien d'exagéré ,
démontrent la fausseté des idées que la plupart des cultivateurs se sont faites sur le mélange des divers engrais , sur le
temps et la dépense qu'il exige , sur le retard que l'on est
obligé d'apporter dans l'emploi particulier de chacune des
substances constituantes, sur l'action qu'il exerce, etc. etc.

CHAPITRE IV.

L'EAU est indispensable à la végétation et à la formation de la sève ; ce fluide pesant, élastique et transparent, est un des grands moyens que la nature emploie pour lier les corps entre eux ; il en faut une forte quantité pour tenir en dissolution les principes nutritifs des plantes, qui l'aspirent et la transpirent avec beaucoup d'énergie, non-seulement par les racines et les feuilles, mais encore par les pores disséminés le long des tiges. En circulant dans les vaisseaux ligneux, l'eau leur conserve la souplesse nécessaire à leur accroissement. L'eau est composée d'environ 0,85 d'oxigène, et 0,15 d'hydrogène ; les plantes la décomposent, elles retiennent l'hydrogène et exhalent l'oxigène, aussitôt qu'elles sont frappées d'une lumière vive. La portion d'hydrogène retenue, se combine au carbone, qui est un des principaux résultats de la végétation, et forme les mucilages, les gommes, les résines, les huiles, etc. Trop abondante, l'eau nuit aux plantes, elle leur cause plusieurs maladies et rend leurs fruits insipides, inodores, de mauvaise qualité : quand il y a possibilité de mettre de l'équilibre entre toutes les substances favorables à la végétation, c'est un devoir que le cultivateur doit s'empresser de remplir. Au moyen des eaux, le Chinois est parvenu à rendre son agriculture des plus florissantes ; pas un centimètre de terre n'est perdu, des nappes d'eau courante traversent et coupent en tous sens son vaste territoire, où le sol produit tout ce qu'il faut à une population immense, qui s'accroît incessamment sans que l'Etat puisse en redouter l'excès : un vaste tapis de verdure où paissent de nombreux troupeaux, est parsemé de moissons diverses, qui se succèdent rapidement. C'est aussi au bon emploi des eaux que la Hollande doit ses gras pâturages et ses champs inépuisables, toujours emblavés par de riches moissons ; les terrains brûlés de l'Inde et les sols si stériles de l'Egypte, sont rendus féconds par le débordement et le séjour de l'eau. Les canaux d'arrosage ont fait de la Catalogne la partie la plus industrieuse de l'Espagne, et créé une agriculture florissante sur les montagnes, les rochers escarpés, et les terres inertes de Valence. Le grand secret d'une riche végétation est donc dans l'art d'arroser les terres, d'entretenir une humidité salutaire. On y parvient par les irrigations et par les arrosemens, qui se font à bras d'hommes. Ces modes varient beaucoup et méritent une attention particulière : ils vont faire la matière de ce chapitre.

§. Ier. *Des Irrigations.*

L'arrosement d'un terrain par irrigation, se fait au moyen de canaux ou de rigoles, supérieurs au terrain que veut arroser, et desquels on fait descendre l'eau nécessaire pour couvrir les cultures. La conduite de ces eaux, la distance souvent assez grande qu'elles ont à parcourir, la construction des réservoirs propres à les contenir, et des canaux qui les charrient ; les dimensions à leur donner, les écluses qu'elles exigent souvent, le ménagement de leur pente, les conduits de décharges et autres articles accessoires, rendent ces travaux très-dispendieux, et les placent plutôt dans le domaine de l'architecture hydraulique que dans celui de l'agriculteur : c'est ce qui nous empêchera d'entrer à ce sujet dans des détails, lesquels sont toujours subordonnés aux circonstances de possession, de localité, de moyens, etc. Nous en avons des exemples remarquables dans la vallée de Sainte-Tauche, commune de l'Hître (Aube), dans plusieurs cantons du département des Vosges, et dans la vaste plaine sablonneuse qui forme presque tout le département des Pyrénées-Orientales.

Les terrains destinés à être arrosés par irrigation veulent être mitoyens entre les plaines et les collines : on y amène facilement les eaux, et la légère irrégularité du sol permet d'y établir des réservoirs à peu de frais ; ils doivent être aussi nivelés le plus horizontalement possible, et traversés par une ou plusieurs rigoles qui partent du niveau du réservoir. Cette rigole a besoin d'être munie de

11.*

quelques vannes , placées de distance en distance sur les
côtés , pour servir à l'écoulement de l'eau , tandis qu'une
autre , transversalement ouverte , intercepte la rapidité
du courant. La position la plus heureuse est celle qui est
formée par le rapprochement de deux petits coteaux, puisqu'alors , pour faire le réservoir , on n'a qu'à construire
une chaussée. transversale , joignant les deux coteaux.
Cette construction est la plus simple et la moins coûteuse.
On ouvre les rigoles principales à la charrue , et les petites avec des instrumens propres à couper et à léver le gazon. Ces dernières n'ont besoin que d'une petite profondeur et d'une inclinaison calculée seulement à raison de
7 millimètres , ou deux lignes par chaque deux mètres ou
par chaque toise. Veut-on arroser la portion de terre ainsi
disposée: d'une part, on barre le cours de l'eau, au moyen
de la vanne qui le traverse ; de l'autre , on ouvre celles
qui sont sur le côté de la rigole , les eaux se répandent
aussitôt sur toute la surface du sol , et l'imbibent à une
profondeur plus ou moins grande, selon qu'elle y séjourne
deux ou trois jours : après ce temps , l'eau est de rechef
retenue pour continuer ainsi jusqu'à ce que toutes les parties aient été complétement et suffisamment inondées.
Cette manière d'arroser est adoptée dans beauoup d'endroits du Midi , pour les prairies artificielles , et particulièrement les luzernières; on la trouve employée dans
quelques jardins pour les gros légumes , les salades plan-
tées par planches, et les plates-bandes consacrées à la culture de quelques végétaux de choix.

Dans d'autres localités , on profite des moindres filets
d'eau , que l'on réunit en ruisseaux , lesquels à leur tour ,
sont entretenus ingénieusement et avec beaucoup de travail , par des canaux artificiels : on ne permet à l'eau de
descendre que pour être utile, et effectuer l'irrigation. On
accorde la même attention à ces grands ruisseaux, lorsque
rassemblés , ils deviennent une rivière ; on la divise et
subdivise , puis on la réunit pour la diviser de nouveau ,
tellement que chaque portion de la surface du sol jouit du
tribut de la quantité d'eau qui lui est nécessaire. Chaque
propriétaire possède ainsi un canal d'arrosement à la surface de ses champs, et un canal de desséchement au fond,
lequel devient à son tour un canal d'arrosement pour les
terrains qui sont situés plus bas. Cette irrigation fait la

prospérité des prairies de la Vosge , les produits qu'elle donne sont non-seulement au moins du double de ce que peut fournir une prairie abandonnée aux eaux pluviales , mais encore d'une précocité et d'une succession remarquables : on a vu des luzernières traitée de la sorte, supporter dans le midi ; jusqu'à dix bonnes coupes ou fauchaisons dans l'année. Mais , par la raison que la marche des végétaux est plus rapide , et leurs rapports plus abondans , il se fait une plus grande déperdition de carbone , ce qui nécessite une plus forte quantité d'engrais pour le remplacer , et soutenir la vigueur des cultures. Je n'ignore pas qu'une partie de ces engrais , délayée par les eaux et entraînée par elles , ne profite point aux racines ; mais comme les copieuses récoltes permettent de satisfaire aux nombreux bestiaux qu'elles nourrissent , l'abondance de ces animaux augmente la masse des engrais , et permet de les répandre sans parcimonie.

Est-on dans le voisinage d'une rivière et le terrain à irriger est-il beaucoup plus haut que le niveau de l'eau ? il faut trouver un moyen de l'élever. Les roues à sabots , à augets , les machines à bascule , les vis d'Archimède simples ou doubles, les pompes , le norias , les béliers hydrauliques , etc. , vous offrent bien leur secours ; mais pour les uns , il faut des chutes d'eau , et pour les autres , des moteurs très-dispendieux. Le moyen le plus simple , le plus facile à établir , et qui entraîne le moins de frais , c'est la roue oblique employée par LEORIER , de Tonnerre (Yonne), à l'arrosage journalier et continuel de ses champs et de ses prairies. Elle consiste en une roue de charrette, disposée obliquement , portant huit fortes perches attachées sur les raies , avec huit aubes mobiles , et trente-deux tubes disposés en échelons aux extrémités : le tout est mû par un courant. L'établissement de cette machine peut revenir de 250 à 300 fr. , et son entretien annuel , coûter au plus une quinzaine de francs.

Avez-vous dans votre domaine un ruisseau qui vous désole à l'époque des inondations ? contenez-le et profitez-en pour irriger régulièrement et vos champs et vos prés. Forcez-le d'abord à couler dans les rigoles bien ouvertes, et au moyen de plusieurs écluses construites de distance en distance , faites lui parcourir tout l'espace que vous voulez ; les eaux surabondantes se rendront dans un ca-

nal suffisant, d'où elles pourront profiter à vos voisins.
Pour creuser ce canal, éprouvez-vous quelques obstacles,
vous pourrez les surmonter en ouvrant la tranchée avec
une forte charrue à avant-train, dont l'oreille est mobile
et le soc pointu, en forme de coin ; faites-la tirer par six
chevaux ; que trois hommes, assis sur le manche et la
perche, la contiennent lorsqu'elle rencontre de fortes
résistances ; que des ouvriers armés de pelles, la suivent
pour jeter sur les bords la terre remuée, et vous obtiendrez promtement, et plus économiquement qu'à l'aide des
pionniers, un résultat heureux. L'on restitue ensuite
l'eau à la rivière.

Les irrigations pratiquées en hiver garantissent les racines des effets du froid et détruisent les joncs ; au printemps, elles font périr les mousses et les bruyères ; dans
toutes les saisons, elles s'opposent à la propagation des
taupes, au développement des larves, surtout celle du
hanneton, et font fuir tous les autres insectes.

§. II. *Des Infiltrations.*

L'eau que l'on retient au niveau du sol pour servir d'arrosement par infiltration coule lentement sur un sol spongieux, en pays plat, et dans des fossés plus ou moins
larges, proportionnés à l'étendue du terrain à arroser,
et calculés d'après sa perméabilité à l'eau. Le plus ordinairement on leur donne 65 centimètres (2 pieds) de profondeur sur autant de largeur, et on les creuse en forme
d'auget dans le fond. Ces fossés partagent un territoire
entier en plusieurs carrés plus ou moins grands, qui se
couvrent de pâturages excellens, très-appétés par les
bestiaux. Les Hollandais y font séjourner leurs vaches et
chevaux; les moutons et les porcs y restent nuit et jour, depuis
le printemps jusqu'en automne, sans que ceux-ci en éprouvent le moindre inconvénient. Dans d'autres contrées ; ces
espèces d'ilots sont couverts de saules, peupliers, frênes,
aunes, etc. Les oseraies y viennent beaucoup mieux que
sur les terrains arrosés par irrigation.

Le système d'arrosement par infiltration, s'emploie
dans les jardins où l'on cultive certaines plantes exotiques,
qui demandent la terre de bruyère et une humidité cons-

tante , telles que plusieurs espèces de kalmia , de rhodo-
dendrons , les sarracenia , cypripedium , etc.

§. III. *Arrosemens à bras d'hommes.*

Cette troisième sorte d'arrosemens , limitée aux cultures soignées , se fait au tonneau , à la pompe , avec l'é-
choppe et l'arrosoir. Plus elle se rapproche de la pluie ,
meilleure elle est. En l'employant , il faut éviter d'abord
que les jeunes tiges soient conchées , les racines délavées
et décharnées , ce qui arriverait , en répandant à la fois
une trop grande quantité d'eau ; ensuite , que les feuilles
inférieures soient enfouies dans la terre ; enfin , que les
plantes ne passent trop rapidement d'une extrême sécheresse à un arrosement qui les noie. Voyons maintenant
comment se font ces arrosemens.

1° Un tonneau porté sur une brouette , ou sur une petite charette , traînée par trois hommes , promène l'eau ,
et la distribue partout où il est nécessaire. Un robinet
placé à chaque fond , verse l'eau dans un conduit en cuir ,
au moyen duquel on la répand avec autant de succès que
d'économie et de diligence , au pied des arbres et des arbustes, sur les plates-bandes, et dans les caisses dispersées
au milieu d'un parterre.

2°. Les pompes, destinées à chasser l'eau à une grande
hauteur , servent à laver les feuilles et le jeune bois d e
arbres , à débarrasser les espaliers des pucerons et autres
insectes nuisibles à leur prospérité , et à l'arrosement des
pièces de gazon. Ce moyen, coûteux pour la main-d'œuvre , ne peut être employé que dans les jardins dont la
culture est recherchée.

3° Quand une propriété est traversée par une eau courante , ou bien qu'à son centre existe un amas d'eau suffisant , on l'arrose au moyen de l'échoppe , surtout si l'on
ne peut recourir aux saignées. L'échoppe est un ustensile
facile à manier ; un homme un peu adroit , placé sur le
bord de l'eau , et même entré dedans jusqu'à mi-jambe ,
est capable d'arroser jusqu'à 10 mètres , ou 5 toises de
distance. L'ouvrage se fait vite , d'une manière profitable
et peu dispendieuse.

4° L'arrosement pratiqué avec les diverses sortes d'arro-
soirs n'est d'un usage habituel que dans les parties septen-

'trionales de la France ; il est d'autant plus fatigant et dispendieux qu'il ne fournit de l'eau qu'à une petite portion de terre à la fois, qu'il faut la puiser dans des puits profonds, la porter à des distances plus ou moins longues, et qu'il exige plusieurs journées d'ouvriers si les chaleurs se prolongent, si la sécheresse est grande.

§. IV. *Distribution des eaux suivant les saisons.*

Les arrosemens demandent à être faits à propos et avec intelligence dans leur distribution. Administrés en temps opportun et en quantité suffisante, ils aident à la végétation, la maintiennent et même l'accélerent : employés à contre temps, ils sont nuisibles aux plantes et décident souvent de leur mort. Il faut les proportionner à la nature des végétaux, à l'espèce de culture à laquelle ils sont soumis, à la saison, je dirai plus, à l'époque de la journée, ainsi qu'à la qualité du sol et à son expositon.

Au printemps, dans le moment si gai, si intéressant où les plantes sortent de leur long assoupissement, et que la terre entre en fermentation, ou comme disent les jardiniers, qu'elle entre en amour, il convient d'aider à ce mouvement général par des arrosemens sagement administrés. Il vaut mieux les répéter souvent que de les faire trop copieux et en une seule fois ; dans ce dernier cas, ils refroidiraient la terre et arrêteraient le premier élan de la fermentation ; trop exigus, ils ne fourniraient pas le véhicule nécessaire. Si votre terre est argileuse et compacte, ne les employez pas encore ; les productions qu'elle produit sont tardives, et comme elle conserve long-temps l'humidtié, ils nuiraient immanquablement. Si votre terre, au contraire, est meuble, légère, sablonneuse, et exposée à l'action du soleil du midi, arrosez et faites-le abondamment ; vous serez moins prodigue, si de nombreuses tiges de grands arbres vous fournissent un épais ombrage. Il convient d'arroser de préférence la matin, une heure avant l'apparition du soleil ; au milieu du jour on nuirait à l'action des rayons de cet astre vivificateur ; le soir on donnerait prise aux gelées blanches, et l'on augmenterait inconsidérément la fraîcheur déjà très-grande des nuits : cependant on pourra arroser le soir du moment que le soleil devient moins perpendiculaire et que la ro-

sée commence à reparaître. Quand j'ai dit arroser abondamment, je n'ai point entendu qu'on le fît avec excès ;
les vaisseaux des plantes, surchargés d'une trop forte
quantité de fluide, s'oblitéraient pendant l'été , les fruits
légumiers, les racines nourissantes et les herbages perdraient la majeure partie de leur saveur, et seraient presque insipides. Les arrosemens du printemps doivent être
comme les pluies de la saison, multipliés, mais de peu
de durée : le but est de refraichir la surface de la terre.

En été, c'est tout le contraire ; quoique les plantes,
parées de leur belle verdure , voient leur feuillage parvenu au maximum de sa grandeur, et aient dans ces organes
les moyens de soutirer de l'atmosphère la plus grande
partie de leur nourriture, les arrosemens doivent être
fréquens et copieux. L'ardeur du soleil dessèche incessamment la terre , et son action est d'autant plus pres-
sante que les pluies sont moins fréquentes et de plus courte
durée. Les terres fortes qui se durcissent et se fendent par
la sécheresse doivent être arrosées plus copieusement que
fréquemment ; les terres légères et sablonneuses veulent
l'être au contraire plus fréquemment qu'avec abondance.
Comme les premières sont lentes à s'imprégner , elles
conservent l'humidité plus long-temps , tandis que chez
les secondes l'eau descend promptement à une profondeur hors la portée des racines , et qu'il importe d'en verser beaucoup pour qu'elle puisse tourner à leur profit. Il
faut arroser le soir afin que l'eau ait le temps de pénétrer
jusqu'aux racines ; en le faisant le matin , le soleil pom-
perait aussitôt jusqu'à la dernière particule humide.

L'automne étant la saison des pluies et en même temps
celle des dernières récoltes , les arrosemens à la main
doivent cesser. L'humidité répandue dans l'atmosphère
suffit à la végétation mourante. Il en est de même pour
l'hiver ; la terre , alors dépouillée de verdure , ne produit plus et se repose enveloppée du noir manteau des frimas. Mais dans les différentes espèces de serres, où la vie
des végétaux est entretenue par une température douce ,
on continue les arrosemens ; ils sont peu fréquens et très
modérés dans leur quotité, le but est plutot de tenir les
molécules de la terre liées entre elles que de fournir à la
plante un moyen d'accroissement. En multipliant les arrosemens , on augmenterait l'évaporation et l'on refroidi-

rait l'atmosphère de ces enceintes. Axiome général : On
perd plus de plantes de serres dans ces deux saisons par
trop d'arrosemens qu'il n'en périt faute d'eau. Quant aux
arrosemens par irrigations et immersions, il faut couvrir
d'eaux ses prés pendant deux ou trois jours sur la fin d'octobre, et répéter souvent cette opération jusqu'à l'approche de l'hiver. Pour la rendre égale partout, on nivelle
son terrain, et si la niasse d'eau dont on peut profiter n'est
point assez forte pour opérer l'immersion de toutes les
terres à la fois, des empellemens ménagés dans le fossé
principal donneront les moyens de la faire successivement
sur les divers points.

§. V. *Des eaux pluviales et d'orages.*

L'eau de pluie est rarement sans mélange, en tombant
elle se sature de substances gazeuses et autres suspendues
dans l'air. Les pluies d'orages sont encore moins pures ;
aussi exercent-elles sur les plantes une action puissante et
infiniment supérieure à celles des arrosages les mieux faits
et les plus multipliés. Cet engrais météorique n'est autre chose, comme le dit ROZIER, que les propres exha-
laisons de la terre retombant sur sa surface après avoir
éprouvé, dans l'immense réservoir de l'atmosphère, de
nouvelles combinaisons. Il est donc avantageux de ramasser les eaux de pluie et de les faire servir à l'irrigation
régulière des terres. On creuse à cet effet une grande
mare dans l'endroit où l'on remarque que plusieurs courans d'eau se réunissent naturellement ; et à l'aide de la
charrue on établit de divers autres côtés des saignées
pour en augmenter la masse. Ce réservoir se remplit
promptement les jours d'orage, de pluie forte ou prolongée. Quand la sécheresse ou quelqu'autre cause demande
l'emploi de l'eau qui s'y trouve contenue, on lève les vannes et elle se répand dans les tranchées successives formées en zig-zag et tracées à travers les terres, suivant la
direction du niveau. On laisse ainsi séjourner l'eau sur le
sol pour qu'elle y dépose le limon dont elle est chargée,
et qu'elle se combine avec l'humus formé par les engrais
précédens. Nous connaissons des propriétaires qui emploient ce moyen, et qui ont imaginé de placer dans les
petits canaux de distribution qui aboutissent à la mare ;

des couches de marne que l'eau traverse et qu'elles enrichissent de nouvelles particules fructifiantes. Celui la donc
est sans excuse qui, par sa position topographique, se
trouve privé de sources ou de ruisseaux, néglige les eaux
pluviales ou bien les laisse traverser ses champs en larges torrens. Il abandonne de gaîté de cœur une foule de
principes propres à augmenter le produit de ses récoltes,
et d'offrir à ses bestiaux des pâturages abondans ; il ap-
pauvrit ses terres quand il pourrait les enrichir. Il faut
avoir soin de faire arriver les eaux pluviales dans une rigole qui borde le pré, afin que ce soit par la submersion
qu'il soit arrosé et que toutes ses parties jouissent du bénéfice des eaux. On doit également éviter que les fonds
ne deviennent fangeux et marécageux : par les fossés d'é-
coulement on atteindra à ce but. Le nombre des canaux
et rigoles peut être proportionné à l'étendue de la prairie,
comme celui des fossés de desséchement doit l'être à la
quantité des bas-fonds.

§. VI. *Des Eaux de mer*.

Ces eaux peuvent être utiles ou nuisibles à l'agriculture ;
si elles séjournent trop long-temps sur le sol, elles y déposent un limon bitumineux qui rend la terre rebelle à
l'action de l'air et à celle des instrumens aratoires ; elle
ne peut nourrir que les soudes (*Salsola kali* et *soda*) et le
tamaris (*Tamarix gallica*) qui se plaisent dans les lieux
saturés de muriate de soude ou sel marin. Si les eaux
de mer couvrent et découvrent alternativement un terrain,
on peut le convertir en prairies salées excellentes, que
l'on sait être de première qualité pour les bestiaux, ou
bien en champs fertiles, non pas en ouvrant le sol, comme
on le fait d'ordinaire, pour y semer de l'orge d'été, de
l'avoine et du trèfle qui s'enracinent peu profondément ;
mais en l'arrosant pendant quelques mois d'eau douce,
et ce qui est préférable pour les terres marécageuses, en
le saupoudrant de chaux. En s'unissant au muriate de
soude, déposé par les eaux de mer, cette substance diminue ce que la magnésie à de nuisible ; elle neutralise l'aigreur du sol et donne un véhicule aux plantes qui lui
sont confiées.

Pour dessaler les laisses de mer, on coupe le sol par

de larges sillons superficiels, très-distans entre eux et
disposés dans la direction de la pente du champ, afin de
faciliter la marche des eaux pluviales qui doivent l'amender dans le même temps qu'elles entraînent avec elles le
sel qu'elles ont dissous, ou bien l'on submerge momen-
tanément ces mêmes sillons au moyen d'une eau courante que l'on amène de la partie la plus élevée, qu'on
introduit successivement dans chaque sillon, et qu'on y
maintient à l'aide des digues dont on entoure les terres ;
on y retient l'eau plus ou moins de temps, mais assez
pour qu'elle se sature de tout le sel qu'elle peut dissoudre :
on réitère l'opération jusqu'à ce que la terre soit suffisamment dessalée, après quoi on l'ensemence. Ces deux
moyens sont employés sur les bords de la Méditerranée,
particulièrement dans l'arrondissement de Narbonne.

Les terres nouvellement dessalées sont d'une grande
fertilité qu'elles conservent long-temps. Les longues sécheresses et surtout les grandes chaleurs attirent à la surface des particules salines que retiennent les couches inférieures, quand ces terres sont consacrées à la culture
des céréales, et l'action corrosive du sel détruit en peu
de temps l'espoir des plus belles récoltes. Pour prévenir,
ou disons mieux, pour diminuer cet inconvénient, il est
essentiel de couvrir le sol après l'ensemencement d'une
couche légère de substance végétale qui, d'une part, diminue l'évaporation de l'humidité ; et de l'autre modère
la transsudation saline. Les cultivateurs de Beaucaire, St-
Gilles, Fourques, etc., jettent sur leurs semences une
couche de roseaux, ceux des environs de Narbonne emploient à cet usage la balle du froment ; d'autres sèment
le salicor, (*Salsola soda*) avec le froment, afin d'obtenir
une récolte abondante en grains si la constitution atmosphérique est plus humide que sèche, ou bien une de soude
si, au contraire, elle a été plus sèche qu'humide.

Les blés obtenus sur les terres suffisamment dessalées
sont riches en poids et en qualités. L'herbe qui y croît
spontanément est fine, délicate et très-nourrissante ; elle
donne un excellent goût à la chair des animaux. On attribue à leur voisinage une grande partie des qualités qui
distinguent le miel des Corbières, connu dans le commerce
sous le nom de *miel de Narbonne* ; et ce qui semblerait

justifier cette conjecture, c'est que cette substance diminue de bonté et de beauté à mesure que l'on s'éloigne des
bords de la mer.

§. VII. *Eaux du rouissage des chanvres et lins.*

Plusieurs cultivateurs estimables pensent encore que les
eaux du rouissage doivent être abandonnées, parce que,
disent-ils, elles épuisent le sol sans lui rien restituer.
C'est cependant une erreur que le hasard a montré être
réellement fâcheuse. On étendit du chanvre roui sur un
pré dont l'herbe était aigre et grossière ; quand on l'en-
leva, les bestiaux mangèrent cette herbe avec plaisir :
elle était alors de bonne qualité. Celui qui fit cette observation, en conclut qu'il pouvait tirer parti d'une eau dont
chacun repoussait l'emploi ; il en arrosa ses prairies :
l'effet en fut étonnant, et le produit du terrain fut quin-
tuplé. Le sédiment que le rouissage laisse dans cette eau
en double les propriétés et en fait un excellent engrais,
très-actif, formé en peu de jours, bon à être employé de
suite et dont l'action est aussitôt sentie.

Guidés par l'analogie, des propriétaires ont pensé qu'ils
pouvaient employer aussi toutes les eaux de fosses se trouvant dans un état de putridité, qu'il leur serait avantageux d'ouvrir sur leur terrain une ou plusieurs mares,
où ils déposeraient un certain nombre de plantes reconnues être les plus propres à opérer promptement la pu-
tréfaction de l'eau, pour ensuite la répandre par des petites rigoles dans les prés. C'est en effet un moyen certain
d'avoir des récoltes de foin très-abondantes et de première qualité ; mais, comme souvent on est disposé à
pousser à l'excès une méthode reconnue avantageuse, il
est bon d'avertir que ces mares ne doivent pas être trop
multipliées ; ni être établies dans le voisinage des habitations, parce qu'elles altèrent volontiers la pureté de l'air,
et qu'elles exercent sur l'homme et les animaux domestiques une influence pernicieuse.

§. VIII. *Des inondations.*

Les inondations sont causées par la fonte des neiges et

par celle des glaces, par les orages et les pluies continues. Les plus considérables et en même temps les plus avantageuses, quand elles ne sont point excessives, sont celles provenant de la fonte des neiges et des glaces, parce qu'elles déposent sur les prés et les champs un limon précieux, qui devient un puissant engrais. J'entends parler de celles qui arrivent à la fin de l'hiver, car celles du printemps et de l'été, loin d'offrir d'utiles ressources, sont désastreuses; elles en sablent les prairies, renversent les récoltes, détruisent l'espoir le mieux fondé, quelquefois même elles dépouillent le sol d'une grande partie de la terre végétale ameublie par les labours.

Veut-on profiter du limon que les eaux apportent sur le sol et de l'humidité salutaire qu'elles impriment à la terre? il faut redresser le cours des rivières et torrens, débarrasser leurs lits de tous les obstacles qui pourraient suspendre le passage accéléré de leurs eaux au moment d'un débordement, donner à leurs lits la largeur et la profondeur nécessaires et élever sur les bords un talus calculé sur cette profondeur. Mais en redressant le cours des rivières et torrens, il importe de ne point conduire leurs eaux en ligne droite, elles deviendraient trop rapides, surtout dans les pays où la pente naturelle est déjà considérable. Les retenues fixes, quelles qu'elles soient, doivent être supprimées et remplacées par des vannes, des écluses ou toutes autres constructions mobiles, au moyen desquelles on facilite à volonté les inondations utiles, ou mieux encore en adoptant une construction fort ingénieuse que l'on trouve en usage dans le département de la Vienne. Cette construction consiste dans de grandes poutres mouvantes par un bout sur un axe commun qui est élevé à l'un des bords de la rivière, et attachées par l'autre bout avec des chaînes de fer à un montant placé à l'autre bord. Suivant qu'il est nécessaire d'inonder le sol, de conserver les eaux ou de leur faciliter un écoulement plus ou moins libre, ces poutres superposées demeurent attachées pour barrer entièrement la rivière; on en lâche une, deux, trois ou enfin on les laisse aller toutes suivant les circonstances; c'est par le moyen d'un tour que ces divers mouvemens sont dirigés. Ici l'effet de l'inondation est très-différent de celui des irrigations: ce n'est pas tant l'eau

que le limon que l'on a en vue. Peu importe qu'elle que
soit originairement la terre que l'on veut couvrir des eaux
limoneuses des inondations : un marais, une glaise stérile, un sable deviennent fertiles, parce que dans le courant d'un été, souvent même dans l'espace de quelques
jours, une couche de 16 à 42 centimètres (6 à 16 pouces)
d'épaisseur s'est établie sur les endroits plats, et de un à
deux et même près de trois mètres dans les creux. La surface du sol ne s'est pas seulement élevée ; elle a acquis
aussi une fertilité extraordinaire. Son aspect est celui d'un
sable micacé ; des propriétaires qui ont limoné leurs terres
assurent qu'il est peu d'améliorations agricoles plus prom-
ptes, plus profitables, dont la durée soit aussi longue
et que l'on puisse renouveler plus aisément.

Lorsque les localités empêchent de recourir aux fossés
d'écoulement pour décharger le trop plein de ses champs,
on creuse un puisart ou seulement une marre dont les eaux
servent ensuite à rafraichir le sol pendant les grandes chaleurs et les longues sécheresses.

On peut aussi s'opposer aux ravages des inondations,
en coupant les terrains situés dans le voisinage des eaux
courantes, par des haies transversales composées d'arbustes semés sur place. On taille ces haies à la hauteur d'un
mètre à un mètre et demi (3 et 4 pieds) ; elles rompent
l'impétuosité des vents et des eaux sans nuire d'une manière sensible à la circulation de l'air, et leurs racines, qui
tracent peu, ne font aucun tort aux plantes destinées à végéter dans leur voisinage. Un vaste champ, ainsi coupé,
forme plusieurs clos où la pâture et la garde des bestiaux
sont extrêmement faciles. Il permet de faire succéder les
chevaux aux bœufs et vaches, de mettre ensuite les moutons et les veaux, et enfin les porcs qui affouillent le sol,
le nettoient des racines, et le préparent pour des cultures
successives. Les arbustes les plus convenables pour ces
sortes de haies, sont l'aubépine dans le nord de la France, et l'azérolier (*Mespilus azarolus*) dans le midi ; viennent ensuite le néflier, le genêt, l'ajonc, l'épine-vinette,
le liciet, etc., entremêlés à des distances convenables de
tiges de cerisier à grappes (*Prunus padus*), de noisetier,
etc., etc.

Pour éviter l'entraînement des terres, ouvrez de distan-

12.*

ce en distance des bandes transversales, larges de deux bons mètres, semez-les de sainfoin, de luzerne ou de graminées vivaces, il en résultera une croûte épaisse végétante qui fixera les terres et permettra de les ramener par un simple labour à la bêche.

LIVRE DEUXIÈME.

DES INSTRUMENS PROPRES A LA CULTURE DES TERRES.

Sous la dénomination générale d'instrumens agricoles, je comprends tous les outils, ustensiles et machines plus ou moins simples dont on fait usage pour la culture et le meilleur entretien des terres. Afin de donner plus d'ordre aux connaissances que nous devons successivement acquérir, je diviserai la matière de ce livre en trois chapitres : le premier traitera des instrumens propres à défoncer les terrains : dans le second, je parlerai de ceux nécessaires aux plantations ; et le troisième fera connaître ceux employés dans la grande culture, de laquelle je m'occupe spécialement, et à laquelle est consacré cet ouvrage, prélude d'un plus considérable qui doit embrasser toutes les parties de la maison des champs et auquel je travaille sans relâche.

CHAPITRE PREMIER.

INSTRUMENS POUR LE DÉFONÇAGE DES TERRAINS.

Les instrumens employés à défoncer un sol sont de plusieurs sortes, et s'adaptent à la nature du terrain et au genre de culture auquel on le destine. Ce sont des pics, pioches, hoyaux, tournées, pelles, échoppes, la charrue à coutre, les claies et l'extirpateur ; et pour le transport des terres, des racines ou des pierres, ce sont des brouettes, civières, barres, mannes, camions, diables, charrettes et tombereaux.

1. Le Pic.

Le *Pic* est employé dans les terrains où le tuf descend
à une petite profondeur, et plus particulièrement sur les
montagnes dont les pentes sont rapides ; comme il s'agit
ici plutôt de casser la roche que de remuer la terre, le
pic prend des formes différentes. Il est triangulaire ou simple quand on doit ouvrir et déliter la roche pour la plantation de la vigne ; dans quelques localités, il est à taillant et à marteau. Doit-on casser la pierre calcaire, le tuf
friable, pour y mettre des arbres et surtout des mûriers et
oliviers ? le pic est à un et même à deux taillans opposés,
l'un horizontal et l'autre vertical, afin de fouiller plus
avant et d'ouvrir plus aisément des tranchées Cet outil est
divisé en deux parties ; la portion en fer est une lame forte, courbée et terminée en pointe vers le bout, et le manche auquel on la fixe est fait en bois de frêne, d'érable ou
de pommier sauvage, cylindrique, bien sain et parfaitement sec. Ce manche est court ou long selon les habitudes
contractées par celui qui se sert du pic.

2. La Pioche.

La *Pioche*, étant destinée à défoncer des terrains moins
durs que ceux pour lesquels on a recours à l'emploi du pic,
sert particulièrement à fouir la terre, à la débarrasser des
pierres qui nuiraient à sa fertilité et à la régularité des semis, à tracer des rigoles pour la plantation des haies de
clôture, et à ouvrir les fossettes pour le provignage de la
vigne. Elle est d'ordinaire large de huit à dix centimètres, recourbée et emmanchée à angle droit à l'extrémité d'un bâton cylindrique en frêne, d'environ qua-
tre-vingt-un centimètres. Son fer est plus large et plus
arrondi que celui du pic ; il est oval quand on veut ouvrir
des fossettes sur les montagnes pierreuses, pour y provi-
gner la vigne, et lorsqu'on doit déblayer les terres ; il est
à deux fins, pointu et à marteau carré, quand il faut opérer dans un sol plus montueux et plus pierreux, où l'on
désire planter de la vigne on lever des arbres.

3. Le Hoyau.

Le *Hoyau*, réservé pour les terres qui ont de la profondeur , sans être compactes , et dont la surface n'offre qu'un petit nombre de pierres , à la lame aplatie en biseau et le manche recourbé. L'œil ou la douille est assez fort pour briser les mottes de terre ou les cailloux peu durs. Pour pratiquer le défonçage au hoyau , tandis que des ouvriers ouvrent un sillon de 65 centimètres ou 2 pieds sur toute la longueur du terrain, et auquel ils donnent la profondeur convenable au genre de végétaux à cultiver , d'autres enlèvent avec des pelles le fond du sillon , le jettent sur la crête et émiettent la terre qui constitue le fond nouveau. J'ai dit que la profondeur était relative à la nature du végétal destiné à germer, croître et périr enfin dans le sillon après avoir fourni son fruit ; elle est de 27 à 30 centimètres pour les plantes annuelles à racines chevelues ; de 40 à 48 centimètres pour les plantes bisannuelles et vivaces à racines pivotantes, et de 8 à 10 décimètres pour les arbres.

4. LA TOURNÉE.

Propre à faire des tranchées dans toutes les sortes de terrains, spécialement dans ceux où l'argile et les pierres dominent, et où il se trouve beaucoup de racines ligneuses et profondément enfoncées , la *Tournée* a le manche court , le fer très-lourd , recourbé et terminé en pointe d'un côté , droit et coupant de l'autre. L'usage de cet instrument est très-fatigant , mais il expédie vite et bien , ce qui n'est point à dédaigner dans une opération qui demande de la promptitude. Quand la quantité des pierres passe la proportion de la moitié de la terre, on donne plus de profondeur au sillon ouvert , afin de placer au fond une partie des pierres que l'on recouvre ensuite d'une quantité suffisante de terre végétale passée à la claie , mais on les enlève toutes et l'on remplit le sillon de terres de rapport si l'on doit planter des arbres.

5 PELLES.

Il ne suffit pas de faire des tranchées ; il faut parachever le travail que les pics, pioches et hoyaux ne font que préparer, en enlevant les déblais et remblais de terre, et rendre le fond le plus égal possible. On se sert à cet effet de *Pelles* en bois ou en tôle forte, cintrées au milieu, et munies les unes d'un long manche, et les autres d'un manche courbe. La meilleure pelle est celle qui coupe comme la bêche et ramasse comme la pelle.

6. ECOPPES.

Si les fouilles produisent de l'eau, ou que celle tombée du ciel s'y soit accumulée, on a des *Ecoppes* au moyen desquelles on les vide, et l'on jette l'eau sur les gazons voisins ou dans les eaux courantes à la portée.

7. CHARRUE A COUTRE.

Le sol est-il en plaine, depuis long-temps en friches et couvert de genêts; bruyères, ronces et autres arbustes dont les racines fortes et nombreuses, s'entre-croisent mutuellement, et ont jusqu'à cinq et huit centimètres de diamètre, il faut rejeter les outils dont nous venons de parler, et se servir d'abord d'une *Charrue à coutre*, et ensuite d'une autre charrue à soc et à versoir. Deux hommes bien entendus et un bon attelage de quatre à six chevaux font dans un jour plus que cinquante hommes ne pourraient faire à la pioche dans le même temps, et en travaillant beaucoup. La première de ces charrues déchire le sol, ouvre sur toute sa surface des sillons profonds; la seconde laboure et dispose la terre, si elle est de bon aloi, à la culture des céréales, ou si elle est sableuse et aride, à recevoir des semis d'arbres verts. La charrue à coutre doit être calculée sur la force du travail auquel elle est destinée, c'est-à-dire solide, d'une puissance à toute épreuve, construite dans des proportions exactes, armées d'un coutre en fer forgé, large, d'une forme demi cirulaire, bien tranchant, ayant des roues d'un grand diamètre qui mettent la ligne du tirage à la hauteur du front des bœufs ou du poitrail des chevaux, et décomposent la force par une traction oblique. Je ne donnerai point le détail circonstancié de cet instrument : d'abord parce que, quelle que soit la description d'un outil compliqué ou non, on reste toujours au-dessous de son sujet, on se fait peu comprendre et l'on n'aide réellement pas ceux qui veulent vous suivre pour en entreprendre la construction; ensuite parce qu'on s'est occupé dans plusieurs départemens à donner plusieurs instrumens propres à remplacer, avec quelque avantage, la charrue à coutre. Et comme il me serait impossible de les nommer tous et de fournir sur chacun des renseignemens suffisans, je m'en tiens à celui dont j'ai fait usage et qui se trouve dans un très-grand nombre de localités différentes. J'ajouterai seulement ici que, parcourant les landes du département de la Loire-Inférieure, j'ai vu joindre trois autres coutres au coutre primitif, dans le but d'appliquer la puissance au point où s'exerce la plus grande résistance, et débarrasser facilement des terres tellement encombrées de racines, qu'avec une charrue à un seul coutre on ne pouvait, malgré un attelage de huit forts chevaux, entamer même à une petite profondeur. Les coutres additionnés sont de longueur inégalement progressive ; ils suivent le premier, sont dentés ou plutôt coupés sur l'angle de devant par une forte entaille acérée, bien aiguisée, ce qui leur imprime la forme et l'effet d'une scie. Mis en jeu, le premier coutre du côté de l'attelage entre en terre au plus de 27 à 54 millimètres (1 à 2 pouces), et entame, par deux secousses successives, la souche ou racine qu'il rencontre ; le second coutre, un peu plus long, prend aussitôt la place du premier ; comme lui il entame la racine par deux nouvelles secousses, mais à une plus grande profondeur ; arrive le troisième qui augmente l'entaille faite par ses devanciers ; rarement la racine lui résiste ; cependant si elle n'était pas entièrement coupée, le quatrième coutre qui s'avance la reprend en dessous, du côté opposé à l'entaille déjà faite, et l'entraîne nécessairement (1).

8. Claies.

Les *Claies* en bois, employées dans l'importante opération du défonçage, se placent au-dessus de la jauge ou sillon : on lance contre la terre que l'on veut émietter, épierrer complétement, et purger des racines traçantes du chiendent, du liseron, de la traînasse (*Poligonum aviculare*), etc., pour la rendre plus propre aux cultures des plantes herbacées, ou bien à assurer la reprise des grands arbres.

(1) Dans la pl. 1., je donne la figure et tous les détails de la *Charrue Grangé* comme la clef de toutes les améliorations à faire aux autres charrues en usage.

9. Extirpateur.

De tous les instrumens aratoires que le génie de nos mécaniciens invente chaque jour ou que l'expérience inspire à des propriétaires ruraux exploitant par eux-mêmes, il n'en est point qui ait obtenu l'approbation la plus générale et la moins contestée comme l'*Extirpateur*. Né chez les Anglais, il s'est répandu promptement partout où l'art de cultiver les champs est honoré ; il a reçu de grandes modifications, et maintenant il n'est pas d'instrument aratoire plus convenable pour donner en peu de temps à la terre un labour profond, pour la nettoyer de toutes les mauvaises herbes, la diviser et l'ameublir, préparer les semis et exécuter les diverses façons nécessaires au parfait développement des plantes sur lesquelles est fondé le noble espoir du cultivateur. On se sert de l'extirpateur non seulement pour rompre les chaumes et préparer de nouvelles récoltes, mais encore pour retourner les vieilles prairies remplies de carex, de joncs, de typha et autres végétaux nuisibles aux fourrages ou d'une inutilité complète pour l'économie rurale. Son emploi n'exige pas plus de temps ni de dépense de force que la herse ordinaire ; les neuf, onze ou treize socs d'égale longueur dont il est armé ne laissent aucune portion du sol sans la remuer dans tous les sens : ceux de devant, ronds et convexes, coupent la terre et la jettent devant ceux de derrières taillés en forme de coin, qui en la déplaçant de nouveau, la brisent et l'émiettent. Il remplace avec avantage le labour de printemps dans un terrain qui a été labouré en automne, et convient à tous les sols, surtout à ceux de nature argileuse.

10. Brouette.

Le défonçage une fois opéré, il faut transporter les terres pour opérer leur mélange, enlever les pierres, pour relever les murs, réparer les bâtimens, rassembler les racines ligneuses et les plantes herbacées pour s'en servir comme chauffage, ou comme moyen d'augmenter la masse des fumiers : on emploie à cet effet la brouette et les autres machines que nous allons nommer successivement.

La *brouette*. Instrument des plus nécessaires à l'exploitation d'une ferme ; cette petite voiture, très simple, très expéditive et très économique, qu'on peut mouvoir sans effort et avec facilité, s'adapte à tous les travaux de la grande et de la petite agriculture. Avec elle, on peut faire toute espèce de mouvement de terre, en plaine comme dans les lieux élevés, de fumier, de pierres, gravier, fourrages verts, secs, etc ; avec elle, un enfant de douze à quinze ans est capable de transporter au delà 'u triple de la charge d'un homme, tout en se fatiguant beaucoup moins et dans un moindre délai. Ses avantages sont incalculables ; aussi pour les obtenir tous doit-on ne rien épargner dans sa construction ; il faut employer du bois de bonne qualité, ferrer les jantes de la roue pour augmenter sa solidité et prolonger sa durée. En épargnant, en lésinant sur ces points essentiels, l'on s'expose à une plus forte dépense par le besoin sans cesse renaissant de réparations. Il n'est pas un propriétaire qui ne connaisse les plus petits détails de son exécution, et il n'est point de charron qui ne soit en état d'en fournir de bonnes. La brouette est d'invention assez récente ; elle est due à notre célèbre Pascal, et date de l'année 1654. Malgré son utilité, elle est encore méconnue dans un grand nombre de localités méridionales.

11. *Civière.*

D'un usage plus ordinaire dans ces parties de notre beau pays, la *Civière* proprement dite, et les *Barres*, qui ne sont autre que le brancard dans sa simplicité primitive, doivent être réservées pour les fardeaux trop volumineux, comme elles le sont dans le nord. La brouette est beaucoup plus expéditive. Les *Mannes* et autres paniers servent à transporter les petites quantités de fumier, ou à ramasser les pierrailles qui ne sont pas assez nombreuses pour être mises en tas à chaque pas.

12. *Camion*

S'agit-il de transports fatiguans et embarrassans, on a d'abord recours à l'usage du *Camion* que traînent deux hommes, ou bien on emploie le *Diable*, sorte de petit chariot composé de trois fortes pièces de bois liées ensem-

ble par des traverses , porté sur deux petites roues massi-
ves , que peuvent conduire deux ou trois hommes, suivant
la charge : on se sert quelquefois de bricoles pour ce tirage , et dans ce cas on augmente le nombre des tireurs. Cet
instrument, dont l'invention remonte à plus d'un siècle ,
est très commode pour le transport de gros fardeaux à de
petites distances ; il est très usité à Paris pour les quartiers
de pierre , etc. Si les charges sont trop fortes , il vaut mieux
employer les *Charrettes*, que l'on attelle avec un cheval ,
deux bœufs, ou des ânes, ou mieux encore les *Tombereaux*.
Quant à moi je donne la préférence au *Haquet* , dont nous
devons l'invention à l'architecte PERRONET. C'est une espèce de tombereau très simple dans sa construction, remarquable par sa légèreté , et d'une grande facilité à charger et à décharger. Un cadre de bois d'orme ou de chêne,
terminé par un brancard et porté sur deux roues élevées ,
présente une caisse que traverse l'essieu sur lequel elle est
établie et tourne. Cette caisse, de quelques centimètres moins
haute que les roues, est une sorte de trémie arrondie dans
sa partie inférieure ; elle est maintenue en équilibre par un
crochet ou une chaîne en fer attaché sur la traverse du devant. Quand elle est remplie de pierres , de sable ou de
terre , et que l'on veut la décharger, on détache le crochet,
on lui donne un léger mouvement, l'équilibre est bientôt
rompu , la caisse se renverse sur le derrière et laisse tomber sa charge. Relevée ensuite, on accroche la chaîne ,
et l'on fait un nouveau voyage. Pour tirer ce haquet , il
suffit d'un petit cheval ou d'un âne bien nourri. Sans doute ce moyen de transport ne débite que de moyennes quantités , mais il permet d'en multiplier le nombre sans fatiguer beaucoup l'animal attelé, et cette considération est
importante, car s'il convient de faire en agriculture, c'est
de bien faire et de ménager autant les forces des hommes
que celles des animaux attachés à la ferme.

CHAPITRE II.

CHAPITRE II.

INSTRUMENS POUR LES PLANTATIONS.

L'art des plantations est étroitement lié à la prospérité d'un établissement rural, non seulement il tend à l'embellir, mais encore à lui assurer des ressources qui tripleront les avantages résultant toujours des terres bien cultivées. Pour obtenir ces avantages il ne suffit pas de planter beaucoup, il est essentiel de le faire avec intelligence. Commençons par examiner les différens outils nécessaires à cette importante opération, et en donnant à chacun un coup d'œil convenable, sachons l'emploi que nous pouvons en faire ; nous apprendrons plus tard tout ce qu'il est utile de connaître et de pratiquer pour planter en temps opportun, pour faire choix des individus et leur donner les soins propres à chacun d'eux. Pour le moment assemblons nos outils. Les premiers nous serviront à niveler le terrain, à tirer des lignes, à fixer des distances régulières ; les autres à ouvrir des tranchées, à disposer les arbres et arbrisseaux, à leur donner une assise convenable et à les parer.

Les *Jalons à mire*, établis sur des piquets en bois d'acacia, se plantent en terre à des distances calculées au moyen de la *Chaine métrique*, que l'on prolonge aussi loin qu'on le veut à l'aide de *Cordeaux* en ficelle lisse ou à nœuds ; armé de *Traçoirs à pic et à taillant*, on ouvre des lignes plus ou moins profondes, larges ou étroites ; puis avec le *Plantoir* on fait des trous pour les jeunes plantes, ou bien avec la *Pioche* ou la *Bêche* on fait des tranchées pour les arbres qu'on transplante.

On dispose l'arbre que l'on déplante pour le mettre ailleurs, à l'aide du couperet, de la serpette, de la scie et du couteau ; on le pare en se servant de l'échenilloir, de l'ébourgeonnoir et du greffoir. Le *Couperet* s'emploie à couper la tête et les grosses branches qui peuvent nuire à la reprise ; la *Serpette* enlève les branches moins fortes ; la

Scie sert à supprimer les chicots et les parties mortes, et le *Couteau* à trancher les mottes de terre et le chevelu qui talle trop. Avec l'*Echenilloir* nous enleverons les petits rameaux qui recèlent des cocons de chenilles, ou paraissent souffrir de la présence d'autres insectes; avec l'*Ebourgeonnoir* on supprime tous les brindilles, hors de la portée de la main, qui naissent sur le tronc ou les principales branches, et avec le *Greffoir* on force le sauvageon à donner des espèces utiles ou agréables.

Quand on doit se procurer ces divers instrumens, il faut les choisir de bonne qualité, fabriqués avec soin, bien trempés et faciles à manier. Le goût peut présider à la recherche des formes, mais il convient de rejeter avec dédain tout ce qui porte des ornemens inutiles; nul doute qu'en leur sacrifiant on a négligé l'essentiel. La plus grande simplicité doit régner dans la maison des champs, comme l'utilité constituer la base de tout ce qui vient y prendre place, de tout ce qui en sort.

Je ne donne point la description des divers instrumens employés pour les plantations, ils sont tous d'un usage populaire; seulement je ferai sentir combien il est utile de bien choisir les trois derniers: ils sont de la plus haute importance, et décident du succès des opérations de la culture.

CHAPITRE III.

INSTRUMENS EMPLOYÉS POUR LA CULTURE PROPREMENT DITE.

INVENTÉS pour donner une nouvelle puissance à la force physique de l'homme et des animaux qu'il est parvenu à associer à ses besoins et à ses travaux, les instrumens que nous allons étudier nous deviennent tellement importans qu'il nous faut connaître leurs détails, afin de les adapter à la nature de nos terres et au genre de culture auquel nous pouvons nous livrer. Comme ces instrumens sont d'espèces différentes, nous nous élèverons des plus simples aux plus composés : en conséquence, nous parlerons d'abord de ceux que l'on peut appeler *Instrumens de main* ; puis nous en viendrons à ceux dont on fait usage à l'aide des bestiaux. Quand on considère la diversité des outils à main, qui tous sont fabriqué pour une même fin, on se demande pourquoi le choix de la forme n'est pas toujours calculé sur l'emploi des forces et l'action des mouvemens physiques, sur la facilité du travail et les moyens de n'altérer aucunement la santé de l'homme. La plupart de ces outils forcent le laboureur à tenir son corps si fortement penché, qu'ils diminuent sa puissance, foulent les viscères du bas-ventre et ramènent sans cesse le sang à la tête. C'est particulièrement le manche qu'il faut améliorer ; sa plus grande inclinaison ne devrait jamais être au-dessous de 80 degrés ; les manches droits sont à rejeter, toute l'action devant porter sur le tronc où les muscles sont plus forts, plus épais, ils jouissent de peu de mobilité, et sont par conséquent moins sujets aux luxations. J'ai cru cette observation importante ; maintenant j'entre en matière.

1. *Houe.*

La *Houe* est le premier des instrumens à main pour la petite culture ; elle porte toujours l'empreinte de sa simplicité primitive, et se trouve généralement employée à fouiller le terrain avec plus de perfection que lors d'un premier défonçage, à donner aux champs, aux vignes et aux jardins de bons labours, quoique superficiels. Elle est composée d'une lame en fer, presque carrée, d'environ 32 centim. ou 1 pied de longueur, et d'un largeur uniforme de 24 à 27 centimètres (9 à 10 pouces). Dans la douille très courbée dont cette lame est munie, on enfonce un bâton de bois dur de 65 centimètres ou 2 pieds de longueur, formant avec la lame un angle d'environ 50 degrés. L'ouvrier, incliné et les jambes écartées, travaille en portant en avant son outil, qu'il tient à deux mains, et en rejetant la terre en arrière. Du premier coup la houe emporte de 8 à 10 centimètres (3 à 4 pouces) de la superficie du sol ; on revient plusieurs fois sur cette tranchée à raison de la profondeur que l'on veut donner à cette sorte de labour. Le travail est expéditif, il mélange assez bien les différen-

13.*

les couches, divise bien la terre et l'ameublit convenablement. Sans aucun doute il est fatigant et souvent il laisse à désirer, surtout quand il s'agit de préparer une terre
grasse et tenace après une légère gelée ou des pluies bat-
tantes, un sol embarrassé par les racines du chiendent et
autres plantes tracantes, ou par de gros cailloux. C'est pour
remédier à de tels inconvéniens que, dans le premier cas,
sa lame, large et plate, a été coupée en trois branches terminées en pointes longues de 40 à 48 centimètres (15 à
18 pouces), et que. dans le second cas, on l'a divisée en
deux branches, comme la fourche qui sert à remuer les fumiers et à les établir en tas réguliers.

2 Bêche.

Destinée à donner à la terre des labours plus profonds
et plus soignés que ceux obtenus au moyen de la houe, cet
instrument, d'un construction également simple, pénètre
d'un premier trait à près de 30 à 32 centimètres (10 à 12
pouces) de profondeur; il augmente la surface du sol qui
reçoit par suite une plus grande action des météores, en
d'autres termes, une plus grande masse de principes fécondans, et devient plus apte à nourrir les plantes qu'on lui
confie. La bêche est composée d'un manche en bois dur
d'un mètre au moins de haut, auquel est fixée une pelle
de fer dont la longueur varie de 21 à 24 centimètres (8 à 9
pouces) sur 21 centim. (8 pouces) de large dans sa partie
supérieure, et d'un sixième plus étroite par le bas L'ouvrier s'en sert debout, appuie sur le fer pour l'enfoncer
dans le sol, soulève la terre en inclinant le manche en arrière, et la jette en avant, de manière à ramener la couche inférieure à la superficie, et comme il opère en recu-
lant, la terre ainsi remuée a l'avantage de n'être point fou-
lée aux pieds. La forme et la longueur de la bêche varient
selon les diverses localités et à raison des usages auxquels
elle est employée. Elle est plus forte pour les gros labours
dans les terres argilo-calcaires, surtout quand la couche
végétale repose sur un fond marneux; elle est moins forte
pour les labours dans un sol sablonneux à la surface et
dont le fond se trouve encore plus sablonneux; elle est
plus petite et plus légère pour les terres meubles, et lorsqu'il s'agit d'enlever les plantes sans endommager celles

qui les avoisinent, les plantes malades ou appelées à une destination particulière. Dans les départemens du midi, la bêche a reçu d'utiles additions : ici c'est une *main* ou petite traverse ajoutée à l'extrémité supérieure du manche; là c'est un *hochepied* ou support adapté à son extrémité inférieure, précisément à la naissance de la douille. On fait usage dans certains cantons d'une *bêche à deux branches* avec hochepied, et dont les pointes sont carrées; elle sert aux temps secs pour les terres embarrassées de pierres et de débris de roches. Si les mottes que cette bêche enlève sont plus irrégulières et moins unies que celles formées par la bêche à lame entière, on a aussi remarqué que leur aspérité même les expose davantage à l'action de l'air, de l'eau et des météores qui doit les ameublir. Une bêche peut durer deux ans ; après ce temps elle est usée, il faut la remplacer; en continuant à l'employer, le labour serait nécessairement moins profond, et par suite le produit des récoltes beaucoup moindre.

Quand les deux branches de la bêche sont arrondies et terminées en pointe, l'instrument prend le nom de *fourche* ou de *bident ;* alors elle sert surtout à diviser la terre après le labour et à l'épurer des racines traçantes qu'elle peut contenir.

3. *Binette.*

Ainsi que son nom l'indique, cette espèce de petite pioche en fer s'applique au binage, c'est-à-dire à l'opération rurale qui laboure une seconde fois la terre précédemment travaillée, et que l'on a tort de ne pas appliquer à la grande culture comme elle l'est dans la petite. La binette a fait imaginer divers autres instrumens dans le but de donner une ou plusieurs façons aux récoltes, d'extirper les plantes parasites, et d'imprimer une nouvelle vigueur à la végétation des plantes cultivées: tels sont la *Serfouette* destinée au binage des végétaux rapprochés et délicats; la *Houette* qui sert à remuer la superficie de la terre; le *Croc à une, à deux* et *à trois dents ;* la *Houlette* dont on fait usage plus particulièrement dans les jardins. le *Sarcloir*, outil léger et commode que l'on confie surtout aux femmes, etc.

4. Charrue

La marche progressive des lumières, l'étendue et l'importance des travaux champêtres, la nécessité de les faire dans un temps limité et avec le moins de frais possible, ont fait inventer et adopter promptement la charrue.

D'abord très simple, elle consista dans une pièce de bois à laquelle on adapta un coin vers le milieu, ayant à l'arrière un manche et à l'avant un timon où l'on attacha un et deux bœufs. Avec le temps on innova, on perfectionna le premier ouvrage et l'on vit créer l'araire encore en usage dans le midi, puis les charrues plus ou moins compliquées dont on se sert dans le nord de notre France ; enfin l'on eut des charrues pour les diverses sortes de terres et pour chaque genre de culture. La meilleure fut celle qui, au gré du laboureur, coupait, divisait, renversait et ameublissait la terre selon ses besoins, faisait plus et de meilleur ouvrage à moins de frais.

Les parties principales de la charrue sont : 1º. le *sep*, fait d'un bois dur, ordinairement de poirier, de prunier ou de cormier, dont la forme est triangulaire, poli, avec ou sans roulette à son talon ; 2º. le *soc*, de forme et de grandeur diverses, mais en bon fer acéré, terminé en pointe aiguë avec ou sans ailes, de 48 à 97 centim. (18 à 36 pouces) de long, fixé au sep qu'il déborde toujours ; 3º. l'*age*, d'une seule pièce de bois léger, tel que hêtre, frêne ou tilleul, longue de 2 à 3 mètres (6 à 10 pieds), plus ou moins inclinée sur le sep, et s'attachant au joug ou bien à l'avant-train ; 4º. l'*oreille*, de forme partie concave partie convexe, faite de bois dur, poli, garni de fer, placée à droite ou à gauche du sep, et dont la destination est de relever et renverser la terre ; 5º. le *manche*, qui a une ou deux branches en bois de chêne plus ou moins recourbées; 6º. le *coutre* ou couteau de bon fer bien acéré, fixé à la flèche presque verticalement en avant du soc ; pour fendre la terre, couper les herbes et leurs racines ; 7º. l'*avant-train*, qui s'élève à la hauteur du poitrail de l'animal attelé, c'est-à-dire à 146 centim. (4 pieds 6 pouces) ; il est fait de bois léger, à une, deux ou trois roues de bois dont le moyeu est en frêne, les jantes de hêtre et les raies de chêne.

Pour l'attelage de la charrue on emploie indistinctement le cheval, l'âne, le mulet, le bœuf, la vache et le buffle: le bœuf est préférable en ce qu'il exige moins de dépenses, que son pas tardif ouvre mieux le sillon, l'aligne rigoureusement; il est aussi plus docile et plus patient.

On propose chaque jour de nouvelles charrues; certaines sociétés pronent, imposent même fort indiscrètement des modèles plus ou moins réguliers; la mécanique s'épuise en combinaisons de tout genre pour arriver au point de nous en donner une qui remplisse toutes les conditions exigées de cet instrument et qui puisse convenir à toutes les natures de sols. Prétention absurde, efforts inutiles qui légitiment l'indifférence et les craintes du propriétaire rural, l'induisent en erreur et l'entraînent à des frais en pure perte, quand il cède trop aisément au langage doré des novateurs et aux prestiges de l'enthousiasme du moment. Caton disait aux laboureurs de son temps : *Ne changez point votre charrue*, et cet austère Romain avait raison. Sans doute, quand la routine qui flétrit tout, qui ne raisonne et ne calcule jamais, s'appuie sur cette sentence pour repousser les leçons de la tardive expérience, les innovations utiles et nécessitées par le succès et les besoins actuels, on doit s'irriter et combattre le préjugé le plus absurde et le plus funeste; mais quand il s'agit d'améliorations irréfléchies, et d'avantages incertains, quand les changemens proposés sont dus au besoin de présenter du nouveau, ou bien à des spéculations mercantiles, il est de notre devoir de prémunir contre de misérables projets. Ce ne sont pas des créations nouvelles que nous demandons à la mécanique, mais des améliorations réelles aux machines et outils que nous employons. Nous ne pouvons point perdre ce que nous possédons, encore moins renouveler de suite notre arsenal agricole; les frais d'acquisition sont toujours nombreux, parce qu'ils deviennent la source nécessaire d'autres dépenses urgentes qui se lient à l'action même des premières. Sans détruire l'instrument adopté, nous voulons le voir perfectionner, et il peut l'être par quelques changemens qui diminueront l'emploi des forces, nous aideront à faire plus facilement un travail également bon, à donner à la raie plus de profondeur, plus de netteté, une largeur convenable, et pour ainsi dire à compléter dans un seul temps les nombreuses opérations du labourage.

Apportez-nous de semblables améliorations, et chacun s'empressera d'adopter des modifications que l'intérêt de l'humanité réclame. Déjà dans plusieurs départemens on s'est occupé de ce point de vue essentiel, et il en est résulté un mieux sensible qui persuade de suite même les plus entêtés. Il faut le moins possible déranger l'habitude; quand on la heurte avec violence, le bien n'arrive jamais; quand on la plie insensiblement aux modifications utiles, elle cède sans s'en douter, et l'on atteint le but en peu de temps. Ce n'est pas non plus en agriculture qu'on peut agir par engouement, il faut voir, voir encore et calculer toutes les chances avant d'agir : quand on a procédé de la sorte, il est permis de s'obstiner et de contraindre pour ainsi dire l'innovation à faire ressortir tous ses avantages. Le mieux est l'ennemi du bien. Nous sommes plus certains d'une amélioration que d'un instrument nouveau, tel parfait qu'il soit; et puis, comme je viens de le dire, les frais sont moins onéreux et les bras plus promptement façonnés.

Dès que l'on eut mis en parallèle la manœuvre facile de l'araire du Midi, qui s'applique sur tous les plans possibles, n'exige aucun changement dans quelque sens qu'on le tourne, et reçoit, sans difficulté, tel soc que ce soit du moment qu'il est de forme convenable au terrain, avec les formes lourdes et l'attirail de la charrue en usage dans nos départemens du Nord : on a cherché à supprimer les roues et tout l'avant-train qui la surchargent inutilement. En conséqence, on a voulu se rendre compte de l'action et de la puissance de chacune des parties constituant cette dernière charrue : les agronomes les plus instruits se sont unis aux meilleurs praticiens pour procéder à cet examen de la manière la plus utile à la science.

Après avoir pesé toutes les opinions, étudié la résistance que les différentes natures de sol présentent à l'instrument, et la force de tirage nécessaire pour la surmonter et remplir convenablement le but d'un labour bien fait, il a été reconnu, 1°. que les roues ne sont vraiment utiles que lorsque le fardeau pèse sur elles, qu'elles agissent comme levier, et qu'elles donnent de l'aisance au tirage; 2°. que l'avant-train est un moyen de masquer les vices de construction, qu'il précède la charrue sans aider à son action, et qu'il ne lui procure un mouvement plus ferme, un équilibre plus assuré, qu'aux dépens du labou-

reur obligé à une pression continuelle sur les branches ;
3°. que la présence de l'avant-train force l'age à peser inutilement sur lui, ce qui augmente réellement les frotte-
mens, imprime une fausse direction à la ligne du tirage,
et complique une machine qui veut être très simple, facile
à construire, à manier et à réparer par les mains les plus
grossières; 4°. qu'il était possible, en donnant à chacune
des pièces constituant l'ensemble de la charrue,
toutes les conditions d'exactitude et de rapport parfait qu'elles doivent avoir séparément et les unes entre les autres,
de s'emparer du seul avantage de l'avant-train, celui d'une
marche plus ferme, et de mettre à même le laboureur de
corriger sur-le-champ et sans grands efforts les écarts que
produit un obstacle accidentel.

Ces considérations d'une haute importance ont fait voir
l'utilité de la charrue sans avant-train, et amené les améliorations que l'on apporte sur tous les points de la France
à ce premier instrument de culture, dont la théorie est ren-
fermée dans les principes suivant: 1°. ouvrir le sol en ligne droit par la section verticale du côté gauche, et par
une section horizontale en dessous d'une bande de terre,
dont la largeur et l'épaisseur sont déterminées, retourner
cette portion de terre en la poussant et renversant sur la
droite, la rendre aussi meuble que possible, tel est le but
de la charrue ; 2°. la résistance s'exerce de la sorte sur le
côté droit, et comme elle presse contre l'ancien guéret,
le côté gauche devient aussi le régulateur de la direction ;
3°. le coutre ouvre le chemin à la charrue, et doit vaincre la résistance, ce qui nécessite une force suffisante ; il
faut donc le bien choisir, et qu'il ait plus de largeur que
d'épaisseur ; il est mince à son tranchant, tandis que son
dos est épais et uni, il précède la pointe du soc ; et a son
manche fixé dans l'age : d'une part, il est placé un
peu à gauche de la pointe du soc ; de l'autre, il s'é-
carte un peu à droite de la direction de l'age ; 4o.
le soc veut être large, d'une longueur proportionnée,
et avoir sa pointe légèrement courbée vers le bas : une
courbure trop forte augmenterait la résistance, et force-
rait à donner une pression considérable aux manches ; 5°.
le versoir, chargé non seulement de déplacer, mais encore de retourner entièrement et dans toutes ses parties la
bande de terre détachée par le soc, pour agir d'une ma-

nière uniforme et non par saccadés, doit être en fer de fonte, à surface courbe, s'appuyer immédiatement contre le
soc, et se décharger promptement de la terre qui le presse ; sans pour cela exiger plus de force de tirage ; 6°. l'a-
ge a besoin, pour remplir convenablement sa destination,
d'être assez élevé au-dessus de terre, afin d'éviter tout obstacle qui s'opposerait à sa marche ; et, comme le seul point
exerçant une influence positive sur la direction du tirage,
est celui où les traits sont fixés, il importe de bien déterminer cette hauteur et cette direction pour contrebalancer
la tendance du corps de la charrue à s'enfoncer dans la
terre (1), et éviter tout changement à l'assemblage de l'a-
ge, comme cela arrive trop souvent dans les charrues mal
construites ; 7°. les manches demandent à exercer leur action le plus près possible du centre de la résistance, et à
se prolonger en arrière pour y former un puissant levier,
au moyen duquel la main, appuyée légèrement sur eux,
donne à la pointe de la charrue la direction convenable
avec un très léger effort ; 8°. moins le corps de la charrue
est long, moins il exige de dépense de forces dans le tirage ; 9°. la conduite de la charrue est calculée d'après sa
construction ; a une bonne charrue, il suffit que le laboureur applique les mains comme s'il voulait plutôt la soulever que l'abaisser ; il faut qu'il se tienne droit et aisé dans
ses mouvemens : veut-il ouvrir le sillon, il soulève les manches pour aider à la charrue à pénétrer dans le sol, appuyer
ensuite légèrement jusqu'à ce qu'elle soit dans une position horizontale, et avoir l'œil attentif, non sur le contre, comme on le fait d'ordinaire, mais sur la pointe de
l'age, pour observer sa position sur le sillon ; 10°. les mouvemens de droite ou de gauche doivent être modérés ; dès
qu'on est forcé de les multiplier ou de faire continuellement le même mouvement, on peut être certain que le régulateur de la charrue est mal établi ; 11°. l'attelage doit
être fait avec des bœufs, le sillon en est plus régulier et
l'action du laboureur moins fatigante ; mais il vaut mieux

(1) Pour la profondeur ordinaire des labours, il suffit de placer
l'extrémité antérieure de l'age, à quarante-trois centimètres au-
dessus du plan horizontal de la semelle.

les atteler avec le collier qu'avec le joug : l'allure est infiniment plus prompte et plus aisée ; on n'a pas besoin d'a
nimer l'attelage ni du fouet ni de la voix ; 12° quand une
charrue est bien exécutée, que toutes ses parties sont en
parfaite harmonie les unes avec les autres , sa réparation
est toute simple , à la portée du plus pauvre ouvrier ; elle
se conserve long-temps et ses débris en fer remis à la
fonte offrent encore une ressource pour en établir une
nouvelle.

J'écrivais ces lignes en 1829 , époque à laquelle parut
la première édition de cet ouvrage ; ma voix a eu de l'é-
cho, mes vœux furent compris et du sein de cette foule de
machines et d'instrumens destinés au premier des arts,
qui, depuis un demi siècle , encombrent chaque année nos
expositions et nos conservatoires , on vit un garçon de ferme de la commune de Harol , département des Vosges ,
produire en 1832, un procédé dont il est l'inventeur , au
moyen duquel il n'est réellement plus besoin que d'un conducteur pour labourer , son procédé remplaçant positivement le laboureur. La charrue Grangé , ainsi nommée de
son auteur Jean-Joseph Grangé , est aussi simple dans
son principe qu'elle est féconde dans ses applications et
ses résultats. Elle offre l'aspect d'une charrue ordinaire à
avant-train , et n'en diffère au premier coup d'œil , que
par le lévier qui la surmonte pour maintenir le soc dans
la raie durant le labourage, et pour l'en faire sortir tout
en ménageant les forces du laboureur et celle des animaux. Elle n'est pourvue que d'un seul mancheron et cependant l'homme le moins exercé peut aisément le gou-
verner. Sa haie placée au-dessus de l'avant-train dans un
double montant en bois traversé d'une broche de fer , destiné d'abord à la soutenir, puis à l'élever ou à l'abaisser
à volonté, suivant le degré de profondeur qu'on désire
donner au labour. La haie au moyen de ce double montant,
ne peut tourner sur elle-même, ni s'incliner à droite ou
bien à gauche. Pour l'empêcher , en outre , de s'écarter
de la ligne directe qu'elle doit suivre, elle est retenue à
l'essieu par deux chaînes latérales susceptibles de s'allon-
ger ou de se raccourcir selon la largeur du sillon à tracer.
Un lévier ou barre de pression, dont l'extrémité est inva-
riablement liée aux armons de l'avant-train , passe sous
l'essieu qui lui sert de point d'appui , et vient ensuite s'ac-

crocher au mancheron : il fixe le soc en terre et remplace
l'action des bras de l'homme sur les charrues ordinaires..

Le problème est donc désormais résolu, et désormais
chaque localité peut, d'après les principes trouvés par
J. J. Grangé, par lui si bien appliqués, améliorer la charrue qui lui sert d'habitude, à laquelle le sol est façonné ;
car il faut bien se le persuader, il n'y a pas et il ne peut
point y avoir de charrue universelle. C'est pour avoir voulu en créer une que tant d'essais ont été malheureux, que
tant de combinaisons, de théories brillantes ont dû passer
comme l'ombre sans laisser de souvenir.

Le service signalé rendu par Grangé à l'agriculture, l'est
encore plus par le noble dévouement de cet excellent ci-
toyen ; il a livré à tous le fruit de ses veilles sans réclamer,
comme on le fait ordinairement, un brevet à monopole,
sans exiger la plus légère rétribution. Il fait le bien pour
le plaisir d'être utile, de payer sa dette à la patrie, aussi
pour la première fois une récompense nationale est allée
le chercher au milieu des champs, au milieu de ses rustiques compagnons ; elle est venue couronner l'homme de
bien, bénir ses travaux et recueillir l'assentiment de tous.
A la fin de mon ouvrage je donne une figure de cet excellent instrument, pour aider ceux qui veulent imiter l'exemple de son auteur.

Déjà son exemple a produit les effets que nous étions
en droit d'en attendre. André-Jean, de Peregny (Charente-
Inférieure, et Cogoureux, de Regnier (Tarn-et-Garonne),
ont apporté d'heureux perfectionnemens à la charrue de
leurs pays. Je les cite pour qu'on les imite, et que comme
eux, l'on déserte la voie tortueuse de la routine pour entrer franchement dans celle du progrès.

5. CROCHET.

Avant de parler de la herse et du rouleau qui terminent
le travail de la charrue, nous avons à nous entretenir du
Crochet. Sous ce nom, la maison des champs possède
plusieurs instrumens qui tous ont un emploi particulier.
Je dirai un mot de chacun d'eux.

Comme outil de culture, c'est un instrument dont on se
sert pour le labour des carrés et des allées d'un potager,
où l'on veut semer de l'orge, de l'avoine, ou planter des
pois et des haricots. Il a 27 centimètres (10 pouces) de
longueur, depuis la pointe des branches jusqu'au derrière

de l'œil ou emmanchure ; celle-ci doit avoir 128 millimètres (quatre pouces et trois quarts) de tour intérieur
pour la grosseur du manche qui porte 66 centimètres (2
pieds et demi) de long. Les branches ont 34 millimètres
(1 pouce et un quart) de large chacune , vers le haut et se
terminent en pointe , laissant 54 millimètres (2 pouces) de
vide entre elles , ce qui fait qu'elles ont toutes ensemble
122 millimètres (4 pouces et demi) de largeur extérieure.
Les taillandiers du faubourg St-Antoine , à Paris , les font
très-bien , et fournissent d'habitude les jardiniers de Montreuil près Vincennes. L'emploi du crochet est une des
bonnes pratiques à recueillir de ce pays si connu par la
perfection de la culture des jardins. Il est généralement
préférable à 'a binette , à la ratissoire et même à la bêche,
selon quelques praticiens , pour les binages ou labours
d'été des arbres fruitiers dans toutes les espèces de terrain.
Dans les terres légères , le crochet ne fait qu'égratigner ou
herser la superficie ; dans les terres fortes et froides , on
l'enfonce davantage pour donner entrée à la chaleur dont
elles ont besoin. Dans les terrains pierreux et difficiles à
labourer , il remplace avantageusement la houe. Le labour
au crochet est très-expéditif ; on doit beaucoup s'en servir
selon LA BRETONNERIE , quand on veut fumer le terrain,
excepté en hiver où l'on se sert de préférence de la fourche.

Les maraîchers ont plusieurs sortes de crochets : ils en
ont de 32 centimètres (1 pied) de branches , pour tirer ou
fouiller les longues racines comme les carottes , les salsifis, etc. ; ils en ont dont les dents sont carrées de la grosseur du doigt , et de la longueur de 21 centimètres (8 pouces) jusqu'à l'œil qui a 41 millimètres (1 pouce et demi) de
diamètre intérieur, et auquel on ajuste un manche de la
longueur de 86 centimètres (2 pieds 8 pouces) ; la distance entre les deux dents est de 68 millimètres (2 pouces
et demi) : ces crochets servent à tirer les navets. Les jardiniers font encore usage ordinairement d'un autre crochet pour charger de fumier les paniers d'un cheval. Les
vignerons emploient un crochet pour labourer les vignes.
Cet instrument a deux dents de fer recourbées et longues
de 32 centimètres (1 pied) avec une douille où s'emmanche un bâton de 48 centimètres (18 pouces). On appelle
aussi crochet un instrument dont on se sert pour arracher
les arbrisseaux et les buissons qui nuisent au labourage.

Cet instrument est composé d'un manche d'environ 129 centimètres (4 pieds) de long , d'un crochet dentelé et d'un autre crochet simple. On saisit avec le premier crochet le genêt, le bouleau, le jonc-marin, ou le buisson qu'on veut arracher ; on saisit sa tige avec le second crochet pour qu'elle ne glisse point ; après quoi , en pressant avec l'épaule sur l'extrémité du manche, on déracine et on enlève.

6. Herse.

Quand la charrue a terminé son travail , il convient de passer la herse pour briser les mottes, et unir la super-ficie du sol. Des chevaux, bœufs, mules ou ânes, con-duisent la herse , dont les dimensions sont calculées , ainsi que la forme , d'après la nature du sol. Dans une terre légère, labourée en temps opportun , et convenablement ameublie, le fagot d'épines attaché à une pièce de bois, et chargé de pierres, suffit pour donner cette façon, d'une manière aussi parfaite que possible : dans les terres for-tes, surtout après les pluies , il faut au contraire , une herse carrée ou triangulaire, en bois dur et bien sec, ar-mée de dents de fer, et dont toutes les parties soient as-semblées avec une grande précision. La herse complète alors ce que le labour a préparé , mais elle veut être em-ployée avec une entière connaissance des choses. Trop tôt mise sur le champ, elle déroberait la terre à l'action de l'atmosphère, et serait aussi nuisible qu'un labour mal fait ou trop fréquemment répété ; trop tard, vous inter-ceptez l'ordre des travaux, vous faites perdre au sol tous les avantages de l'ameublissement, et vous préparez aux bêtes de trait une fatigue considérable. Quand la herse n'est pas assez lourde, qu'elle marche par soubressauts continuels, sans écraser les mottes et émietter toute la sur-face du sol, il faut la charger de pierres ; un conducteur habile et surtout conservant bien son équilibre, se place dessus, et n'en dirige que mieux l'attelage. Une bonne herse couvre au moins une surface de deux mètres et demi à trois mètres carrés (25 à 30 pieds carrés). Les dents en fer opèrent mieux , durent plus long-temps , et offrent plus de solidité que les dents en bois ; elles doivent être légèrement courbées, espacées de 13 centimètres, ou 5 pouces les unes des autres, et avoir une égale longueur en saillie.

7. Rouleau.

Après avoir hersé, l'on est dans l'usage de rouler. Cette méthode convient à toutes les sortes de terrains, mais plus particulièrement aux terres légères sujettes à se crévasser. On roule les mars, les labours d'été et les blés, aussitôt qu'ils sont mis en terre. Il y a de l'avantage à rouler de nouveau les blés, dans le courant de mars ou le commencement d'avril, surtout quand ils ont souffert d'un hiver rigoureux. On se servait autrefois de rouleaux d'une faible dimension, on a depuis reconnu combien cette faute est grande, puisque l'utilité du rouleau est toute dans sa masse. Le cultivateur qui se sert du rouleau de pierre, entend mieux son intérêt que celui qui n'emploie qu'un arbre de moyenne grosseur. On en a aussi en fer de fonte. Celui qui ne peut faire cette dépense, doit garnir son cylindre en bois, d'anciens bandages de roues, il lui donnera de la solidité et de la pesanteur en même temps.

8. Semoir.

La terre une fois bien préparée, reçoit les semences, sur les produits desquels reposent l'espoir et la récompense de tant de travaux. L'ensemencement est une des opérations les plus intéressantes de l'agriculture, il exige une attention particulière pour que le grain ne soit ni trop ménagé, ni prodigué à l'excès, et pour qu'il soit répandu sur le sol avec la plus grande égalité possible. En général, l'ensemencement se fait à la main, l'habitude supplée le plus souvent à l'intelligence, mais on n'est jamais certain s'il est proportionné à l'espèce de grain, à la qualité de la terre, aux préparations qu'elle a reçues ; si le grain arrivé sur le sol s'y trouve dans la condition la plus favorable à sa nourriture et à son développement. Il faut s'en rapporter à l'habileté du semeur, dont tout le talent est de lancer le grain à telle distance, avec trois ou cinq doigts. Sans doute, si cet homme a de l'intelligence, raisonne ses opérations, possède à un haut degré ce que j'appelerai la pratique locale, son semis pourra donner de bonnes

14.*

récoltes, mais il ne pourra pas empêcher la perte d'une partie de la semence, laquelle demeurée trop près de la surface, est devenue la proie des oiseaux et des insectes ; ou si elle leur a échappé, succombe aux gelées, ou bien encore ne monte pas en graine. Pour remédier à ces inconvéniens, et en même temps économiser la semence, pour donner à celle-ci tout ce qui est nécessaire au parfait accomplissement des diverses phases de sa végétation, employer tout le terrain, ménager les frais des secondes façons, arriver promptement à une égale maturité et faciliter les récoltes, on a recours à des semoirs. Ces machines utiles ne sont point encore assez répandues ; leur cherté, leur complication, les difficultés qu'elles présentent dans les réparations et les dépenses souvent sans fruit qu'elles nécessitent, sont les motifs qui retardent leur adoption, plus encore que l'obligation d'une surface plane, d'une terre émiettée, franche de tout gravier ou cailloux réclamé par leur emploi. Les semoirs ont leurs partisans et leurs détracteurs ; les uns et les autres ont leur bon et leur mauvais côté. Tout le problème est dans l'existence d'un semoir simple, facile à réparer, d'un usage aisé et d'un prix très-modéré ; du moment qu'il sera trouvé ; chacun sera d'accord. En effet, Rozier, qui s'est prononcé si vertement contre la séminomanie, et, comme il le disait, *ces brillantes nouveautés, dont les belles promesses allèchent, mais dont le résultat est cuisant*, a fini par recommander le semoir de Lullin de Chateauvieux, comme un des plus parfaits, quoique très-compliqué, et surtout fort cher. Il faut cependant dire à son avantage, qu'on ne peut s'en servir que dans une terre bien préparée, et que par conséquent son emploi est pour le propriétaire, la garantie de la bonne culture de ses terres.

Avant l'invention de ce semoir, qui remonte au milieu du dix-huitième siècle, Duhamel du Monceau, très-chaud partisan des semoirs, a consigné la description de plusieurs dans ses écrits si précieux à la science (1). Feu notre illustre ami, André Thouin, a préconisé celui si simple que l'on voit entre les mains de tous les labou-

---

(1) Principalement en son *Traité de la culture des terres*.

reurs polonais, même les moins fortunés (1). On en trouve
d'autres, vantés et décrits dans plusieurs ouvrages d'a-
gronomes modernes (2). Celui adopté à la ferme modèle
de Hofwil, en Suisse, a été beaucoup trop préconisé
d'abord ; puis confondu avec les semoirs anglais, on lui
a appliqué, sans plus de raison, les reproches mérités
que l'on fait à ces derniers. Le semoir de FELLENBERG sort
de la catégorie ordinaire, il s'applique à toutes les sortes
de graines, il est peu coûteux, son entretien facile, aussi
a-t-il été bientôt adopté par les cultivateurs suisses. Il
laisse bien, il est vrai, des lacunes trop grandes dans les
lignes des fèves, il ne convient pas à l'épeautre, mais ces
fautes sont rachetées par une foule d'avantages qu'on ne
peut plus contester.

C'est ici le moment de dire quelques mots de divers semoirs inventés récemment, dans le but d'approprier cet
instrument à nos cultures, et d'arriver à une perfection
utile, vers laquelle doivent tendre tous les efforts de nos
mécaniciens et surtout des propriétaires en état de s'occuper avec succès de cette fabrication, et des moyens d'en
populariser l'usage. C'est d'ailleurs une justice que je suis
bien aise de rendre à mes compatriotes. Ici, comme dans
toutes les autres circonstances de ma vie, je parlerai franchement et dans l'intimité de ma conscience. J'ai vu, à
Passy, près Paris, un char à planter le blé, inventé en
1805, par SICKLER, et auquel il avait imposé le nom bar-
bare de *Spirodiphre*. Ce semoir m'a paru très-volumi-
neux, d'un emploi difficile, et devoir exiger de fréquentes
et laborieuses réparations : il y avait des parties excellentes et bien pensées, dont l'auteur aurait pu tirer un parti
plus avantageux, non-seulement pour le but qu'il s'était
proposé, mais encore pour l'invention et le perfectionne-
ment d'autres machines. Le semoir de LAFITTE DUPONT,
propriétaire à Béguey, près de Cadillac, département de

(1) *Nouveau cours complet d'agriculture, au 19.e siècle*, par
les membres de la section d'agriculture de l'Institut, 16 vol. in-8.o
Prix : 56 fr.

(2) *Dictionnaire de l'art aratoire ;* THAER, *Description des nouveaux instrumens d'Agriculture les plus usités*, etc.

la Gironde , inventé en 1814, et qui selon son auteur , lui donne un produit de cent cinquante pour un; celui de HAYOT mécanicien à Paris , que certains cultivateurs complaisans placent au-dessus de tous les meilleurs semoirs ; celui de BONNET, de Joigny, département de l'Yonne, qui trace un sillon très-net , et y verse une quantité de grains sagement calculée : ainsi que ceux à coulisse , et ceux à cylindre, que DEVRED a inventés , et emploie dans sa propriété, à Faines , département du Nord , et dans lesquels nous voyons les trous de la boîte s'ouvrir , selon la nature de la graine , et se fermer sur elle jusqu'à ce qu'une secousse déterminée l'ouvre pour verser une nouvelle portion de semence. Tous ces instrumens m'ont offert des qualités remarquables , souvent une rare précision , une ingénieuse simplicité dans les mouvemens ; mais leur prix trop élevé, mais l'emploi de deux et même de trois chevaux pour les uns , et les détails des autres, seront long-temps un obstacle à leur adoption. Dans une foule d'autres semoirs que j'ai été à même d'examiner , deux seuls m'ont semblé réunir toutes les qualités convenables , et être à la portée de toutes les bourses. Je veux parler du semoir de LEMARIÉ, de Touffreville-la-Corbeline , département de la Seine-Inférieure, inventé en 1824 , et celui de DELYLE-SAINT-MARTIN , de Marseille, dont l'invention remonte à l'année 1800.

Le semoir-Lemarié est d'une forme légère , il renferme dans une caisse quatre petites roues cylindriques , qui dispensent avec régularité les grains dans les rayons ouverts, par quatre petits socs perpendiculaires ; lorsqu'au bout du champ il faut donner une nouvelle direction au semoir, quatre récipiens reçoivent le grain , qu'on renverse ensuite dans la trémie. Un double râteau est adapté à l'instrument, pour recouvrir immédiatement les graine versées dans les sillons. L'opération se fait instantanément , et sans que la présence du râteau accroisse aucunement les forces nécessaires au tirage Le semoir est monté sur deux roues légères, un homme peut le tirer , mais le service est plus convenablement remis à un âne, ou même à une vache.

Quant au semoir de DELYLE-SAINT-MARTIN , je l'estime le plus parfait. Extrêmement simple dans toutes ses parties, son prix est si modique, qu'il ne s'élève qu'à 5 fr. , et son usage si facile, qu'il peut être employé sans aucune exception, dans toutes les localités et par toutes les mains, même les moins expérimentées. Si le terrain sur lequel on en fait usage est très-bon, on ne sème le blé que dans un des sillons formés par la charrue, le second doit rester libre, et ainsi de suite; s'il est moins bon, on en répand dans chacun des sillons; enfin si le terrain est maigre, et qu'il exige d'être ensemencé d'une manière plus fournie, l'ouvrier qui porte le semoir lui imprime trois secousses à chaque deux pas qu'il fait, mais ces cas sont loin d'être les plus communs, surtout si l'on a suivi de point en point les conseils donnés jusqu'ici. Dans les cas ordinaires, le semeur ne doit donner qu'une secousse à chacun des pas qu'il fait pour suivre la charrue. Ainsi qu'on le voit, des terres préparées aux semis, reçoivent un dernier labour peu profond et beaucoup plus léger que les précédens; une femme, et même un jeune garçon, marche dans le nouveau sillon, et à chaque pas, il secoue légèrement le semoir sur le sillon, dans le sens de sa longueur, et en le tenant bien perpendiculaire, afin que la chute du grain se fasse avec régularité. Le grain se trouve de la sorte à une profondeur convenable, et à une distance suffisante pour pouvoir se développer tout à son aise, sans nuire aucunement à ses voisins. Quand le semeur est parvenu à l'extrémité du champ, il suit la même marche sur le nouveau sillon, dont la terre est portée par le versoir sur le sillon précédent, et va recouvrir le blé de la manière la plus parfaite. A l'aide de ce semoir, l'opération du sarclage est plus facile, se fait beaucoup mieux et bien plus vite. Là où le sarclage ne se fait pas, et où l'on sème épais, pour empêcher les mauvaises herbes de croître en grande quantité, il est encore très-utile et remplit complètement le but qu'on se propose dans le semis à la main, en donnant sur le sillon des secousses un peu plus fortes et plus accélérées. L'idée première de cette machine est due à un petit semoir à main, dont quelques propriétaires des parties méridionales de nos départemens du Var et du Bouches-du-Rhône tentèrent l'usage en 1790 et 1791. Il était pour ainsi dire, entièrement oublié, quand le hasard le fit découvrir à DELYLE-SAINT MARTIN, parmi plusieurs outils d'agriculture, cassés ou délaissés dans un grenier. En l'examinant, il devina bientôt les moyens de le perfectionner, et d'en faire un instrument à la portée de

tous les habitans de la campagne. Il lui donna d'abord une
capacité plus grande, et le combina de manière à ce que
les trous par lesquels le grain devait sortir, fussent d'un
diamètre convenable, et se trouvassent ouverts à des distances régulières, capables de donner des semis égaux,
bien faits, de diminuer la quantité de la semence à employer et d'augmenter le produit à l'époque de la récolte.
Le but est atteint, l'agriculture possède réellement un
ustensile économique de plus. Je l'ai employé avec avantage, cependant je lui préfère le système adopté depuis
quelques années aux environs de Compiègne (Oise) pour la
culture de l'avoine, et qu'il serait très utile d'étendre à
l'enfouissement du froment, du seigle, de l'orge et de toutes les semences un peu volumineuses. Derrière la charrue
marche une femme ou bien un enfant laissant tomber dans
la raie le grain à une distance réglée et l'enterrant du
pied ; le nouveau sillon recouvre la raie ainsi ensemencée.
Cette main-d'œuvre peu coûteuse, économise positivement
à peu près les deux tiers de la semence ; chaque grain enterré, convenablement isolé, fournit des chaumes bien
nourris, élevés, superbes et garnis d'une riche panicule ;
elle a de plus l'avantage d'employer des bras trop souvent oisifs, sans nuire aux avantages intérieurs du ménage. Jamais semoir ne remplira cette double propriété, pas
un de ceux si vantés, même celui de Hugnes, cultivateur
à Pressac (Gironde), que l'on exalte beaucoup trop, quoique d'une structure simple et solide, ils ne peuvent être employés sur un défrichis de prairies semblable à celui où j'ai
vu pratiquer la méthode que j'appelle *Compiégnoise*.

CHAPITRE IV.

QUELQUES MOTS SUR L'ADOPTION DE LA VAPEUR AUX MACHINES DE L'AGRICULTURE.

J'entendais dernièrement recommander l'emploi de la
vapeur pour faire fonctionner la charrue, le semoir, la

herse et les autres machines indispensable à l'exploitation
des champs. On vantait, au sein même d'une grande société dite d'agriculture, avec une certaine complaisance
les charrues à vapeur que déjà les Anglais voient sillonner
leurs terres ; on s'extasiait sur la vitesse du travail, qui
peut être confié à l'homme le moins adroit et le moins
instruit, enfin on citait comme merveilleuse la régularité
des sillons ouverts sur un sol, même non préparé et ap-
plani, lesquels sillons ont cinquante-six centimètres de
large sur moitié de profondeur.

Sans aucun doute, il est impossible de contester les
avantages de la vapeur sur la navigation, pour rappro-
cher les distances et ouvrir au commerce de rapides et
larges débouchés, mais en est-il de même pour les opérations de la maison rurale ? La rareté des bras dans les
campagnes, la cherté de la main-d'œuvre sont-elles poussées en France au même point que dans les îles britanni-
ques, où les lois les plus aristocratiques du monde ont
fait successivement disparaître la petite et la moyenne
culture, ont réduit le nombre de propriétaires ruraux à
589 mille sur une population de seize millions d'habitans,
et sont la cause sans cesse pullulente du paupérisme? Croit-
on avec la charrue à vapeur satisfaire aux habitudes agricoles de la France, faire subir de grandes diminutions aux
prix des céréales et empêcher pas là la concurrence des
grains provenant d'autres parties de l'Europe, ou mendiés
par un faux calcul aux régions voisines de la mer Noire ?
Je ne partage en aucune manière de semblables opinions.

La France est éminemment agricole. Sur une population
de trente-deux millions d'habitans, elle compte, en 1840,
quatre millions huit cent trente-trois mille propriétaires,
grands et petits, exploitant son sol et employant au moins
quatre ouvriers l'un dans l'autre, ce qui donne un total de
dix-neuf millions trois cent trente-deux mille personnes
de l'un et l'autre sexe occupées aux travaux de la terre et
des animaux domestiques. L'admission des machines chez
nous serait un fléau dix fois plus désastreux qu'il ne l'est
chez nos voisins trop vantés d'outre-Manche. Le grand
travail manuel est la source de la prospérité de la France;
il a maintenu la patrie dans son indépendance malgré
les désastres politiques qui l'ont frappé et qui pèsent encore

sur elle ; l'activité de ses intelligences, la puissance de ses forces physiques et morales, à travers la longue série de sacrifices exigés par des luttes ambitieuses de plus d'un demi-siècle, malgré les horreurs de deux invasions, la mauvaise administration de ses finances, la soif inextinguible des sangsues politiques, la stagnation du commerce, le trop plein de nos fabriques, l'absence d'un code rural, l'immense étendue de terres encore à défricher (1), et les inquiétudes qui, trop souvent troublent la paix de nos familles et rendent quelquefois le repos public incertain.

Ce n'est pas lorsque tout oblige à reporter sur les travaux rustiques la population nécessiteuse, dont la plupart de nos grandes villes sont encombrées, qu'il convient de parler de charrues à la vapeur, etc., ce n'est pas quand la force des circonstances actuelles appelle le législateur à pourvoir au dénûment de ceux qui, réduits à l'indigence par le manque de travail, sont hors d'état d'acquérir le champ qu'ils auraient la bonne volonté de cultiver, et en même temps faire en sorte que ce champ puisse être mis à leur disposition, qu'il peut être licite de proposer l'application de la vapeur aux travaux rustiques. La tâche de l'homme de bien est d'éclairer sur les moyens à employer pour donner à la patrie les plus sûres, les plus durables garanties de prospérité, pour combler de suite l'immense lacune laissée jusqu'ici dans la législation et de repousser de tous ses moyens les propositions irréfléchies, je dirai plus, anti-nationales.

A mon sens, la voie la plus prompte et la plus honorable, c'est d'attacher à la réforme l'espoir de participer un jour aux avantages et aux droits inhérents à la propriété foncière, c'est de concéder gratuitement les terres à exploiter, soit qu'elles proviennent des parties de notre territoire demeurées incultes jusqu'ici (telles sont les terres vagues appartenant à l'état ou aux communes, etc.), soit qu'elles proviennent d'acquisitions faites à prix d'argent. Que dans l'Angleterre il soit permis ou bien utile, comme le disent les organes de l'aristocratie, que les classes inférieures de la société ne puissent prétendre à jouir de propriétés foncières ; je ne m'en occupe point, c'est l'affaire

---

(1) On en estime la superficie totale à 5,676,039 hectares.

du pays; mais je suis Français, et l'intérêt de ma patrie veut que je dise, contrairement à la théorie de Malthus et de ses disciples, que la France ne doit pas tolérer plus long-temps le paupérisme dans son sein; elle verra toujours sans danger sa population s'accroître tant que la propriété territoriale, complétement libre et sans entrave, sera divi-sée, cultivée par les bras du plus grand nombre et qu'elle pourvoira franchement à tous les besoins des familles.

LIVRE TROISIÈME.

DE LA CULTURE PROPREMENT DITE.

Nous avons maintenant acquis la connaissance du sol que nous possédons ; nous savons comment nous pouvons l'amender et le forcer à produire, soit en lui distribuant diverses sortes d'engrais, soit en le disposant par des travaux exécutés à la main ou bien au moyen d'instrumens calculés d'après la nature et la situation des localités ; il nous importe d'entrer désormais dans le détail des cultures, et de voir ce que nous sommes autorisées à demander à la terre, et ce que nous devons espérer d'elle.

CHAPITRE PREMIER.

DE LA MISE EN CULTURE OU DU LABOURAGE.

Le labourage est l'action d'ouvrir le sol, de le retourner, de le disposer à recevoir toutes les influences atmosphériques, et par suite, de donner aux semences que nous allons lui confier, toutes les conditions nécssaires à leur entier développement. La terre que l'on ne travaille pas avec soin et même fréquemment, devient dure et compacte sous l'action des pluies ou d'une humidité trop prolongée et des vents desséchans. Cet état se fait sentir depuis la surface jusqu'à la couche inférieure. Le peu de fraîcheur que celle-ci renferme se perd insensiblement, elle monte de bas en haut, et s'épuise totalement par l'absorption de l'air et des rayons solaires. Les pays chauds offrent trop souvent ce triste résultat.

Il ne suffit donc pas de diviser la terre, ni changer ses molécules de place, il faut encore, pour faire covenablement ces labours, connaître toutes les causes qui doivent les modifier et peuvent entraver la marche à suivre.

Les labours se donnent à la fin de l'été, mais plus particulièrement en automne et au printemps. Les labours faits
aussitôt que la terre est dépouillée de sa récolte sont les
plus efficaces, ils fertilisent, et, comme dit le proverbe,
ils équivalent au fumier qu'ils économisent. En effet, ce
labour enfouit les restes des tiges de la récolte, et l'herbe
qui pousse incessamment ; il saisit la terre au moment où
elle est délitée, il la pénètre profondément et la rend propre à servir de suite, par conséquent à donner encore une
nouvelle récolte, sinon en parfaite maturité, du moins en
état de fournir à la nourriture des bestiaux ou d'être enfouie.

Pour que ce labour remplisse ces diverses conditions, il
doit avoir lieu sur une terre qui n'est ni trop dure ni trop
molle, ni trop sèche ni trop humide. Trop dure, le soc
peut à peine entrer de 8 à 10 centimètres (3 à 4 pouces),
tout en fatiguant beaucoup et les animaux attelés à la
charrue et le laboureur qui les guide ; trop molle, les
peines sont absolument perdues, la terre se tasse à la
moindre pluie et forme une croûte dont la ténacité rend
plus difficiles les seconds labours ; très sèche, tout travail
lui devient nuisible, en ce qu'il la rend trop perméable à
l'air, et qu'un coup de hâle la dépouille aussitôt du peu
d'humidité qui lui restait ; trop humide, loin de l'ameublir et la diviser, tout labour la pétrit, la foule, elle se
durcit comme de la brique, se couvre de crevasses, de fen-
tes dans lesquelles l'eau s'infiltre et va former en dessous
une pâte, tandis que la croûte supérieure, repoussant le
soc, reste en mottes, que ni le soleil ni la pluie ne peuvent rendre friables, que la herse, le maillet ou le rouleau seuls écraseront, non sans de grands efforts, et sur
les débris desquelles les plantes ne trouveront point la
nourriture nécessaire.

Dans les pays chauds, quand les années sont sèches, et
malheureusement elles le sont trop souvent depuis un demi siècle, il ne faut point négliger les labours d'été si l'on
ne veut pas voir la terre ne pouvoir être entamée par les
meilleurs instrumens aratoires, et par conséquent devenir
infertile ; je pourrais citer plus d'une contrée qui doit sa
stérilité actuelle à des labours oubliés ou donnés inconsidérément. Les terres sableuses et sèches demandent à être

labourées par un temps humide ; celles qui contiennent de l'humidité, que les pluies ont convenablement imbibées, veulent l'être par un beau temps. L'essentiel est de saisir le moment que la pluie est tombée et la surface du sol suffisamment essuié pour y conduire la charrue. Il faut, en outre, remuer de temps à autre cette surface à seize et même vingt-deux centimètres de profondeur, afin de la rendre parfaitement meuble et en état de profiter des moindres rosées et averses. Les vents desséchans peuvent souffler plus tard. La chaleur atmosphérique peut s'élever alors sans beaucoup nuire à la végétation qui trouve toujours dans le sous-sol de quoi satisfaire à ses besoins, elle peut braver les plus fortes sécheresses et jusqu'à un certain point la privation d'engrais.

Les labours pratiqués en automne sont très-avantageux quand ils le sont profondément, quelques jours avant les grandes gelées, les brouillards, les fortes rosées, les pluies et les neiges qui surviennent durant cette saison ; unis à ces météores, leur action est plus sensible, plus prompte ; ils émiettent la terre, ouvrent dans son sein de nombreux interstices où l'air circule librement, la tiennent fraîche ; ils décomposent les engrais, ainsi que les chaumes qu'ils ont enfouis, facilitent leur union plus intime avec le sol, et placent les semences dans les conditions les plus propres à remplir avec succès toutes les phases de la végétation. Autant les labours sont efficaces administrés en temps opportuns, autant ils sont fâcheux quand ils sont mal faits ou trop tardifs. Le plus mauvais de tous est celui qui est donné à la fin de l'hiver, lorsque les dernières gelées attaquent la surface du sol et que cette portion est enfouie ; elle conserve son état et sa mauvaise qualité, influe sur l'existence des semis qu'on lui confie ; non-seulement l'herbe y vient mal, mais les bonnes plantes, les plantes les plus vigoureuses y végètent lentement, s'y montrent rabougries, de couleur livide, leurs fleurs avortent, et celles qui ont la force de vaincre tant de difficultés ne donnent jamais d'épis ou de gousses.

Les labours du printemps se font en avril, en mai et même en juin sur les terres que l'on destine à la culture des céréales dont on répand les semences en automne. Alors, à moins de pluies continues les tiges des végétaux nuisibles pourrissent en peu de jours si le guéret est bien retourné , et leurs racines sont bientôt desséchées par le hâle. Leur décomposition amende le sol , et y produit , en quelque manière , l'effet d'une récolte améliorante qu'on y aurait enfouie. A cette époque , le bétail est d'ordinaire bien nourri et peut résister davantage à la fatigue ; on peut faire des labours profonds , parce que la terre se trouvant alors en meilleure trempe qu'en hiver, appelle le soc au lieu de le repousser.

Plus les terres sont fortes et tenaces , plus elles ont besoin d'être maniées et remaniées par des labours fréquens et profonds. Là , un labour superciel ne produit qu'un très-faible guéret , où les plantes qu'on y cultive ne trouvent point la nourriture nécessaire , et où elles languissent. Les terres légères , au contraire , demandent beaucoup moins de labours et les veulent légers. Dans les terres dont la couche végétale est superficielle ou d'une faible épaisseur , ne donnez point de labours profonds , vous vous exposeriez en le faisant, à subir une ou deux années de suite d'une stérilité plus ou moins complète, et à apauvrir pour long-temps un sol qui exige beaucoup de menagemens. Mais , si la couche supérieure est argileuse ou marneuse , et celle qui la suit sablonneuse ou riche en humus , il est de votre intérêt de fouiller le plus bas possible pour amener à la surface la terre qui doit assurer de bonnes récoltes et pour ensevelir la croûte supérieure. Il faut donc étudier la nature du sol à exploiter avant d'y mettre la charrue ou les instrumens de culture à la main. Les erreurs se paient cher en agriculture , évitons-les pour ne pas succomber dans nos entreprises.

Il y a plusieurs sortes de labours selon l'objet auquel ils sont destinés , savoir : le labour de défoncement , le labour préparatoire , le labour de semailles , le labour de défrichement et le labour entre lignes.

Se propose-t-on d'ouvrir le sein de la terre , de le déchirer profondément , de livrer à la végétation une couche épaisse du sol , et de ramener à sa surface la partie inférieure ? cette culture prend le nom de *labour de défoncement*

Veut-on diviser , pulvériser la terre , exposer aux influences de l'atmosphère les diverses parties de la terre chargée de fournir une matrice aux plantes qui lui seron confiées , extraire les racines des plantes nuisibles, prova quer le prompt développement des semences , enfouir les engrais ; on appelle cette masse d'opération *labours préparatoires.*

Quand une fois on a semé il faut , à l'aide de la herse et du rouleau , enterrer et couvrir la semence : ceci se nomme *labour de semailles.*

Mais si l'on veut détruire une ancienne prairie , soit naturelle, soit artificielle, afin de rendre à la culture le terrain qu'elle occupe , on a recours au *labour de défrichement.*

Enfin si l'on a semé par raies , ou planté des pommes de terre , des navets, carottes , betteraves , choux, fèves, etc. ; les cultures qu'on leur donne à diverses reprises , afin d'ouvrir les pores de la terre et de la ramasser au pied de ces végétaux , sont des binages , buttages ou *labours entre lignes.*

Les méthodes que l'on suit pour donner le premier labour sont aussi différentes : ici, l'on dispose la terre en sillon de quatre, six ou huit traits de charrue ; là , en planches d'une largeur démésurée ; ailleurs on laboure toujours dans la même direction ; plus loin, en croisant alternativement les labours. Chacune de ces méthodes serait bonne puisqu'elle est consacrée par l'usage et qu'elle n'a réellement en soi rien de bien vicieux, si, par un abus intolérable , on ne laissait une partie du terrain à travailler pour la seconde façon appelée *binage.* La faute est grave. En mettant, par le premier labour , la terre sens dessus dessous, on a non seulement en vue de l'exposer aux influences atmosphériques , mais encore de faire périr les plantes nuisibles et les larves des insectes ; qu'espérer du binage quand on sait qu'il consiste à labourer une seconde fois dans la direction du premier travail ? Quant il est donné trop tôt , vous retournez de nouveau , sillon par sillon , dans les tranchées précédemment ouvertes ; et vous détruisez le bien opéré d'abord , puisque vous rendez aux racines des herbes parasites leur vigueur, elles s'implantent plus profondément et nuiront plus que jamais aux bons grains. Si l'on diffère le second labour, la portion du terrain resté à travailler ne reçoit aucun principe de fécondité ; durant cet intervalle , elle s'épuise à nourrir de mauvaises herbes , dont les graines venues à maturité , in-

fectent le sol et sont causes que la récolte suivante est au-
dessous du médiocre.

La terre compacte, sans aucune inclinaison et qui repose sur une couche imperméable à l'eau, peut être ouverte par sillon dont la base et l'élévation se trouveront
en rapport avec l'état plus ou moins aqueux du sol. Celle
qui, sans être précisément humide, est néanmoins compacte et froide, le billon ou petit sillon d'environ 65 centimètres (2 pieds) de superficie, convient beaucoup ; mais dans
les terres légères et poreuses, qui ne pèchent jamais par
trop d'humidité, l'on doit labourer à plat ou par planches
d'un largeur plus ou moins grande, et séparées les unes
des autres par un fossé dont la largeur et la profondeur
sont calculées sur les localités et d'après les facultés du
moment. Dans les cantons où les pierres sont abondantes,
on peut labourer à plat les terres fortes et aqueuses, en
procurant de l'écoulement aux eaux : on ouvre à cet effet,
à des distances proportionnées à l'étendue du sol, des
tranchées que l'on remplit de cailloux jusqu'à la profondeur d'un fer de soc, puis on les recouvre de la terre
qui en est sortie : par ce moyen l'eau surabondante s'é-
coule à travers le lit de pierres, et le sol se trouve en
même temps desséché et exhaussé.

Peu importe, quand les labours sont bien exécutés,
qu'ils soient ouverts en lignes longues et parallèles, que
leurs angles soient droits et aigus, ou bien croisés alternativement : le résultat est le même en définitif. Chacun
peut suivre à cet égard, la marche qu'il veut, il est le
maître de la vanter comme la meilleure ; ici l'usage prévant
et c'est ce que l'on a de mieux à faire, le point essentiel
est de bien faire.

Jusqu'ici nous n'avons opéré qu'en plaine et sur des
terres dont la superficie présente peu de différence :
voyons maintenant ce que nous avons à faire d'un sol disposé sur une éminence. Le mode de labourage, adopté
dans beaucoup de cantons pour les coteaux, nuit autant
à la perfection du premier labour, qu'il est contraire au
besoin de soulager les attelages et le laboureur lui-même.
En effet, on laboure ordinairement un coteau situé au midi,
avec une charrue à oreille fixe, en allant du levant au cou-
chant. Tant qu'elle travaille dans cette dernière direction,
la charrue fait un bon guéret, parce que le renversement

des tranches qu'elle coupe est aidé par la pente du terrain, mais à son retour, elle entre peu dans la terre, les mottes retombent sans cesse dans le sillon qu'elles engorgent, et quelque précaution que l'on prenne, au passage suivant, elles ne sont nullement retournées. Comme on le pressent, en labourant ainsi les coteaux, on ne saurait faire qu'un mauvais travail : il faut adopter pour ces sortes de labours le versoir mobile. De ce moment, les terres seront remuées également et avec une parfaite régularité, les laboureurs et les attelages ne feront plus d'efforts inutiles. En me servant de l'expression régularité, je veux moins parler de l'apparence des guérets en superficie, que de leur perfection intérieure; car il est bien rare, disons mieux, il est difficile d'en trouver reposant sur un plan qui n'offre çà et là à l'œil observateur, des parties saillantes et des parties creuses, qu'on appelle des *saumons*, des *talpins*, des *lièvres*, des *renards*, des *coussins*, etc. Cette défectuosité en plaine, provient quelquefois de la mauvaise forme des socs, le plus souvent des saccades causées par l'impéritie, la nonchalance, et ce qu'il y a de pire, par la brutalité de certains laboureurs qui se font un méchant plaisir d'harceler les animaux sans nécessité.

Dans toutes les circonstances de la vie rurale, la patience dans les diverses opérations, la douceur envers les animaux et l'intelligence, sont des qualités essentielles au cultivateur qu'il doit montrer particulièrement lorsqu'il laboure une terre qui n'a jamais été défoncée. S'il précipite son travail, il ne l'exécute que très-imparfaitement, et laisse pour les labours suivans beaucoup trop à faire ; s'il rencontre quelques difficultés, et qu'il brusque l'attelage, outre qu'il l'épuise en fatigues, il s'expose à voir sa charrue se briser, ou tout au moins à se détraquer ; s'il manque d'intelligence, tout se fera à contre temps, ou bien il ne saura quand il doit s'arrêter ni commencer. Du choix d'un laboureur dépend donc la prospérité d'une ferme ; s'il est bon, tout marchera dans la voie du bien ; s'il est mauvais, tout se précipitera vers une ruine complète.

Plus on aura mis d'application, d'exactitude et de soin au premier labour, plus promptement on pourra exécuter le second, et meilleurs seront ceux qui doivent les suivre. Un laboureur expérimenté proportionne le travail de sa charrue aux diverses circonstances de la localité qu'il doit sillonner ; dans le voisinage des haies de clôtures ou des arbres plantés en bordure il donne moins de profondeur aux sillons , afin de ne point nuire aux racines qui tracent en superficie, encore moins à celles qui piquent au fond. Dans les vignes , il ne déchausse point le cep , mais il le butte , et ne laboure que l'intervalle des rangées avec une charrue dont l'oreille approche la terre du cep sans l'offenser aucunement. Pour un pré qu'il veut dégazonner, quelque embarrassé soit-il des broussailles , il arme sa charrue d'un soc large à une seule aile bien tranchante et dont la pointe descend sur le plan horizontal de celle du soc , afin de ne point permettre aux racines de se fixer entre elles , de s'opposer à la marche régulière de la charrue , et peut-être même d'en déterminer tôt ou tard la rupture. Il tient sa raie toujours propre, et n'y laisse point tomber de motte ; il lui donne une largeur proportionnée à la profondeur pour que la tranche du sillon suivant s'y renverse aisément : à cet effet il tient sa charrue de manière que l'aile du soc et le bras se portent horizontalement sur le terrain ; en agissant autrement , et en la tenant inclinée du côté opposé au versoir, comme on agit d'ordinaire , le sillon n'est point égal, il s'emplit de ces parties qui échappent à l'action du soc , et s'engorge incessamment, parce que les tranches sont coupées obliques , et que le versoir, quelque bonne forme qu'il ait , les chasse l'une contre l'autre sans en renverser presque aucune. Enfin après avoir terminé ses labours , le laboureur habile pratique les saignées que les localités requièrent, surtout dans les champs les plus exposés aux ravages des eaux ; il sait que la plus légère négligence à cet égard peut mettre son terrain à nu , et le priver des résultats avantageux qui sont la récompense des travaux bien entendus et exécutés avec soin.

Comme on le voit , les labours organisent pour ainsi dire le sol cultivable en le mettant sans cesse en relation directe avec le calorique et l'humide ; ils isolent d'une part ses molécules , tandis qu'ils les entourent de l'autre , d'un corps aériforme qui paralyse leur attraction réciproque , soit sur elles-mêmes , soit sur l'eau dont elles sont imbibées ; ils lui donnent la propriété de se laisser facilement pénétrer par les pluies.

Les labours font périr les herbes adventives, dont le voisinage gêne les plantes cultivées et leur dérobe les sucs nourriciers que nos fatigues réservent à elles seules. Ils empêchent la constriction du sol autour du collet de nos végétaux , laquelle arrêterait la libre circulation de la sève et par suite le développement des germes par nous confiés à la terre. Les labours triturent les engrais, les amalgament avec le sol, en exposant leurs diverses parties à l'action du soleil et à celle de l'acide carbonique dégagée par l'atmosphère qui se combine avec elles.

D'après une série d'observations exactes , peut-être pas assez nombreuses , on se croit fondé à dire que la culture des terres modifie puissamment l'atmosphère par trois moyens que l'on résume par ces mots :

I° Le Labourage des terres force une très grande quantité de vapeurs à s'élancer dans les airs , lesquelles se résolvent en pluies que suit un refroidissement de la température.

2° Par suite de l'active attraction exercée par les végétaux qui croissent dans les champs et surtout les prairies , une réabsorption abondante a lieu de l'eau des pluies, et cette absorption est d'ordinaire accompagnée d'un ciel serein et d'une baisse dans les eaux des ruisseaux et des rivières.

3° La coupe des récoltes et leur dessèchement sur place rendent à l'atmosphère l'eau qui lui avait été soustraite , et l'on ne tarde pas à voir un refroidissement sensible, des brouillards , des nuages , des pluies et des orages.

CHAPITRE II.

CULTURES LES PLUS AVANTAGEUSES ET DES RÉSULTATS QUE L'ON EN RETIRE.

Lorsque nous parcourons certains départemens , et que nous trouvons les villages éloignés les uns des autres , les habitations mesquines , les troupeaux chétifs et rares , de petites portions de terrain cultivées au milieu d'une vaste surface sans culture , nous en concluons avec raison , que la population y est peu considérable, et l'industrie nulle ou comprimée par des lois tyranniques, des habitudes vicieuses, la misère ou la négligence des gouvernemens dont les institutions tendent plus à enrichir le fisc qu'à constituer le bonheur des peuples. Quand les terres labourées se touchent, et qu'elles sont cultivées sans cesse en céréales, elles produisent à peine de quoi satisfaire au-delà du strict nécessaire ; quand le blé et les autres céréales forment la base essentielle de la nourriture de l'homme, qu'ils ne sont pas additionnés par d'autres alimens également appropriés au goût, un accroissement de population devient une calamité, les ressources manquent, et le sol épuisé refuse de répondre aux besoins réels. Il vaut mieux prévenir cet état affligeant que d'attendre la disette, qui en est la suite nécessaire, inévitable ; celle-ci donne des leçons cruelles, et augmente le malheur des nations en quintuplant celui des individus. Il importe de diminuer l'énorme consommation des céréales, qui dévorent une grande étendue de terrain pour ne donner réellement qu'un faible rapport ; la solanée parmentière nous en offre les moyens, ainsi que le maïz et les prairies artificielles à l'aide desquelles on multiplie aisément les bestiaux de toutes les sortes, dont les produits vivans et morts présentent plus de substance nutritive sous un volume beaucoup moindre. Cette réforme, que quelques propriétaires ont reconnu indispensable, a le double avantage de mieux nourrir les familles, d'améliorer les terres, d'employer beaucoup plus de bras, et d'ouvrir à la ferme mille voies de prospérité.

On ne peut douter de l'influence remarquable que la culture de la pomme de terre exerce sur le bien-être des journaliers dans les campagnes. Tout journalier a besoin de faire deux espèces de gains, l'un pour avoir du pain, et l'autre pour tous les besoins de la vie qui n'embrassent pas les alimens. Il est évident que plus il emploiera d'argent à se procurer du pain, moins il lui en restera pour l'entretien de sa famille. Il commencera dès lors à supporter des privations, dont le nombre augmentera chaque jour et deviendra tellement pénible qu'il jettera l'inquiétude dans la vie intérieure, puis le désordre, enfin amènera le désespoir. Lorsqu'il n'y a plus d'argent pour acheter les produits des petites fabriques, les artisans lan-

guissent , et le commerce de détail qui en dépend , s'é-
teint à mesure que les moyens diminuent. Toute consommation qui n'est pas celle du pain , cède à cet objet de
première nécessité. Dans un état de pénurie aussi générale,
le commerce des grains survit seul à tous les autres, parce que, toutes les provisions particulières étant épuisées,
il se fait une foule de petits contrats pour pourvoir à la
subsistance des familles. Ces déplorables contrats ne sont
autre chose que la vente successive des hardes , des ustensiles et des meubles de la famille pauvre , lesquels s'é-
changent contre du pain. Il n'y a qu'un surplus assuré à
l'avenir, c'est celui qui sera fourni par la culture étendue
des pommes de terre ; sans ce tubercule on peut avancer
sans crainte que le honteux système du monopole des
grains précipiterait chaque année , à la moindre intem-
périe, un nombre immense de familles dans une vie miséra-
ble ; et par suite enfanterait à des révoltes dont il est impossible de calculer l'étendue et les conséquences.

Ce qu'il y a de douloureux , autant que cette combinaison est inévitable , c'est que plus le pain renchérit , plus
les salaires diminuent : les demandes de travail se multiplient en même temps que la possibilité de faire exécuter
le plus de travaux devient nulle. Le prix élevé des substances alimentaires oblige à la plus stricte économie, et
malheureusement elle ne se limite point aux pauvres et à
la classe mitoyenne , mais elle se change en vile spéculation dans les classes les plus aisées. Le mal s'aggrave et ne
tarde pas à être sans remède. Ainsi s'accroissent les mi-
sères de toute la masse de la population qui vit au jour le
jour des salaires qu'elle gagne.

La culture en grand de la pomme de terre, celle du
maïz et même celle du châtaignier sont les seules garanties
certaines de la subsistance des familles , chez les petits
propriétaires comme chez les petits fermiers et les ouvriers. Le régime du pauvre devenu plus abondant par
cette ressource , les maladies contagieuses diminueront et
la population pourra augmenter sans rien déranger dans
la marche régulière des productions et de la consommation.

Depuis la disette de 1793, préparée au dehors par la main
de l'étranger et au dedans par d'infâmes trahisons ; depuis
celle de 1816 , causée par une longue intemperie et les

malheurs politiques des années précédentes, aggravée par l'astuce ministérielle, par d'épouvantables spéculations, et par un esprit infernal avide de sang et de vengeance, la culture de la solane parmentière a pris une extension vraiment prodigieuse, et nous met en garde contre les exagérations de la malveillance et les intrigues du monopole. Les malheurs du passé ont généralement fait sentir la nécessité de profiter des avantages nombreux que présente la pomme de terre.

CHAPITRE III.

CULTURE DES GRAMINÉES.

Nous venons de voir que la culture exclusive des graminées est plutôt onéreuse que productive; cependant comme les céréales sont étroitement liées aux premiers besoins de la vie, il faut ne point les négliger, et trouver dans un assolement bien entendu les moyens d'en tirer le plus grand profit possible. C'est un devoir que nous impose l'ordre social uni à l'intérêt particulier.

Les graminées veulent un sol parfaitement net, bien ameubli par les labours et les engrais; et comme elles l'effritent, à moins d'une circonstance majeure, il ne faut point les faire succéder à une moisson de céréales. Tout étant bien disposé, les semis se font avec promptitude. Le choix de la semence est un point des plus importans dans la culture en général, et en particulier dans celle des céréales. Elle doit être bien mure, bien nourrie, belle, grosse, pleine, pesante et bien pure, et tout au plus de l'avant-dernière récolte. On préférera pour le froment, celui recueilli sur une terre substantielle, sèche et rocailleuse; c'est le sol qui donne la première qualité. Les végétaux comme les animaux ne produisent que des êtres chétifs et sans valeur, quand la souche mère n'a pas toutes les qualités requises. La semence, avant d'être confiée à la terre, doit être chaulée, afin de détruire les insectes dont les

œufs ont pu être déposés dans le sein de la graine , et pour
'les abriter contre l'attaque de ceux qui vivent sous terre. Le
chaulage préserve encore les céréales de la rouille et de
la carie qui les déshonorent si souvent, et dénaturent le
gluten qu'elles fournissent à la nourriture de l'homme. Le
semis se fait le plus ordinairement à la volée. Quand le semeur est expérimenté , ce semis est assez régulier , mais il
le serait d'une manière plus exacte et en même temps plus
économique si l'on avait recours au semoir dont j'ai parlé
plus haut. La quantité convenable est proportionnée à la
qualité du sol , à l'état actuel de l'atmosphère , à l'époque
des semailles , etc. Dans une bonne terre il en faut moins
que dans une mauvaise. Il convient de semer clair et de
bonne heure, plus on tarde, plus on aventure la récolte ; en
semant trop dru l'on expose les plantes à se nuire réciproquement.

Immédiatement après le semis , on l'enterre , à l'aide de
la herse , à la profondeur de 7 à 8 centim. (2 pouces ¹/₂ à
3 pouces). Il y aurait du danger à l'enfouir davantage ,
surtout s'il s'agit des céréales du printemps. L'usage abu-
sif de ne pas couvrir suffisamment la semence est cause le
plus souvent de la faiblesse des blés et du versage auquel
ils sont alors très exposés Il n'est pas moins inconvenant
de trop enterrer le grain , surtout dans les terres froides et
compactes ; cependant, des deux pratiques, toutes mauvaises qu'elles soient l'une et l'autre, la dernière est moins
fâcheuse que la première. Le juste milieu est la règle du
cultivateur entendu.

Une autre opération non moins importante et qui ne
veut pas être différée, est celle d'ouvrir les raies d'égouttement ou rigoles. Le soc doit relever la terre et ne point
la laisser retomber ; à cet effet on l'arme de petits versoirs
ou culs, puis avec la houe on nettoie parfaitement la raie,
on lui donne toute la capacité nécessaire pour recevoir les
eaux surabondantes et les écouler convenablement. Malgré ces précautions, si le terrain est maigre , les plantes y
seront rares , monteront en épis pour ainsi dire à regret ,
et ne fourniront que peu de grains mal nourris. Si , au contraire, il est très substantiel et amendé, le blé talle-
ra bien, ses tiges seront rapprochées, fortes, porteront des
épis longs, pesans et riches en bons grains ; mais cette force eut leur être nuisible , si les vents d'ouest et les pluies

fréquentes qu'ils amènent viennent à les frapper entre l'époque de la floraison et celle de la maturité. Dès lors, ils s'abattent, se versent et perdent une grande partie de leurs qualités. L'on peut, il est vrai, comme le pratiquent les Italiens et plus particulièrement les cultivateurs des riches plaines de la Lombardie, prévenir cet accident en coupant, au printemps, une et même deux fois, leur sommité. Le versage est plus dangereux encore pour les blés en herbe ou de faible constitution ; il faut les sarcler, les effaner, ou bien y mettre à paître les moutons; chacune de ces deux mesures veut être prise avec précaution.

L'époque du sarclage ne peut être fixée, le principal est de le faire lorsque la terre est convenablement ressuyée et avant que les tiges ne montent en épis. Si le sol était trop humide, en marchant on le comprimerait et l'on priverait les racines de l'action que l'atmosphère exerce sur elles à travers les interstices de la terre suffisamment remuée ; trop sec, on enleverait la plante ou bien on casserait sa tige et l'on déterminerait la racine à repousser avec une nouvelle vigueur à une époque où toute la force doit se porter vers l'épi et le grain qu'il va produire : un autre inconvénient d'un sol trop sec est d'exposer les racines, que la plus légère secousse met alors à découvert, à être brûlées par un soleil ardent et dont les rayons plombent alors d'une manière directe. Le sarclage, quand il est bien fait en temps opportun, nettoie les blés de cette prodigieuse quantité d'herbes qui pullulent dans les champs, y mûrissent, s'y ressèment chaque année, et nuisent autant à l'abondance qu'à la pureté des récoltes ; son but est de détruire, avant qu'elles aient passé fleurs, au moins celles de ces herbes qui préjudicient le plus à la végétation des graminées par leur élévation ou par l'étendue de leurs racines et de leurs feuilles : telles sont toutes les espèces confondues vulgairement sous le nom de chardons, yèbles, nielles, pavots, arrête-bœuf, etc., etc. Les blés, ainsi débarrassés et moins touffus, viendront très bien et fourniront des épis superbes, des grains parfaitement nourris. Le sarclage se fait à la main par des femmes et des enfans, ou, ce qui vaut mieux, à l'aide d'une binette légère, conduite par des mains exercées. En effet, outre que la binette est plus expéditive que ne pourraient l'être plusieurs femmes et enfans, elle n'a pas l'inconvénient grave que ceux-ci présentent , de couper d'ordinaire, seulement au collet, les plantes nuisibles , de soulever ou déchirer les racines des blés, et par conséquent de faire plus de mal que de bien. Après le sarclage , il est essentiel de faire passer le rouleau ; cette excellente pratique affermit le sol sans trop froisser les racines.

J'ai dit que le moyen de remédier à des blés trop forts ou trop faibles était l'effanage par les moutons ; mais pour qu'il soit utile, il faut ne permettre l'entrée à ces animaux dans les blés que par un temps sec et lorsque les tiges ne sont pas encore sorties, et ne les laisser que peu d'instans à la même place : le berger intelligent doit en connaître le véritable moment et diriger convenablement la marche de son troupeau. J'ai vu des propriétaires mettre sans inconvéniens leurs vaches dans les blés trop forts ; mais les moutons sont préférables , ils opèrent mieux l'effet désiré , et leur piétinement ne cause aucun dommage réel aux plantes. On remplace quelquefois très avantageusement cette sorte d'effanage , par l'effanage au moyen de la faux. Cet instrument offense moins la touffe du blé et la tige naissante que la dent des animaux. Dans quelques localités on se sert de la faucille , mais son emploi, outre la fatigue qu'il cause , devient parfois plus dangereux que la dent et et le piétinement des grosses bêtes à cornes. Il faut bien se garder de recourir à l'effanage pour les blés semés tard , on en perdrait infailliblement la récolte.

§. Iᵉʳ. *Du Froment.*

En général les fromens veulent une terre forte , bien préparée et abondamment fumée ; mais il ne faut point oublier que la qualité du sol , les variations de température , un excès ou un défaut de labours et de fumier influent beaucoup sur eux, qu'ils leur font produire souvent de mauvaises récoltes, abâtardissent les meilleures variétés , et que plusieurs années médiocres se succédant les unes aux autres , finissent toujours par des années de disette , dues uniquement à la mauvaise qualité des semences. Nous en possédons plusieurs variétés remarquables :

1°. La Touzelle du midi , appelée *Blé d'abondance* (*Triticum hybernum* ; L.) parce qu'elle produit beaucoup; elle réussit assez bien la première année dans nos départemens du nord, mais elle dégénère promptement et y est très sujette au charbon, tandis que dans nos départemens du sud elle est d'une resource toujours assurée ; son grain est blanc, allongé ; ses épis sont cylindriques et sans barbes.

2°. Le BLÉ DE MIRACLE, *de Smyrne*, *de mai*, qu'on nomme aussi *froment à bouquets* et *à épis rameux* (*Triticum compositum œstivum*). Quand est il semé dans un bon terrain, il produit de nombreux jets et des épis bien nourris ; mais dans un sol maigre, il dégénère promptement et ne donne que de médiocres récoltes.

3°. Le BLÉ DE POLOGNE et d'Astracan, d'Egypte et de Sibérie (*Triticum polonicum*), long-temps appelé très improprement *seigle de Russie et du Canada*, *orge de Sibérie*, espèce excellente, remarquable par son grain allongé, semblable à un fort grain de seigle, donnant vingt pour un, dont la farine est belle, fournissant peu de son et un pain un peu jaunâtre, mais léger et plus savoureux que le pain obtenu du froment ordinaire. Son mélange, dans la proportion d'un tiers avec un tiers de blé du pays, procure un pain excellent ; lorsqu'il n'est pas mélangé, sa pâte ne levera pas durant la cuisson, si l'on n'a pas la précaution de faire sur elle, avant de la porter au four, quelques incisions avec un couteau. Ce blé conserve ses caractères spécifiques, quoique confondu avec d'autres qui éprouvent des changemens notables. Il n'aime point à être semé sur les montagnes, à cause des vents qui l'y abattent ; dans les plaines, au contraire, il vient très bien, monte jusqu'à 16 décimètres (5 pieds), et lorsqu'on le coupe en herbe, il talle beaucoup et rapporte considérablement. Le blé de Pologne a été introduit en France en 1784, et se cultive en grand depuis 1792, surtout dans nos départemens du midi, où on le confond assez volontiers avec le blé d'abondance. Il réussit à merveille partout.

4°. Parmi les blés de mars ou de printemps, dont les grains sont en général petits, produisant beaucoup de son et peu de farine, mais fort belle, il faut distinguer la variété qui a reçu le nom de BLÉ DE FELLENBERG. Originaire de l'Europe orientale, elle a été cultivée à Hofwil en Suisse, d'où elle s'est répandue en France, principalement dans le midi ; sa paille est abondante, aimée des bestiaux, et son grain, facile à tomber dès qu'il a atteint sa parfaite

16.*

maturité, est mat, opaque, et fournit une farine bien blanche, laquelle, soumise au pétrissage, fait bien la corde, prend beacoup d'eau, lève vite et donne un pain blanc très savoureux.

5°. Le BLÉ LAMMAS, vulgairement dit *blé anglais*, *blé à épis dorés* et *chicot rouge*, a été apporté en France, de la Grande-Bretagne, en 1797, et s'est d'abord répandu dans le département du Calvados et autres environnans, puis chez presque tous les cultivateurs de l'Europe. C'est un blé tendre, à épis sans barbes, d'un fauve rougeâtre très foncé, mûrissant d'ordinaire vers le 1er août; le grain tient peu dans la balle, son écorce est très fine, et il abonde en partie farineuse; le pain qu'on en retire est blanc, lourd, très nourrissant, d'une digestion facile, quoique lente; il sèche plus vite, mais il résiste plus long-temps à l'humidité que les autres, ce qui est précieux dans les cantons où les brouillards et les pluies empêchent de conserver le pain plusieurs jours sans qu'il se recouvre d'une poussière blanche, que les botanistes nomment *mucor*, et ne deviennent ainsi dangeureux par la présence de cette plante parasite qui se développe très promptement. Le blé lammas a encore un avantage non moins précieux, c'est de résister plus long-temps que les autres blés aux variations de l'atmosphère et aux météores destructeurs de nos récoltes.

6°. Le FROMENT RENFLÉ, vulgairement appelé gros blé (*Triticum turgidum*, L.); espèce de blé barbu, à gros grain, à tiges élevées, pleines et couronnées par de superbes épis, originaire d'Italie et du Portugal, où il végète rapidement.

7°. Le BLÉ RAS DE MARS (*Triticum œstivum*, L,), très productif en gerbes, excellent par la qualité de son grain, et par celle de sa paille. C'est à cette espèce que se rapportent le blé trimenia ou de Sicile, le blé rouge d'Egypte, celui de Nagpour que l'on a tant vanté, et beaucoup d'autres dont les noms m'échappent.

8°. Le FROMENT ÉPEAUTRE (*Triticum spelta*, L.), estimé pour la droiture de ses tiges, l'abondance de ses graius, et sa facilité à venir même dans un sol médiocre. Il supporte assez bien le froid et la sécheresse, et peut être substitué au froment ordinaire dans les mêmes assolemens, quoiqu'il mûrisse plus tard. Son grain est supérieur au seigle, et inférieur au froment, quoiqu'on en retire une farine légère et délicate. Il est plus difficile à battre, il tient fortement à la balle, et celle-ci à l'axe de l'épi. On le sème avec son enveloppe et sans elle, il réussit également bien. Quelques essais ont été faits pour le cultiver sur les sols humides et même marécageux, il n'y a pas dégénéré, mais il n'y prospérera jamais bien.

9º. Le FROMENT DISTIQUE OU A UNE SEULE LOGE (*Triticum monococcum*, L.), à épi court, divisé en deux et garni de chaque côté de barbes fines fort longues. On le connaît sous les noms de *petite épeautre* et de *froment locular* ou *locar*; c'est lui que l'on a vu distribué par des corps savans, et vendu par des marchands de graines, sous les noms pompeux de *riz sec de la Chine*, *des Indes* et de *l'Afrique occidentale*. Ce froment est semé depuis plus de deux siècles dans les plus mauvaises terres de nos départemens de l'Est les plus pauvres : son grain est petit, difficile à enlever de sa balle; réduit en gruau, on l'emploie à faire d'assez bons potages. Dans le département de l'Indre, on le donne aux chevaux, au lieu d'avoine, sous le nom de *ingrain*; et dans celui du Gers, on en nourrit les porcs et les oies. Semé en automne ou au printemps, ce blé réussit également bien, mais il acquiert plus de développement, et fournit de plus beaux grains lorsqu'il est confié à la terre dans la première de ces deux saisons.

En général, les cultivateurs distinguent les blés en hivernaux et en printaniers. Les premiers sont communément semés en septembre ou en octobre, et passent l'hiver en terre; les seconds ne se sèment qu'en mars ou à l'entrée du printemps, ils ne restent guère plus de trois mois en terre : de là on les appelle ici *marsais*, là *trémois*. Certains agronomes ont avancé une erreur quand ils ont dit que tous les blés d'automne peuvent aisément devenir des blés de printemps, et réciproquement les blés de printemps des blés d'automne. Les grains que l'on veut forcer à perdre leur habitude, qu'on me passe cette expression, restent en herbe; ou, s'ils montent en épis, ils sont grêlés, sujets à la rouille, ou donnent des grains retraits, souvent n'ayant absolument que l'écorce. J'ai fait des essais plusieurs fois laissés et repris; ils ont été répétés dans diverses localités, par des cultivateurs dignes de foi, les résultats ont partout été constamment et identiquement les mêmes. D'une part, nous avons pris le blé lammas, celui de Philadelphie, celui du cap de Bonne-Espérance, que l'on sait être des blés d'automne ; de l'autre, le blé de Pologne, celui de Smyrne, le blé à épis rameux et le blé blanc de Beauce (qui donne parfois une belle paille blanche, luisante, propre à faire des chapeaux), lesquels sont des blés de printemps. Je n'ignore pas que, avec de la patience, en ressemant plusieurs années de suite les premiers au printemps et les seconds en automne, et en transportant les grains, tantôt du nord au midi, et tantôt du midi au nord, la théorie curieuse et entêtée peut les contraindre à cette mutation ; mais à quoi bon, puisqu'il nous est démontré que ce sera toujours aux dépens de leurs qualités primitives ; ils ne nous donneront plus que des gains complétement dégénérés et sans aucune valeur. Il n'en est pas de même de la présence des barbes, elles peuvent disparaître par suite de la culture ou par le passage d'un canton à un autre, mais leur absence ne nuira jamais à la qualité. J'en dirai tout autant de la couleur de l'écorce qui est, ici, paillée ou d'un jaune doré ; là, rouge ou blanche. La grosseur du grain est également susceptible de varier. C'est cependant de ces circonstances fugaces, très variables, ou plutôt de ces accidens qu'est née l'immense nomenclature des blés et de toutes les autres plantes : vouloir la débrouiller est un travail pénible que je publierai plus tard. J'y montrerai le peu de cas qu'il faut faire de ces grains merveilleux que trop souvent on nous présente comme des découvertes importantes, comme une conquête des plus utiles, en les restituant à leur type primitif, à leur souche essentielle ; j'y ferai voir que ces phénomènes sont le fruit momentané d'un sol mieux soigné, d'un climat plus chaud, etc.

§. II. *Du Seigle.*

Après les blés ou fromens, la céréale qui mérite le plus notre attention, c'est le SEIGLE, plante que les Géopones anciens regardent comme indigène des Alpes. LINNÉ l'appelle *Secale cereale.* Née dans les montagnes, elle assure la nourriture des peuples qui les habitent, et remplace le froment dans les contrées froides où il refuse de végéter. Le seigle peut demeurer dans ces climats dix ou onze mois

sous terre sans rien perdre de sa vigueur ; on a vu des
champs entiers, encombrés par d'énormes avalanches, se
couvrir de superbes moissons deux ans après la chute de
ces masses de neige roulées : le seigle, qu'elles compri-
maient depuis si long-temps, n'avait nullement souffert :
il a su résister au froid le plus intense et le plus prolongé.
Quoique cette propriété semble indiquer que cette céréale
devrait se cultiver uniquement sur les hauteurs, elle est
descendue dans nos plaines, surtout dans celles dont le sol
est de médiocre qualité ; là, elle souffre de l'alternative
des gelées et des dégels prompts et successifs qu'elle ne
connaît point dans les montagnes. Elle y redoute surtout
l'humidité surabondante, à laquelle le seigle résiste moins
que les autres plantes de la même famille. Nous l'avons vu
périr en douze jours à la suite d'une inondation, là, où le
froment ne succomba que le trente-deuxième jour. D'ailleurs ; le seigle se cultive de même que le froment. Il est
très recommandable pour l'assolement des terres silicen-
ses très meubles ou crétacées arides qui redoutent les chaleurs fortes et prolongées, d'abord par sa propriété de
parvenir à maturité dans des situations qui s'opposent à la
prospérité des autres graminées ; en second lieu, par l'é-
pais tapis de verdure ou prairie momentanée, dont il couvre de bonne heure, tant en automne qu'au printemps, le
sol qu'il abrite ainsi ; enfin il permet d'obtenir de secondes récoltes dans la même année, jusque dans nos départemens les plus septentrionaux. Sans doute, cette précocité si avantageuse lui devient parfois fatale, en ce qu'elle expose ses épis en fleur aux fâcheuses impressions des
gelés tardives qui diminuent ou annullent plus ou moins
sa fructification. Le seigle semé de très bonne heure sur
des terres fertiles ou rendues telles par les amendemens et
des engrais, peut, avec des circonstances atmosphériques
favorables, fournir avant, pendant et après l'hiver, un
fourrage vert, abondant et économique : c'est un point essentiel, puisqu'il met aux mains des cultivateurs prévoyans
une ressource très précieuse à une époque généralement
critique pour les bestiaux, base première de la richesse
rurale. Un grand tort, devenu celui d'un grand nombre de
cultivateurs, c'est de mélanger le seigle et le froment pour
les cultiver ensemble ; que ce mélange se fasse par parties
égales, par tiers ou par quart, il est contraire à la marche

végétative des deux plantes. La maturité du seigle dévance toujours de beaucoup celle du froment ; si la récolte du premier est retardée jusqu'au moment où le second est bon à moissonner, on perd une bonne partie de son grain, il est devenu la proie des oiseaux, ou bien il est tombé sur le sol, y a pris racine, et y donne déjà de jeunes plants ; si la récolte du froment se fait avant sa parfaite maturité, il perd singulièrement de son poids et de son volume par la dessiccation, il rend moins, se bat difficilement, fournit peu de farine donnant un pain mat, médiocre ; et, lorsqu'on emploie son grain en semence, il ne produit que des épis stériles ou susceptibles d'une prompte et entière dégénération. Le méteil, cependant, est un amalgame utile à la santé, dans le même temps qu'il offre de l'économie ; mais, pour le faire d'une manière convenable, il faut s'assurer que le seigle est pur, sans ergot, bien nourri, l'unir au froment par tiers ou par quart et même par moitié, selon les ressources dont on jouit ou selon les goûts et les habitudes, ne le faire qu'au moment où les deux grains doivent passer sous la meule, ou, mieux encore, lorsque l'un et l'autre réduits en farine doivent être employés à la fabrication du pain. Alors, seulement alors, le méteil, proprement dit, donne un pain savoureux, long-temps frais, ami de l'estomac, et préservant ceux qui en mangent de ces accidens affreux pour les familles, nommés mort subite, coup d'apoplexie, paralysie, etc.

Nous possédons une variété de seigle, appelée tantôt *seigle de la Saint-Jean*, probablement parce qu'on la sème à la fin de juin, et tantôt *seigle du Nord*, parce qu'elle y est connue et cultivée avec succès depuis plusieurs siècles. Cette variété ne demeure que deux mois pour atteindre cinquante-quatre centimètres (20 pouces) de haut ; on la fauche pour fourrage ; un mois après, on la fauche de nouveau ; et l'été suivant, elle fournit une récolte en grains fort abondante. Notre seigle d'automne ordinaire, traité de la même manière, d'après quelques données recueillies en diverses localités, fournit aussi, dans des circonstances favorables, des résultats avantageux en fourrages et en grains, mais ils sont moindres que ceux obtenus de la variété dite *de la Saint-Jean*.

§. III. *De l'Orge.*

L'ORGE occupe le troisième rang parmi les céréales cultivées en grand pour la nourriture de l'homme et des bestiaux, quoique le célèbre HALLER la place au second comme plus anciennement connue et bien plus répandue. Nous en distinguerons trois espèces principales, toutes annuelles, savoir : l'orge distique ou à deux rangs, l'orge à éventail et l'escourgeon.

L'ORGE DISTIQUE (*Hordeum distichon*, L,) , nommée aussi vulgairement *baillarde*, *baillarge*, *paunule* ou *paumoule*, *marsèche*, etc., est plus délicate sur la nature du sol et sur l'exposition que le seigle et le froment épeautre. Elle préfère les terres meubles légèrement humides et les expositions chaudes. Elle épuise le sol par ses racines fibreuses qui envahissent tout un champ, mais sa culture est avantageuse dans le voisinage des grandes villes ; sa vente est également assurée partout où la bière sert de boisson ordinaire, où elle est la base de la nourriture des porcs, des volailles, et même des hommes, ou bien lorsqu'on la donne aux chevaux au lieu de l'avoine, comme cela se voit dans diverses contrées, en Espagne principalement. On peut retarder de la semer jusqu'en avril, et même en mai. Sa végétation accélérée ne demande que trois mois pour remplir toutes ses phases ; aussi permet-elle de faire d'autres cultures fourragères avant et après leur cours. L'orge distique réussit d'ordinaire assez bien après la culture des raves, des navets ou de toute autre récolte fauchée, et surtout consommée sur place. Il y a de l'avantage à la semer avec le trèfle, la lupuline ou le sainfoin, qui admettent après eux le froment. On le fait aussi d'une manière utile avec l'épeautre ou le seigle qui fournissent une série de récoltes très productives sans exiger beaucoup de labours et d'engrais. Lorsqu'une récolte de sarrasin ou de pommes de terre est faite trop tard pour pouvoir espérer une récolte successive en seigle ou autre grain d'hiver, ou quand on désire obtenir après ces récoltes un pâturage au printemps, ou bien encore se reserver le temps nécessaire pour fumer la terre ; l'orge, dont l'ensemencement se retarde plus ou moins, et souvent sans inconvéniens, est très propre à remplacer ces diverses cultures ; elle est surtout plus convenable, semée en mai, que toute autre plante pour servir d'ombrage et d'abri aux prairies artificielles naissantes.

C'est à l'orge distique que se rapprte l'intéressante variété d'*orge nue*, que l'on appelle ainsi parce que son grain est seulement recouvert d'une pellicule légère comme le froment et le seigle, avec lequel elle a quelque ressemblance. LINNÉ lui a donné le nom d'*orge céleste* à cause de ses qualités. En effet elle est très utile pour seconde récolte dans la même année, surtout au midi où elle réussit très promptement. L'orge nue est très précieuse dans les années de disette par sa précocité (elle est mûre même avant le seigle), par la facilité qu'elle a de produire rigoureusement deux récoltes consécutives sur le même champ et dans la même année. En Norwège, on s'en sert de préférence pour la fabrication de la bière.

L'orge en éventail (*Hordeum zeocriton*) a les épis courts, garnis de longues barbes disposées en éventail, d'où elle a pris son nom. On l'appelle aussi *faux riz*, parce que ses grains, plus petits que ceux de l'orge ordinaire, sont à l'instar du véritable riz, recouverts d'une écorce pailleuse, très adhérente à la partie farineuse et qu'on enlève difficilement. Cette espèce est encore connue sous le nom d'*orge de montagne*, parce qu'elle y vient très bien, qu'elle y remplace avec succès les autres espèces, quoique moins productive. Elle aime parmi les terrains élevés ceux qui sont les plus arides.

L'orge d'hiver ou escourgeon (*Hordeum vulgare*) fournit des épis à quatre et six rangées de grains ; la plus commune est celle à épis carrés. Sa tige s'élève plus haut que chez les autres orges, et produit beaucoup plus. Comme les blés de mars, elle est d'une couleur jaune ; sa farine douce, très-propre à la panification, employée pure, donne un pain sec, sans cependant cesser d'être savoureux. Son grain aime une terre bien labourée et bien amendée ; il donne plusieurs coupes d'un excellent fourrage vert, très recherché par les vaches laitières. Cette orge résiste aux gelées, et après avoir donné une nouvelle coupe en mai, elle monte en épis et fournit une superbe récolte, particulièrement si l'été a été un peu humide.

On distingue assez généralement les orges en orge d'hiver et en orge de printemps : c'est une erreur, dont l'origine remonte aux époques des semis qui se font à des temps différents, suivant le climat que l'on habite. On ne peut fixer ces époques, pas plus que d'indiquer avec certitude l'espèce qui convient essentiellement à telle ou telle autre localité. Seulement en thèse générale, on peut dire que l'escourgeon vient dans les départemens qui sont situés au Midi, tandis que l'orge distique et l'orge riz préfèrent ceux au Nord : les pays les plus élevés et les plus froids conviennent surtout à cette dernière. Toutes les orges servent à une infinité d'usages, elles remplacent avec avantage le riz. Parmentier les estime plus nourrissantes, et comme elles sont d'un prix moins élevé, il les recommande surtout pour la table du pauvre ; mais il ne veut pas qu'on leur fasse subir la fermentation panaire, parce qu'elle détruit en partie leurs propriétés nutritives, et développe même en elles des qualités nuisibles à la santé. La farine d'orge est excellente au gras, elle est bonne cuite avec du lait ou avec de l'eau, un peu de sel et du beurre. Un quart d'heure suffit pour avoir un bon potage tout prêt, très nourrissant et ami de l'estomac. Le son, cuit avec des chardons, est un moyen prompt et peu coûteux d'engraisser les porcs. Les bêtes à cornes le mangent avec plaisir quand il est mêlé avec des herbes fraîches.

CHAPITRE IV.

DES PRAIRIES ET DE LEUR CULTURE.

Dans tout domaine administré convenablement, et dont les diverses parties sont tenues dans l'ordre qui doit en assurer la longue prospérité, il importe d'y consacrer une portion des terres à la culture des prairies, tant naturelles qu'artificielles. C'est la base essentielle d'une amélioration générale, de l'abondance et de l'état satisfaisant des bestiaux. Mais il ne faut point croire, abstraction faite du sol, que la bonté des prairies résulte uniquement de leur étendue et de la grande quantité d'herbages qui les couvrent ; c'est la qualité de la plante, c'est sa propriété de nourrir abondamment, de taller beaucoup, de fournir de belles tiges très élevées et bien nourries, qui décident seules de la richesse d'une prairie ; encore est-il nécessaire que les végétaux qui les composent fleurissent et atteignent tous leur parfaite maturité, à la même époque. On peut réunir tous ces avantages et augmenter sensiblement le produit ordinaire des meilleures prairies, sans en étendre la surface, en faisant de bons choix de semences, en connaissant bien les végétaux qui méritent la préférence, et qui sont propres à assurer aux animaux des alimens toujours sains, toujours agréables, toujours abondans.

Nous avons deux sortes de prairies, les naturelles et les artificielles. Les premières sont formées par un assemblage de plantes indigènes, dont la nature sème les graines, qui donne incontestablement le foin le plus fin et le plus profitable aux bestiaux, une nourriture qui ne cause jamais aucun désordre dans leurs fonctions vitales. Les secondes sont, ainsi que leur nom l'indique, le travail de l'art ; elles se composent de plantes exotiques, dont l'introduction dans nos cultures remonte à des époques plus ou moins rapprochées. Les prairies artificielles ont été créées pour augmenter la masse des fourrages, et remplir la lacune immense que laisse dans l'entretien des troupeaux, la faible ressource des prairies naturelles. Les prairies artificielles sont d'un grand rapport, lors même qu'elles ne présentent qu'une seule plante ; comme elle y est cultivée avec soin sur un terrain préalablement défoncé, et qu'elle féconde encore par la division de ses molécules, elles donnent, selon l'espèce, deux et trois coupes de plus dans l'année que les plantes indigènes ; elles facilitent la multiplication et le meilleur entretien des bestiaux, d'où résulte nécessairement une augmentation d'engrais, de travail lucratif pour le cultivateur, et de richesses solides pour la maison rurale. Partout où l'on a adopté l'usage des prairies artificielles, on n'a eu qu'à se louer du bien qu'elles ont produit ; au contraire, partout où l'on s'est contenté des prairies naturelles, l'agriculture est demeurée dans un fâcheux état de stagnation. J'en excepte les pays de montagnes, où les prés sont toujours très beaux, et où les bestiaux trouvent toujours une nourriture saine et abondante.

Nous avons plusieurs sortes de prairies qui toutes attendent une perfection nécessaire de la main industrielle du cultivateur intelligent : ce sont les *prairies aigres*, les *prairies basses*, les *prairies hautes* ou de montagnes, les *prairies industrielles* et les *prairies mixtes*; les *prairies naturelles*, les *prairies composées* ou intermédiaires et les *prairies artificielles*. Un mot sur chacune.

I. PRAIRIES AIGRES.

Toute pairie dont le sol se trouve au-dessous du niveau des eaux affluant de terrains plus élevés, est réputée aigre, parce que l'herbage qu'elle produit est cru, grossier et rebuté par les bestiaux ; les chevaux y pâturent à regret, les vaches y sont bientôt atteintes de coliques et de diarrhées, les moutons y contractent en peu de temps la maladie appelée pourriture. Les terrains argileux et pesans, de même que les sablonneux et ceux de nature légère, manquent rarement en pareille situation de devenir prairies aigres, quoiqu'ils y soient moins sujets que les sols tourbeux et ceux dont on a extrait de la houille. Une prairie élevée peut subir ce triste inconvénient si, non loin de sa surface, il existe une nappe d'eau souterraine. L'exhaussement du sol par le transport des terres, des saignées pratiquées en la partie déclive, l'écobuage, l'incinération des plantes aquatiques, et le semis dru d'un grand nombre de bons végétaux, sont les moyens à employer pour remédier au vice.

2. PRAIRIES BASSES OU MARÉCAGEUSES.

Elles ne se cultivent point, mais tout propriétaire jaloux de ne rien perdre doit mettre ses soins à en extirper les végétaux nuisibles et envahissans. Sur vingt-neuf espèces de plantes qu'on y compte, quatre seulement ont des propriétés utiles, et lorsqu'on les néglige, elles se couvrent volontiers d'une rouille très malsaine et servent de refuge à une foule d'insectes non moins malfaisans.

Dans beaucoup de localités on laboure ces prairies et on leur demande des récoltes : c'est à tort, les récoltes y sont non seulement chétives, mais de triste qualité. Laissez-les en prairie, si vous ne voulez y établir une saussaie, mais choisissez les graines à leur confier, et prenez en particu-

lier celles du fenouil de porc (*Peucedanum officinale*),
qui produit deux récoltes abondantes ; de la honque lai-
neuse (*Holcus lanatus*), très hâtive et fournissant un foin
excellent ; du trèfle brun ou rameux (*Trifolium spadi-
ceum*), du lotier ailé (*Lotus siliquosus*), de la bistorte ou
renouée (*Polygonum bistorta*), très aimée de tous animaux ;
de la patience sauvage (*Rumex hemolopathum*), du populage (*Caltha palustris*), du cresson des prés (*Cardamine
pratense*), qui conviennent aux vaches et aux moutons ;
de l'angélique sauvage (*Angelica sylvestris*), vivement ap-
pétée par le bétail quand elle est jeune ; de la valériane
(*Valeriana dioïca*), du trèfle des marais (*Menianthes tri-
foliata*), mangé par les chèvres et les moutons avec le
plus grand plaisir ; la reine des prés (*Spiræa ulmaria*), de
la berle blanche (*Sium latifolium*) dont on accuse à tort
les feuilles adultes d'être vénéneuses pour les vaches et
pour les veaux, etc.

3. Prairies hautes ou de montagne.

Les terres labourables sur lesquelles on sème des plantes fourragères sont appelées prairies hautes ; je réserve
ce mot pour les chaumes des Vosges, espaces de peu d'é-
tendue, placés au sommet des plus hautes montagnes,
où les bestiaux vont durant quatre mois de l'année, (du
15 mai aux premiers jours d'octobre), respirer un air pur
et puiser dans les plantes succulentes ce lait délicat qui
fait les délices du montagnard ou qu'il réunit aux chalets,
pour le convertir en fromage de toutes les sortes. Ces véritables prairies hautes sont permanentes et fournissent
trois coupes : la première a lieu en juin et donne une herbe d'un mètre de haut ; l'ivraie vivace, *Lolium perenne*, en
est la base ; la seconde coupe, qui est extrêmement touffue, se fait deux mois après : c'est le trèfle qui domine ;
la troisième coupe s'obtient fin septembre et s'emporte à
l'étable.

4. Prairies industrielles.

Dans le département de la Haute-Vienne les cultivateurs désignent sous ce nom les prairies des vallons granitiques, sur lesquels ils dirigent les eaux des sources qui

s'y rencontrent habituellement , et qui leur procurent des
récoltes d'excellens fourrages très-fins et très odorans.

5. Prairies mixtes.

Ce sont celles que l'on plante de saules , d'aunes , de
peupliers , etc., tenus en échiquiers et dont les sujets sont
pris de boutures. Lorsque ces arbres sont arrivés à une
certaine hauteur , la prairie offre un fort joli tapis vert et
l'aspect d'un jardin paysager ; elle sert en même temps
de pâture pour les bestiaux qu'elle fournit d'excellens
brins pour les ouvrages de vannerie , des liens pour la vigne et les tonneaux ; quand elle est bien divisée , elle présente une promenade agréable : de son côté, le propriétaire y trouve ainsi plus d'un avantage , outre celui d'être
utile à ses concitoyens.

Il me reste à parler des prairies naturelles , composées
et artificielles ; comme elles demandent quelques détails,
je leur consacre trois articles distincts.

§. 1er Des Prairies naturelles.

La plupart des prairies naturelles reposent sur un sol
maigre , sans fond, et qui ne peut convenir à aucune
autre sorte de culture ; parmi les plantes qui les constituent
il en est un certain nombre peu propres à la dent des divers
animaux domestiques, et quelques unes qui sont vénéneuses.
Dans le premier cas, il faut bien se garder de les détruire
et de vouloir se livrer sur cette terre à d'autres genres de
spéculations : mais il importe de renouveler les prés et de
faire un choix raisonné de plantes capables de fournir un excellent fourrage. Dans le second cas , il faut purger les
prés et en augmenter le produit, en employant à leur prospérité l'écobuage sur les terres susceptibles de supporter
ce moyen d'amélioration. l'enfouissement en vert sur les
terres légères , le mélange de terres partout où le sol n'a
pas de consistance suffisante ; enfin l'irrigation dans les localités qui permettent de recourir à cette voie fécondante
et de longue prospérité , quand elle est sagement entendue
et convenablement développée. Ce pas fait, il faut s'occuper du choix des graines que l'on veut répandre sur ses

17.*

prairies : le succès entier de l'amélioration étant essentiellement lié à la bonne qualité de la semence.

Je le répète encore ici, la première condition que l'on doit exiger d'une graine quelconque, c'est d'être cueillie parfaitement mûre, sur des individus jeunes, bien sains, pleins de vigueur, venus dans un sol de qualité inférieure à celui auquel elle doit être confiée ; la seconde qu'elle soit tirée directement du Midi, s'il s'agit de plantes peu sensibles au froid, telles que les graminées, certaines légumineuses, etc. ; la troisième condition, c'est qu'elle soit de l'année précédente ; rarement on doit prendre celle qui compte sa deuxième année. Celle des graminées vivaces doit être prise sur le premier foin. Ceux qui dans leur choix, croient devoir s'en rapporter à la forme, à la couleur, au poids, à l'odeur, au volume, et qui négligent les bases que je viens d'indiquer, seront sans aucun doute, déçus dans leur espoir. Ces différens caractères sont plus ou moins fallacieux quand on s'arrête à un ou plusieurs, mais ils ne tromperont jamais quand ils seront tous examinés, jugés les uns après les autres, et appuyés des trois conditions indispensables.

Si la bonne foi était dans tous les cœurs comme elle devrait y être, si la bonne foi présidait à toutes les transactions de la vie publique et à tous les actes de la vie privée, le vendeur ne livrerait que des graines de première qualité, et l'on pourrait s'en rapporter à lui quand il vous dit, 1° que ses graminées ont été cueillies avant le lever du soleil sur des tiges dont la couleur jaune paille annonçaient une maturité complète, qu'elles ont été exposées à l'air libre pour se ressuyer, parfaitement triées ensuite et tenues en un lieu sec ; 2° que toutes ses autres graines, particulièrement la luzerne, les trèfles, le sainfoin proviennent des tiges montées après une première coupe faite avant la floraison, arrivées à leur entière maturité, dégagées de leur enveloppe, nettoyées avec exactitude, et tenues dans des lieux bien aérés, de manière à ne point s'échauffer ni subir aucun principe de fermentation. Mais malheureusement il est impossible d'espérer la vérité de marchands, que des compagnies intéressées ou séduites prônent sans-cesse, de marchands qui se sont fait une habitude de tromper, qui ne voient que l'argent, et tiennent moins à l'honneur qu'à un vil intérêt. Ils pourraient gagner de l'aisance en remplissant dignement leur tâche, mais ils préfèrent jouir de suite, n'importe comment. La collection qu'ils vendent sous l'appellation *semences de prairies naturelles*, égale absolument en mérite celui des balayures de greniers ; j'en ai fait la triste et amère épreuve, c'est ce qui me décide à dire au cultivateur intelligent de voir tout par lui-même, et pour éviter les pièges que lui tendent l'avidité ou l'erreur, de faire des études préliminaires que l'expérience viendra bientôt corroborer, développer et étendre davantage encore.

Une fois le choix fait, comme on a dû préparer son terrain d'avance, on s'occupe du semis depuis le mois d'août jusqu'au milieu de l'automne. Le semis se proportionne à la nature du sol et à l'espèce de plante. Si on sème clair, les végétaux seront plus vigoureux, plus hauts et d'une plus longue durée, mais leurs tiges étant grosses et dures n'offriront qu'un fourrage médiocre, rejeté par les animaux ou les nourrissant mal ; si l'on sème, au contraire, trop dru, l'herbe sera fine, délicate, d'une qualité supérieure, facile à sécher, mais aussi elle sera moins abondante et votre prairie d'une plus courte durée. Il est un point milieu qu'il importe de saisir, c'est vers lui que doivent tendre les observations et les travaux des cultivateurs.

Parmi les plantes bonnes comme pâture et comme fourrage, citons les suivantes : la jacée (*Centaurea jacea*) qui fleurit depuis le milieu du printemps jusqu'à la fin de l'été ; la jacobée (*Senecio jacobea*) aux fleurs jaunes disposées en large corymbe terminal ; le fléau des prés (*Phleum pratense*) que les Anglais appellent *thymoty* et qui fournit une première coupe très-productive : la seconde l'est beaucoup moins, son chaume ayant une tendance à devenir ligneux ; le vulpin (*Alopecurus pratensis*) il manque souvent et sa graine mûrit généralement mal ; le trèfle rouge (*Trifolium purpureum*) ; l'avoine jaunâtre (*Avena flavences*), la feugerolle ou durète (*Festuca duriuscula*), etc.

Dans le nombre des plantes bonnes en pâture et médiocres pour fourrage, il faut distinguer : le triolet (*Trifolium pratense*) que mangent les chevaux, les vaches, les moutons et les porcs ; la lupuline ou minette dorée (*Medicago lupulina*), le lotier des prés (*Lotus corniculatus*) ; plantes peu élevées, fanant difficilement, mais renaissant perpétuellement sous la dent et les pieds des bestiaux ; la carotte (*Daucus carotta*). qui mûrit avant les graminées et dont le foin est dur et ligneux ; la grande margueritte (*Bellis major*) fane difficilement ; la primprenelle (*Sanguisorba officinalis*) donne une pâture précoce et excellente , végète pendant l'hiver et sous la neige , résiste aux plus grands froids et à la sécheresse, fournit peu de fourrages, ses tiges étant rares, peu élevées et devenant ligneuses ; la véronique (*Veronica officinalis*) monte trop peu pour faire un bon fourrage ; l'oseille (*Rumex acetosa*) vient vite, mûrit de bonne heure , est aimée des moutons auxquels elle est utile dans les temps humides ; le salsifis (*Tragopogon porrifolium*) fane difficilement , mais il est recherché par les bestiaux à cause de sa saveur sucrée ; le pissenlit (*Dens leonis*) de même que la plante précédente , excite de grands dégâts dans les prés au voisinage des grandes villes , les racines de l'une et les fanes de l'autre servant de nourriture à l'homme ; l'ail sauvage (*Allium schœnoprasum*) . quoiqu'il s'élève peu, il forme une excellente pâture surtout dans les saisons humides ; le dactyle aggloméré (*Dactylis agglomerata*) qui veut être mangé vert , sec , ses épis couverts de longues barbes piquantes , répugnent aux animaux ; l'ivraie vivace ou ray gras et pain-vin (*Lolium perenne*) . seulement recommandable comme pâturage à cause de sa précocité ; comme fourrage , sa tige est dure et ses graines piquantes incommodent les bestiaux en s'arrêtant dans leurs mâchelières ; la chicorée sauvage (*Cichorium intibus*) , bonne pâture très-précoce , etc.

Du moment qu'un prairie est formée , il importe de veiller à ce qu'elle ne dégénère point. La mousse en rendant l'herbe rare et chétive, est la première cause de la destruction rapide d'une prairie : on arrachera donc cette plante parasite avec des rateaux ou bien avec la herse à dents serrées dans la saison des travaux morts , c'est-à-dire en hiver. On l'enlève immédiatement et on y met le feu, de préférence à l'enterrer au pied des provins. Il faut aussi avoir soin de visiter souvent ses prairies , armé d'une espèce de petite bêche, avec laquelle on arrache le plantain à larges feuilles (*Plantago major*) , l'arrête-bœuf (*Ononis spinosa*), l'orvale (*Salvia sclarea*) , et sur-

tout le colchique ou tue-chien (*Colchicum autumnale*),
dont l'oignon sert de nourriture à la taupe, le plus grand
destructeur des prairies. On substitue à l'instant des graines de bonnes plantes à celles que l'on vient d'enlever, et
l'on jette au besoin un peu de fumier avec, afin de prévenir
le retour des mauvaises plantes arrachées.

§. II. DES PRAIRIES COMPOSÉES.

On donne ce nom aux prairies fourragères où l'on voit
réunies diverses espèces d'herbes graminées et légumineuses, mais dont l'ensemencement est calculé de manière à
fournir de bonnes récoltes à faucher, quand les prairies
voisines se montrent très fatiguées par une trop longue reproduction des herbages les plus usuellement employés.
Trois plantes choisies dans deux familles, les Graminées
et les Rosacées, constituent nos prairies intermédiaires ou
composées. Deux appartiennent à la première famille,
l'avoine fromentale (*Avena elatior*), dont le chaume est
un peu dur quand on ne l'a point fauché durant la floraison, et l'Ivraie vivace d'Italie (*Lolium perenne*) nommé
par les cultivateurs de ce pays *Lajezza*. La troisième plante
est la grande pimprenelle (*Poterium sanguisorba*, *var.*)
Quelques lignes sur chacune de ces plantes économiques.

L'avoine élevée en fromentale, désignée aussi sous le
nom vulgaire de fenasse, est un des meilleurs fourrages ;
on la trouve partout, dans les bons et les mauvais terrains,
mais de préférence sur ceux qui ne se montrent ni trop
secs ni trop humides. Quand on la cultive séparément et
que sa végétation est favorisée par l'irrigation, elle s'élève
beaucoup. De ses racines vivaces, fibreuses et rampantes,
sortent des chaumes d'un mètre et plus de haut, garnis de
feuilles glabres et larges, et portant une panicule longue,
assez lâche, fort étroite, terminée en pointe, de couleur
verdâtre, presque luisante. La récolte du grain veut être
faite avec soin et à plusieurs reprises, attendu l'inégalité
de la maturité. Comme plante fourragère on la coupe souvent.

La variété d'ivraie vivace qui nous est venue de la pé-
ninsule italique est d'un rapport extraordinaire, aussi se
propage-t-elle avec une grande rapidité. Ses feuilles sont

plus larges , plus charnues , d'un vert plus clair que sur
l'espèce type que nous rencontrons au bord de tous les
chemins et dans les lieux incultes. Ses épis sont barbus et
fleurissent deux fois l'an ; son chaume succulent atteint
communément un mètre et demi. L'on assure qu'au bout
de sept à huit ans , lss prés ensemencés en ivraie d'Italie
sont aussi garnis que durant la première année ; si, après
cette époque , on s'aperçoit que l'herbe devient claire , on
laisse mûrir la graine jusqu'à ce que le chaume retombe
sur lui-même et se sème naturellement : la prairie se renouvelle de la sorte. Pour moi , je préfère ensemencer
de nouveau.

Objet de spéculation agricole , la grande pimprenelle a
quitté volontiers les lieux secs , les fissures des rochers et
les sols ferrugineux , où les bestiaux allaient la chercher
avec une sorte de plaisir , pour venir prospérer d'une manière remarquable , pour doubler et même tripler de volume sur nos terres ayant du fond. Semée seule , on met
sa fane par couche dans les foins des prairies naturelles ,
afin qu'elle leur communique une délicieuse odeur et les
rende très-appétissants. Comme pâture, on y met les
troupeaux jusqu'à la fin de novembre et depuis le mois de
février jusqu'aux dernières heures d'avril, puis on la laisse
croître pour la récolter une première fois en juin et une
seconde fois en septembre. On l'unit fort avantageusement
sur le même sol et en même temps avec de l'avoine et de
l'orge, ou bien tantôt avec le sarrazin ou la chicorée sauvage , tantôt avec la luzerne et le sainfoin. La culture de
la grande pimprenelle est d'une haute importance pour
nos départemens du midi , parce qu'elle résiste aux longues sécheresses et qu'elle conserve sous leur ardente chaleur son vert feuillage lorsque les autres plantes sont gril-
lées par le soleil ; dans les départemens du Nord , elle a
toujours la fraîcheur du jeune âge , le temps et la neige
ne la détériorent presque point.

Une prairie de grande pimprenelle dure de sept à huit
ans , mais il est indispensable d'en écarter les troupeaux
pendant le premier hiver : les années suivantes , elle ne
souffre nullement ni du broutis ni du piétinnement : circonstance d'autant plus remarquable qu'elle distingue cette
rosacée des autres végétaux cultivés en prairies artificielles.

En réunissant l'avoine élevée , l'ivraie vivace des Italiens et la grande pimprenelle que l'on ensemence en automne sur une terre convenablement préparée , on obtient trois années de suite d'excellents fourrages à faucher , et deux ou trois autres années une bonne pâture pour les bêtes à laine.

La première année , on a deux coupes abondantes de l'avoine fromentale , les deux autres plantes n'ayant point pu prendre qu'un faible développement.

A la seconde année , l'avoine disparaît presque généralement , l'ivraie seule se montre en pleine végétation et va livrer à l'instrument du faucheur deux ou trois riches coupes : surtout si le sol est assez frais ou que les pluies tombées à propos aident à la marche végétante. Il faut cependant le dire , cette troisième coupe est moins productive que les deux autres et annonce pour la quatrième année sa décadence. C'est alors le tour de la grande pimprenelle ; asssise sur le sol où ses racines se sont fortifiées et étendues , elle pousse des tiges fortes qui déterminent la disparition totale de l'ivraie , et après avoir payé le cultivateur par une bonne récolte , elle a besoin que le parcours des moutons vienne la restaurer, lui imprimer une vigueur nouvelle, pour fournir une dernière provision. Dans l'automne de la sixième année il faut rompre la prairie et l'ensemencer , si mieux on n'aime la livrer à une nouvelle culture.

§. III. Des Prairies artificielles.

Semées pour un temps plus ou moins long , calculé sur la qualité de la plante , sa durée , l'effet qu'elle est susceptible de produire , et les terrains qui lui sont propres , les prairies artificielles doivent occuper dans le domaine une étendue suffisante pour satisfaire aux besoins des animaux domestiques sans nuire aux autres cultures. Il est impossible de fixer les bornes de cette étendue , c'est à la prudence et à l'esprit prévoyant d'un administrateur entendu à les déterminer. Règle générale : la proportion des herbages dans une exploitation bien régie doit toujours être en raison inverse de la richesse du fonds ou des autres ressources locales.

Quant on établit une prairie artificielle et qu'on veut la rendre essentiellement profitable à la terre, ainsi qu'aux animaux, on ne doit point négliger d'y faire succéder des plantes qui occupent long-temps le sol à celles qui n'y font, pour ainsi dire, que passer ; il importe aussi de remplacer celles dont la végétation exige une grande quantité de sucs nourriciers, et qui sont reconnues pour appauvrir le terrain par des végétaux qui, empruntant moins de lui que l'atmosphère, loin d'épuiser, ont la propriété de féconder le sol ; il convient encore de faire suivre les plantes à racines pivotantes qui vont chercher leur nourriture dans les couches inférieures, par des plantes à racines traçantes qui vivent aux dépens des couches supérieures ; enfin, il faut avoir soin de ne ramener la culture d'un végétal quelconque qu'après une série de plusieurs autres productions de familles différentes : on ne peut trop étendre le cercle de ces productions variées.

Une attention non moins importante est celle de s'assurer de la qualité des graines que l'on emploie. Quand on est obligé d'en acheter, on court les risques d'être trompé par ceux-là même qui font métier de les vendre, souvent ils ne vous donnent que des débris de magasin, des graines vieilles mêlées à de mauvaises herbes qu'on ne vient à bout de détruire qu'à force de travail et de frais ; il vaut mieux s'adresser à un cultivateur pour avoir des semences de sa récolte dernière : on pourra les payer un peu plus cher, mais on sera sûr de la qualité. Pour celui qui craindrait encore de se tromper, il est des signes auxquels il doit s'en remettre : je vais en indiquer quelques-uns.

La bonne graine de luzerne réfléchit une couleur jaune très-éclatante et pèse beaucoup ; celle du sainfoin est d'un jaune doré ou d'une couleur un peu rembrunie, mais brillante ; celle du trèfle est vive, brillante, partie d'un jaune clair et partie d'une jolie couleur violette. Quand elles sont altérées et qu'elles ont, par conséquent, perdu de leurs qualités, les graines de la première sont ou verdâtres ou noirâtres ; celles de la seconde, vertes ou noires, annoncent qu'elles ont été recueillies avant leur parfaite maturité, ou bien qu'elles sont vieilles ; celles de la troisième se ternissent et rougissent en vieillissant : elles peuvent lever encore deux ou trois ans après la récolte, mais plus tard elles ne sont plus bonnes à rien.

Ici comme dans toutes les autres cultures, il n'est point facile de prescrire la quantité positive de semences à em-

ployer par hectare; cette quantité dépend non seulement
de la qualité du sol, mais encore de la nature de la plante.
Il n'y a pas d'inconvéniens à semer dru, parce que le
fourrage est plus fin et infiniment meilleur ; cependant il
est bon d'observer que les plantes vivaces veulent être semées plus clair que les annuelles, et elles doivent l'être
d'autant moins qu'elles sont plus vivaces.

Les trois plantes que je viens de nommer ne sont pas
les seules propres à former une bonne prairie artificielle,
elles en sont la base essentielle ; mais on obtiendra de
même un excellent fourrage en cultivant, sous le même
point de vue, les turneps, les navets, les carottes, la
betterave, les pois, les vesces, la spergule, l'herbe de
Guinée, le fromental et plusieurs autres graminées, la
pimprenelle, la chicorée, notre grosse massette, le thymoty des Anglais, etc., etc.

En lisant ces différens noms, l'on ne manquera pas de
nous demander si les plantes vivaces dont on forme des
prairies artificielles, doivent être semées seules ou bien
associées à d'autres graines. Je répondrai que, après avoir
bien étudié l'action des plantes les unes sur les autres, il
m'est démontré qu'elles se servent mutuellement plus
qu'elles ne se nuisent. Les graminées s'emparent, pour
ainsi dire, de la surface du sol, leurs racines y attirent,
y conservent les eaux de la rosée et des pluies légères ;
elles défendent par conséquent, la terre des ardeurs du
soleil, tandis que les plantes pivotantes et vivaces vont
fouiller le sol profondément, et appeler son humidité
inférieure pour suppléer à ce qui peut leur manquer de
l'humidité passagère de la superficie. Les premières pro-
tègent les secondes des atteintes brûlantes des chaleurs,
tandis que les secondes augmentent par les débris de leur
fanage la masse des sucs nourriciers que les premières demandent à la croûte supérieure. Et puis s'il était possible,
comme on l'a dit, que les graminées affamassent, non
seulement le sol, mais encore les plantes qui végètent à
leur pied, il en résulterait qu'elles donneraient une très-ri-
che récolte, et qu'elles compenseraient de la sorte la
perte alors minime des autres graines. Au contraire, si
les grains sont faibles, et qu'ils annoncent ne devoir donner qu'un produit médiocre, l'on sera dédommagé de
leur quasi nullité par l'abondance et les qualités de l'her-

bage. Un autre avantage du mélange des plantes annuelles
et des plantes vivaces , c'est que les premières donnent le
temps d'attendre que les secondes acquièrent tout leur développement , et paient les soins qui leur sont donnés.

Sans doute il est inutile de répéter ici ce que je viens
de dire , qu'il faut éviter de réunir des plantes qui vivent
de la même manière , elles se nuiraient nécessairement
les unes aux autres. Ainsi , n'imitez point l'exemple de
ces cultivateurs qui mêlent ensemble luzerne , trèfle et
sainfoin , mais vous pouvez placer dans le même champ
une plante très-vivace et une qui l'est moins , et avec elles
des végétaux annuels ; vous les semerez séparément, parce
qu'ils ne veulent pas tous être enterrés à la même profondeur.

Dans nos départemens du Midi où les longues sécheresses de l'été ne permettent pas , ou du moins permettent
fort rarement de semer le trèfle et le sainfoin durant cette
saison ; partout où ils périssent , quand on les sème en
automne, par suite de gelées qui sont de courte durée ,
mais très fortes et sans neiges propres à en tempérer la
rigueur , le meilleur moyen de les abriter contre ces deux
inconvéniens , est d'en répandre la graine sur les prairies
artificielles après les gelées du printemps, et sur des céréales confiées à la terre à la même époque : le trèfle et le
sainfoin trouveront ainsi une terre fraiche , imprégnée des
sucs fertilisant des engrais , et convenablement travaillée,
ils prospéreront de même que les céréales qui les abritent
et qu'ils consolident à leur tour sur le sol. J'ai partout
remarqué que le trèfle vient beaucoup moins bien quand
on le jette sur des grains semés en automne : ceux-ci
montant très-vite , le privent des deux agens de la végétation , l'air et la lumière.

Le printemps est aussi l'époque que l'on doit adopter
dans nos départemens situés au Nord ; la raison ici est
dans la nature même des plantes. En effet, celles qui constituent nos prairies artificielles sont presque toutes origi-
naires du Midi', elles ont donc besoin d'une main protec-
trice pour ne pas être repoussées d'un sol qui appelle sans
cesse à lui les végétaux indigènes ; elles demandent à
jouir de tous les bienfaits d'une atmosphère plus homogène pour elles , et de la préparation que la terre a reçue

par la culture des vesces, des navets, des choux et autres hivernages de toute espèce.

Quant au moment propice aux semis, il doit être calculé d'après les localités, mais toujours de manière à éviter les dernières gelées et les chaleurs intempestives ; les pluies douces qui tombent de bonne heure aux équinoxes, lorsqu'elles sont peu fréquentes et de courte durée, indiquent ce moment ; il importe de le saisir, l'humidité étant indispensable à leur succès, et par suite à la prospérité des prairies artificielles.

Ce qu'il importe encore de ne point négliger, c'est de débarrasser ses prairies des herbes parasites, des plantes grossières et nuisibles qui s'y multiplient promptement, pour peu que le cultivateur s'abandonne à la paresse ou à l'indifférence. Toutes les sortes d'engrais leur conviennent les fumiers d'écurie doivent servir à l'amendement préalable du champ ; mais ils ont besoin d'être enterrés, sans quoi l'évaporation et les pluies qui les entraînent, surtout dans les terrains en pente, les dépouilleraient incessamment de leurs principes fécondans ; la fiente de pigeon et de volaille pulvérisée et soigneusement dégagée des plumes, les cendres vives ou lessivées sont d'une grande utilité quand elles ont été répandues sur le sol dans le courant de l'hiver, mais l'engrais par excellence c'est le plâtre récemment cuit et pulvérisé : ses effets sont prodigieux ; on le sème à la volée comme la semence, par un temps calme, surtout humide, lorsque la plante couvre déjà la terre de ses feuilles, qui aiment à en être saupoudrées. Il faut s'abstenir d'en répandre sur les terrains naturellement humides, et sur les terres d'alluvion, qui peuvent s'en passer, et n'en retireraient que peu de profit.

Obtenir de la terre le plus haut produit possible, en augmentant sans cesse sa fertilité, voilà le dernier degré de perfection pour l'agriculture. Chacun peut y arriver de suite ou lentement, et même d'une manière presque insensible, en substituant aux jachères la culture des prairies artificielles. Comme leurs avantages sont constatés de la manière la plus péremptoire, on ne doit point craindre quelques frais ni la perte d'un peu de récolte pour leur établissement. Il est certain que dès la troisième année le sol a reçu d'elles une amélioration sensible, et les bestiaux, qui constituent la richesse solide et durable d'une

ferme , en sont devenus plus beaux , plus vigoureux ;
leurs races se sont perfectionnées , et avec elle la masse
des ressources s'est augmentée considérablement.

Les prairies artificielles aiment l'eau ; quand on peut
les irriger , elles fournissent tant en vert qu'en sec , un
fourrage très-abondant et de première qualité , que les
bestiaux mangent avec délices. Dans les localités auxquelles la nature a réfusé des eaux courantes, il faut y
suppléer par des arrosemens faits avec entente , et lorsque ce dernier moyen est onéreux ou même impossible, il
importe d'ouvrir le sol à 65 centimètres de profondeur , le
fumer convenablement , et répandre dessus quelques char-
retées de plâtre cuit et réduit en poudre.

Du moment qu'une prairie vieillit , qu'elle présente un
grand nombre de clairières , et de mauvaises herbes , lorsqu'elle cesse de founir la même quantité de fourrage, il est
instant de la refaire , c'es-à-dire de la renverser , soit à la
bêche ou à la pioche, soit à la charrue, ou mieux encore,
avec le rouleau coupant que les Anglais nous ont fait connaître. L'importance de cet instrument m'oblige à en parler plus spécialement. Ce rouleau est composé d'un cylindre de bois, d'un mètre de long (3 pieds) sur 2 décimètres
(8 pouces) de diamètre , dans lequel on enfile de trois à
six disques coupans en fonte , dont l'épaisseur de la base
est de 2 à 3 centimètres (8 à 12 pouces) , et la largeur au-
dessus du cylindre , égale au diamètre de ce dernier. Ces
disques sont fixés au moyen de coins en bois opposés ,
ou de trois chevilles forcées de chaque côté ; leur tranchant est d'aciér non trempé, pour être au besoin, battus
d'un côté, aiguisés quand ils ne coupent plus, et rechargés
d'acier lorsqu'ils sont ébréchés. Le tout est porté par un
châssis et traîné par un âne ou par un cheval. Quoique le
cylindre en bois soit moins pesant que celui en fonte de
fer , le premier est préférable au second dans tous les cas.
On peut augmenter son poids en le chargeant de pierres ,
ou bien en établissant sur le châssis une sorte de caisse
longue , où l'on jette des pierres. Cette pesanteur doit être
proportionnée à la dureté de la terre , mais calculée toujours de façon que les disques y entrent au moins des deux
tiers de leur largeur. Pour lever des gazons avec cet instrument , on écarte les disques d'environ 3 décimètres
(un pied) , on le promène lentement sur le sol dans lequel

ils s'enfoncent de 6 à 8 centimètres (2 à 3 pouces), d'abord du bas au haut du champ, ensuite parallèlement, puis on lève, avec une bêche, les mottes de gazons, qui toutes ont trois décimètres carrés, ou bien on y fait passer la charrue, qui les laboure et les retourne très-aisément. Si le sol de la prairie est fort et argileux de sa nature, les mottes seront brûlées, comme je l'ai indiqué en parlant de l'écobuage (1) ; mais si le sol est léger, sablonneux et presque tout calcaire, on les renverse sens dessus dessous, puis on les brise pour enlever les parties ligneuses qui ne seraient point pourries ou consumées.

Je ne finirai point ce que je veux dire sur les prairies artificielles, sans rappeler aux cultivateurs que le moyen de les ruiner est d'y mettre à paître les animaux. En tout temps cette méthode est essentiellement nuisible, mais plus encore dans les premières années de leur établissement : elle doit donc être à jamais proscrite dans l'intérêt de la prairie et dans celui des bestiaux. En effet, si le piétinement ouvre dans le sol des cavités qui s'emplissent d'eau, laquelle y croupit et porte préjudice aux plantes voisines ; si la dent du cheval ou du mouton saisit les bourgeons qui commencent à sortir, et ronge jusqu'au collet de la racine, que leur urine dessèche et brûle encore ; si l'espèce de râpe dont la langue du bœuf est tapissée, arrache les jeunes plantes ou les déchausse tellement qu'elles périssent bientôt après, les végétaux cultivés en prairies artificielles, contenant une grande masse d'air et d'humidité, causent aux animaux qui en mangent beaucoup des maladies dangereuses, que l'on désigne sous les noms de *météorisation*, de *tympanite*, de *coliques venteuses*. Certes on peut donner du fourrage vert aux bestiaux, mais il faut le faire prudemment et avec une connaissance approfondie de son action sur les premières voies ; il faut chaque jour faucher la quantité nécessaire, la porter à l'écurie et l'administrer peu à peu et en petite quantité, mêlée avec de la paille coupée, des balles d'épeautre, d'une petite quantité de maïz concassé ou du foin bien sec. Dans quelques départemens du Nord-Ouest, on a pensé diminuer les tristes effets de cette dépaissance en

_____

(1) Liv. I, chap. III, §. 7, p. 55 et suiv. de ce volume.

abandonnant à une vache dont la longe est fixée en terre, l'espace qu'elle peut parcourir, en décrivant le cercle tracé par la longe ; mais ce moyen, moins fâcheux que celui de la laisser paître librement, n'est pas sans de graves inconvéniens, surtout dans les temps humides.

Le fourrage des prairies artificielles donné sec doit l'être modérément. Pris avec excès, il échauffe et est susceptible de causer toutes les maladies qui sont l'effet de la pléthore. On peut sans crainte le faire manger seul ; mais lorsqu'il est mélangé, il est plus sain, plus savoureux, plus nourrissant et plus du goût de tous les animaux.

CHAPITRE V.

DE L'ASSOLEMENT.

On entend par le mot *assolement* l'ordre suivant lequel les divers genres de culture, admis dans une exploitation se succèdent les uns aux autres. Cet ordre est une des plus importantes améliorations de l'agriculture moderne, c'est aussi l'opération la plus délicate et la plus essentielle à la longue prospérité des terres : je dirai même que toutes celles que nous avons précédemment examinées, suivies et recommandées seraient insuffisantes sans l'art d'alterner les divers genres et les différentes espèces de végétaux que nous confions au sol.

La théorie de l'assolement a depuis long-temps été proposée par les agronomes, elle n'est réellement bien sentie et parfaitement développée que depuis l'aurore du dix-neuvième siècle. Elle est fondée sur la triple loi, 1° que les végétaux épuisent d'autant plus le sol qui les nourrit qu'ils y prennent un plus grand développement, et qu'ils y restent jusqu'à l'entière maturité de leurs fruits ; 2° que les plantes traçantes d'une famille, demandent à être remplacées par celles d'une autre famille qui sont munies de racines en pivot, comme celles qui sont pourvués de bulbes

doivent l'être par celles dont les racines sont fibreuses ;
3° Enfin qu'il ne suffit pas de remuer le sol, de le retourner, d'en mêler les diverses couches, il faut encore par
des fumures ou des amendemens bien entendus, le purger
des débris laissés par la précédente culture, parce que
ceux-ci par leur décomposition, ont laissé après elle, tantôt
une masse plus ou moins considérable d'acétate de chaux
singulièrement nuisible à la végétation, tantôt de l'acétate
de magnésie également funeste quoique beaucoup moins.

De Candolle et l'anglais Marcaire ont expliqué la ré-
pugnance de certains végétaux à se succéder les uns aux
autres par une prétendue exsudation des racines et des plus
minces radicelles. A la suite d'expériences chimiques assez
légèrement faites, ils ont avancé que les extrémités souterraines des plantes sécrétaient les sucs non absorbés
et par conséquent nuisibles, et que cette exsudation se ma-
nifestait par les gouttelettes jaunâtres ou de couleur brune,
de nature gommo-résineuse, saline et plus ou moins âcre
que l'on observe sur les sponigioles (1), quand on arrache
la plante en pleine végétation et qu'on la soumet à diverses épreuves. Ils appuient cette opinion singulière de quelques faits par eux recueillis, savoir : que l'exsudation des
racines du chardon (*Carduus arvensis*), nuit à l'avoine ;
celle de plusieurs euphorbes (entre autres l'Euphorbe au-
riculée (*Euphorbia peplis*), l'Euphorbe cyparisse, (*E.
cyparyssias*), de la scabieuse des champs, fait périr le
lin ; celle de l'aunée (*Inula helenium*), ne convient nullement à la carotte ; celle de la vergerolle des lieux secs,
(*Erigeron acre*), et de l'ivraie annuelle (*Lolium temulentum*) est essentiellement contraire au froment, etc. D'une
autre part que l'exsudation des chicoracées et des papavé-
racées, du pavot blanc (*Papaver somniferum*), surtout,

---

(1) On nomme ainsi la réunion de conduits placés à l'extrémité
des racines et des radicelles, dont les fonctions habituelles sont de
puiser dans le sein de la terre les élémens nutritifs propres à la
végétation. Le faisceau de ces conduits repose sur une couche con-
centrique du tissu ligneux et est recouvert par l'enveloppe lâche du
tissu cellulaire.

déposait dans le sol des substances vireuses plus ou moins actives, toutes dangereuses.

Ces faits sont en dehors de l'opération agricole qui nous occupe, cependant il ne convient pas de les adopter sur la répulation des savans qui les exposent, car il est à présumer que le suc propre par eux obtenu ne provenait point d'une exsudation, mais plutôt des portions du chevelu brisées lors de l'arrachage. L'action irritante de l'eau pure versée sur les racines dont ils auraient dû tenir compte était aussi la cause des gouttelettes de sucs propres qu'ils ont recueillies, car elles n'existent pas sur les racines étudiées au moment même qu'elles sont enlevées de terre.

Après avoir combattu l'erreur, revenons à notre sujet. Il ne suffit pas d'exiger et d'obtenir d'un champ une suite plus ou moins longue de récoltes abondantes, il faut encore que ces récoltes soient telles que leurs produits se trouvent le plus appropriés possible aux besoins, aux débouchés, à la position locale, aux conditions actuelles, et aux relations particulières du cultivateur, en même temps qu'ils sont avantageux à l'amélioration progressive du sol. Ainsi, l'ordre bien entendu des assolemens, non seulement épargne les engrais, mais encore il augmente notablement la masse des fourrages, et par suite le nombre des bestiaux. Avec ceux-ci on a beaucoup d'engrais, et en définitive les bénéfices du cultivateur sont plus certains et plus grands.

Le but des assolemens est donc d'obtenir constamment le produit net le plus élevé des champs soumis à la culture. Il s'en faut de beaucoup que tous les système d'assolemens adoptés jusqu'ici soient également productifs, toutes circonstances égales d'ailleurs : c'est pour y amener d'une manière certaine que nous allons indiquer maintenant le mode le plus lucratif d'alterner ses cultures.

Déjà nous avons remarqué, que les blés sont de toutes les plantes de grande culture celles qui épuisent le plus le sol, bien que ce soit à des degrés différens, suivant les espèces, et celles qui laissent usurper le sol par un grand nombre d'herbes nuisibles ; de plus nous nous sommes assurés que les plantes à racines ou à tiges fourragères épuisent beaucoup moins la terre, surtout lorsqu'elles ne montent pas en graines, que la culture des premières ameublit et nettoie le sol par les sarclages et les binages

qu'elles exigent, et que les secondes le fertilisent et l'a-
méliorent par leurs débris.

De cette observation, il résulte que le meilleur mode
d'assolement, sans exception de climats ou de sols, consiste à alterner rigoureusement la culture des graminées
avec celle des plantes à fourrages. Par là on parvient à
supprimer la jachère absolue qui, revenant sur chaque terrain, après deux et trois récoltes consécutives en blé, ne
répare pas ou du moins que très-faiblement l'épuisement
qui en est l'effet inévitable, et réduit chaque année, le
tiers ou au moins le quart des terres d'une exploitation à
un état ruineux d'improduction et par conséquent de nullité absolue.

En vain le routinier voudra soutenir sa méthode, en
vain il objectera contre la suppression de la jachère que
la terre a besoin de se reposer après avoir produit, que le
temps manque pour cultiver toutes celles de la France, et
que c'est s'exposer à perdre l'élève des moutons en détruisant la jachère.

Nous lui répondrons d'abord, que ce prétendu repos
est illusoire, puisque durant l'intervalle accordé, le sol
en jachère se recouvre d'une quantité considérable d'herbes
adventives qui végètent avec force, s'étendent se multiplient, épuisent la terre autant et peut-être plus que les
plantes à fourrage qu'on y cultiverait, sans fournir qu'une
pauvre production, triste pâture pour les animaux con-
damnés à s'en contenter. En second lieu, loin d'augmenter
la suppression de la jachère absolue, l'étendue des terres
semées annuellement en blés, il importe au contraire,
de la restreindre au moins à la moitié des terres en labour,
et de livrer l'autre moitié alternativement, non pas à la
jachère absolue, mais à la jachère utile, c'est-à-dire à
la culture des plantes fourragères annuelles ou bisannuelles dont plusieurs se sèment, sans augmentation de
frais, avec les blés de mars. Enfin la suppression des jachères est, quoiqu'on en dise, très-avantageuse à l'élève
des bêtes à laine, puisque au lieu de la maigre et insuffi-
sante pâture qu'elles trouvent sur les terres en friches,
elles auront désormais des fourrages sains, abondans,
qu'elles consommeront en partie sur place, et mieux encore à la bergerie. Sans doute ces animaux ont besoin d'être
chaque jour conduits dehors, et je suis loin de vouloir

leur refuser cet indispensable exercice : mais il faut les
conduire dans les prairies naturelles, où on les tiendra
toujours en mouvement pendant quelques heures de la
journée, afin qu'elles n'y prennent que le moins de nourriture possible, et pour qu'elles ne soient pas exposées à
y puiser le germe de ces maladies qui rendent le système
du parcours si funeste, et contre lequel s'élèvent généralement tous les cultivateurs éclairés.

Quand toutes les parties d'une exploitation sont bien divisées, qu'il y a de l'ensemble dans les détails et de l'harmonie dans les divers travaux, on vise moins aux récoltes
abondantes qu'aux moyens de conserver sans cesse la fertilité de la terre, de maintenir l'équilibre entre la consommation intérieure, le débouché habituel et la production. C'est là du moins la marche que prescrivent les
calculs les mieux réfléchis. Aussi dans toute exploitation
bien entendue l'on aura grand soin, 1° de n'exiger du sol
mis en culture que les produits qu'il peut donner sans
efforts extraordinaires ; 2° de ne lui confier que des plantes
acclimatées et susceptibles de remplir toutes les phases de
la végétation, sous l'influence de la chaleur que le climat
comporte et de nature à s'emparer des sucs laissés ou né-
gligés par les végétaux précédens ; 3° les cultures qui
accumuleraient les travaux à certaines époques, tandis
que d'autres plus pressans seraient à faire (1) ; 4° enfin de
trouver dans le choix des assolemens, appropriés, comme
je le disais tout à l'heure, au sol, au climat et aux diverses
circonstances locales, tout ce qui peut contribuer à rendre
les engrais et les labours le moins nécessaires possible.

Il ne faut pas simplement faire alterner les céréales
avec les prairies artificielles, on doit encore composer

---

(1) Je veux parler de la coïncidence des récoltes tardives, qu'on
ne peut différer sans perte, avec l'époque si critique des semailles
d'automne, qui ne doivent pas non plus éprouver des retards sans
qu'il en résulte des inconvéniens plus ou moins graves, ou bien
avec l'époque du charroi des engrais, celui des labours, hersages
et roulages qu'il est essentiel de faire en temps opportun pour ménager, d'une part, les hommes et les animaux, et de l'autre, pour
assurer le succès des récoltes.

son assolement des cultures qui ont le triple avantage de purger la terre de toutes mauvaises herbes aussi bien que les labours les plus multipliés, de la laisser favorablement disposée pour la culture des céréales, et de fournir à la consommation des bestiaux pendant l'hiver des alimens abondans, salubres, rapprochés de leurs habitudes et incapables d'exercer aucune influence fâcheuse sur leur économie. Ces cultures sont celles que l'on nomme *cultures sarclées* ou *intercalaires*. Elles offrent les moyens de jouir promptement et constamment, de porter au plus haut degré la prospérité des campagnes, et d'affranchir le cultivateur d'une foule de petits travaux et de frais qui viennent absorber une bonne partie de ses produits ; mais ces avantages ne s'obtiennent que lorsque les cultures intercalaires sont établies par lignes parallèles, et distantes entre elles de 65 à 81 centimètres, et que l'on emploie pour les binages et les sarclages, la houe à cheval, dont l'usage commence à devenir commun.

Ces cultures roulent principalement sur les végétaux suivans : 1° *plantes à tiges et feuilles fourragères*, le trèfle rouge, le trèfle incarnat ou farouche, le trèfle rempant, la lupuline, les vesces et gesses, le pois des champs, la grande pimprenelle, etc. ; 2° *plantes à feuilles fourragères*, le choux, la chicorée sauvage, etc. ; 3° *plantes à racines fourragères*, les betteraves, carottes, turneps, navets, pommes de terres, topinambours, etc., 4° *plantes légumineuses*, fèves, pois, grande gesse, haricots, lentilles, etc. ; 5.° *plantes oléagineuses*, colzat d'automne et de printemps, navette d'automne et de printemps, moutarde blanche, cameline, œillette, etc.

Voici l'application du système de leur rotation faite sur une pièce de terre qui se trouvait trop éloignée du corps de l'exploitation pour pouvoir y transporter du fumier sans déranger d'autres travaux : c'est le meilleur moyen de prévenir toutes les objections, de convaincre et de compléter ce que j'ai dit.

Première année, avoine mêlée de trèfle ;

Deuxième : trèfle saupoudré de plâtre cuit réduit en poudre ; la première récolte fauchée, la dernière enfouie par un seul labour, sur lequel on a semé du blé ;

Troisième : blé sur le chaume duquel on a semé

des navets destinés à la nourriture des moutons pendant l'hiver ;

Quatrième : vesce de mars semée sur un seul labour, enfouie en fleur , sur laquelle, après avoir jeté du sarrazin , on a répandu un mélange de seigle , d'orge hivernale et de trèfle , pour la pâture sur place , au printemps suivant ;

Cinquième : pâturage retourné à la fin d'avril , semé ensuite d'orge mêlée à de la luzerne ;

Sixième , septième , huitième et neuvième : luzerne d'abord plâtrée , puis hersée à la dent de fer à sa troisième année , et consommée en dernier lieu sur place par les bestiaux ;

Dixième : avoine semée sur la luzerne retournée , navets mangés sur place au mois d'octobre , vesces d'hiver , petites gesses et mélanges pour pâturage au printemps suivant , et dont les coupes fournissent un fourrage sec pour l'écurie ;

Onzième : pâturage retourné au mois de juin , semé en sarrazin que l'on enfouit en fleur , et que l'on remplace ensuite par du blé ;

Douzième : blé , suivi de navets consommés sur place à la fin d'octobre , puis semé d'un mélange de colzat et de rutabaga , pour verdure au printemps suivant ;

Treizième : orge mêlée de sainfoin et de lupuline , destinées à servir de pâturage d'automne ;

Quatorzième : sainfoin et lupuline cendrés au printemps, première récolte fauchée , la seconde consommée sur place ;

Quinziéme : sainfoin et lupuline , dont la première récolte est fauchée , la seconde enfouie et remplacée par du blé ;

Seizième : blé , suivi de navets consommés pendant l'hiver ;

Dix-septième : vesce de mars récoltée en graine , suivie de sarrazin que l'on enfouit en fleurs ;

Dix-huitième : avoine mêlée de trèfle consommés sur place ;

Dix-neuvième : trèfle dont la première récolte est fauchée , la dernière consommée sur place ;

Vingtième : trèfle, sa première récolte se fauche, la dernière s'enfouit et sert de fumage au blé qui doit la suivre ;

Vingt-unième : blé seul.

Cet exemple est bon à suivre, et je l'indique comme modèle que l'on peut adopter, sauf à le modifier suivant les circonstances actuelles. Le succès couronnera l'entreprise et déterminera de nouvelles améliorations utiles.

CHAPITRE VI.

CULTURES SARCLÉES.

DEPUIS un petit nombre d'années, des cultivateurs instruits ont pesé sévèrement, d'une part, les grands services qu'ils obtiennent des prairies artificielles, comme excellente préparation des terres qu'elles ont arrachées à l'assolement triennal et par conséquent à une nullité d'obligation, et comme moyen sûr d'arrêter la multiplication des plantes parasites ; comme alternat avantageux dans leurs récoltes, et comme augmentant la masse des fourrages. D'une autre part, les résultats souvent funestes pour les animaux domestiques, du changement subit que le régime vert apporte dans l'usage exclusif des alimens secs et échauffans administrés durant l'hiver, le peu d'abondance de la nourriture au commencement du printemps, ce qui nuit autant à la quantité qu'à la qualité des produits en tout genre du bétail, surtout aux fumiers, le plus précieux de ces produits, puisque sur eux repose la fécondité de la terre. Cet examen devait nécessairement amener à des vues nouvelles, en même temps qu'il perfectionnerait le système de culture adopté. L'amélioration introduite est connue sous le nom de *Cultures sarclées* ou *par rangées* : elle offre tous les avantages des prairies artificielles et des prairies naturelles bien entendues, sans en avoir les inconvéniens. En effet, elle purge le sol de toutes les mauvaises herbes, aussi bien que les labours les mieux exécutés et les plus multipliés : elle met la terre dans la disposition la plus favorable pour la culture des céréales : elle fournit à la consommation des bestiaux, pendant la saison hivernale, des alimens non seulement fort abondans, mais bien autrément salubres que ceux qu'on leur donne là où les cultures sarclées ne sont point encore admises, ces alimens sont surtout plus rapprochés de leur nourriture d'été. Des expériences nombreuses, faites en grand, et répétées dans tous les genres de terrains, ont fourni les mêmes données dans les diverses régions de la France, et prouvé que ce mode de culture diminue sensiblement les frais d'exploitation par l'emploi raisonné de bons instrumens. Quelques auteurs portent cette diminution dans la dépense au 30°, d'autres au 40° du taux primitif. Les machines à employer sont le semoir, la charrue à double versoir et la houe à cheval.

Les terres destinées aux cultures sarclées demandent à être labourées légèrement aux premiers jours de l'automne, puis travaillées plus profondément et hersées dans le courant de l'hiver. Les autres soins varient selon les plantes que l'on semer ; nous en citerons seulement quelques unes pour exemple.

1°. De la Féverole.

La fève des champs ou *féverole*, que l'on estime être le type primitif du genre de plantes cultivées sous le nom de fèves, quoique donnant des fruits âpres et durs, est très aimée des chevaux, ainsi que des autres animaux auxquels elle fournit une nourriture très substantielle; elle sert merveilleusement à leur engrais, aux femelles qui allaitent, et à l'amélioration des terres. Dans certains cantons on la cultive seule, dans d'autres on l'unit aux pois. L'époque du semis varie du 15 février au 15 mars ; il se fait quand le sol a été fumé suffisamment. Les terres fortes sont celles qui lui conviennent le mieux. On les ouvre par raies distantes les unes des autres de 60 centim. ou 22 pouces, de façon à laisser circuler entre elles, sans craindre de nuire, et la houe à cheval et la charrue à double versoir. On place les graines, au semoir, sur le fumier qui remplit les raies, puis on les recouvre par un labour de 10 à 13

centimètres (4 à 5 pouces) de profondeur. Aux premiers
signes de germination , donnez un léger hersage pour la
favoriser, et, dans le même temps, pour détruire les mauvaises herbes dont le nombre et la vigueur travaillent à
s'emparer du sol , et pour diviser les mottes qui mettraient
obstacle aux phases de la plante naissante. Du moment que
celle-ci se trouve avoir de 54 à 81 millimètres (2 à 3 pouces) de hauteur , il faut faire passer la houe à cheval entre les rangées pour tenir la terre bien meuble , et répéter
l'opération de quinze jours en quinze jours , selon l'exi-
gence du sol et les circonstances atmosphériques. Quand
les féveroles sont en fleur , on butte avec la charrue à double versoir pour effermir la tige ; vingt jours après on passe avec la houe à cheval, puis on butte de nouveau. L'un
et l'autre buttage doit avoir de 54 à 81 millimètres de haut.
Enfin, lorsque la plante présente ses premières gousses ,
on l'étête des deux mains à la fois, pour recueillir sa graine qui a besoin d'être tenue en lieu très sec , souvent remuée pour ne pas s'échauffer quand elle est rassemblée en
tas. La féverole remplace avantageusement l'avoine dans
le Midi , où elle ne réussit pas toujours.

2°. Des Lentilles.

Nous en possédons deux variétés; la grosse , qui a ordinairement une couleur d'un gris jaunâtre , et est le plus
souvent cultivée pour la nourriture des hommes ; et la petite ou le lentillon , à peu près une fois moins grosse et
d'une couleur rougeâtre. L'usage le plus habituel est de les
planter de distance en distance dans des trous , où l'on
jette plusieurs graines ensemble ; mais cette méthode a
l'inconvénient d'être lente et par conséquent peu profitable en grand , mais encore de rendre le nettoyage de
la terre très difficile , et par suite la culture des lentilles
peu ou point profitable. Tandis que semées en rayons derrière la charrue, dans le fond du sillon qu'elle vient de tracer , la culture est expéditive, économique et très productive. Une femme ou même un enfant intelligent peut répandre devant lui la graine sur la terre bien ameublie , et
traîner un léger rateau au moyen duquel il la recouvre aussitôt. De la sorte on économise la semence , et l'on s'assu-

re d'abondantes récoltes en donnant à la terre les binages et buttages indiqués en l'article précédent.

La grosse, comme la petite lentille, sont très aimées des bestiaux, qui les mangent également vertes et sèches. L'une et l'autre redoutent les terres humides et compactes ; leurs produits sont plus avantageux sur les terres meubles et sèches. Elles préparent bien le sol pour recevoir des graminées, quoiqu'elles l'épuisent, surtout lorsqu'on les récolte à maturité. Ce dernier inconvénient est racheté par l'excellente qualité de la graine et du fourrage très nourrissant, donnant de la force aux bestiaux, augmentant la masse du lait chez les femelles, et engraissant promptement. On les fait quelquefois consommer sur place.

3°. Du Lupin.

Le lupin, *Lupinus*, que l'on appelle dans certaines localités fève de loup, est une des plantes de la grande famille des légumineuses qui mérite le plus de fixer l'attention des cultivateurs. Il consomme le moins de journées, coûte très peu, et de toutes les semences, c'est celle qui est le plus utile à la terre. En effet, le lupin enterré avec la charrue pendant qu'il est en fleur, fournit, comme nous l'avons déjà vu (1), un excellent engrais pour les vignes maigres et pour les terres labourables. De quelque manière qu'on le traite, il réussit toujours.

Nous en connaissons vingt-quatre espèces ; nous parlerons seulement du *lupin blanc*, qui se cultive avec succès comme plante alimentaire pour l'homme et les animaux, et comme plante d'engrais et d'ornement ; et du *lupin sauvage*, communément appelé *petit lupin bleu*, dont les feuilles tapissent le sol à un tel point qu'elles détruisent les plantes étrangères à l'assolement, en les privant de l'air et de la lumière. Ces deux plantes ont les mêmes qualités, elles viennent sur les terres siliceuses, ocreuses, arides, sur les sables et les graviers qu'elles améliorent, mais elles se plaisent davantage sur les terrains humides et meubles tout à la fois. Elles redoutent ceux qui sont compactes, aquatiques, limoneux, crayeux et alumineux. Leur

_____

(1) Liv. I.er ; § 8 du chap. 5, pag. 65 et suiv.

végétation est assez prompte lorsqu'elle est favorisée par
la double action de la chaleur et de l'humidité.

Quoique le lupin ne resiste point parfaitement au froid,
et qu'il périsse parfois quand les gelées sont trop fortes, il
est peu de plantes plus propres à alterner les productions
de la terre. Il parcourt très vite le cercle de son existence, fleurit jusqu'à trois fois, et laisse, après la recolte,
le temps nécessaire pour préparer le sol aux semailles d'automne. Il ne demande point de culture; il suffit, généralement parlant, de labourer la terre une fois. On le sème en février et mars, on le couvre à la herse, et on peut
l'abandonner à lui-même jusqu'à la moisson, qui attend,
sans aucun risque, la commodité du cultivateur. Ces semences tiennent assez dans leurs cosses pour ne pas craindre qu'elles puissent souffrir des pluies, des vents, et autres météores ordinaires. En effet, l'on a vu des champs
de lupins, que des pluies continuelles avaient empêché
de récolter en leur temps, conserver leurs cosses intactes
dans les premiers jours de novembre, quoiqu'ils eussent
été semés en juillet (1). C'est la plante des pays pauvres,
des mauvaises terres, des cantons les plus stériles, elle les
amenera promptement à la fertilité. Sa culture peut s'in-
tercaler avec le seigle, l'orge et les autres plantes épui-
santes. Le fourrage du lupin plaît aux bœufs, aux vaches
et surtout aux moutons, soit qu'on leur donne seul ou mêlé à de la paille hachée. Les bestiaux ne mangent point
ses grains crus, mais ils les recherchent avec avidité quand
ils sont cuits. On les réduit, dans le midi, en une espèce
de purée qu'on assaisonne avec du sel, du beurre ou de
l'huile : des médecins estiment cette purée indigeste, cependant on ne cite pas d'exemples de laboureurs qu'elle
ait rendus malades. L'analyse des semences du lupin prouve que sa farine, dont la couleur est jaune, diffère de celle de toutes les autres plantes légumineuses, puisqu'elle
ne contient ni amidon, ni substance saccharine, mais bien
une matière végéto-animale, qui ressemble beaucoup au
gluten, et donne tous les caractères d'une plante alimentaire. L'analyse démontre encore qu'elle présente de plus:
1°. une huile verte et jaunatre, d'une nature âcre, se rap-

(1) GILBERT, Recherches sur les prairies artificielles.

19.

prochant des huiles fixes par ses propriétés ; 2º. une proportion considérable de phosphate de chaux et de magnésie ; 3º. ainsi que quelques traces de phosphate de potasse et de phosphate de fer. D'où l'on peut conclure que les médecins, en parlant des inconvéniens qu'ils exagèrent ou qu'ils attribuent à cette plante, ont cédé peut-être plus à la prévention et à la théorie, qu'à une sévère observation.

Les graines de lupin destinées pour semences doivent être tenues en un lieu très sec, et comme l'humidité y développe une larve d'insecte qui en ronge le germe et les rend stériles, il y a quelques propriétaires qui les exposent un instant à la chaleur du four, après la cuisson du pain. Les anciens les fesaient sécher à la fumée.

4º. De la Carotte.

Cette plante, indigène à la France, préfère les terres légères et s'accommode quelquefois des terres fortes ; sa racine et son feuillage sont moins volumineux dans ces dernières. Long-temps confinée dans nos potagers, elle est passée, en 1766, dans le domaine de l'agriculture comme plante fourragère et comme racine nourrissante. On la confie à la terre, du 15 avril au 15 mai, après avoir donné en hiver un labour profond, après avoir ouvert le sol avec la charrue à double versoir, afin de déposer du fumier au fond du sillon, et former des ados de 60 centimètres d'élévation. La graine sera froissée à plusieurs reprises, pour la débarraser des crochets dont elle est pourvue, mise dans le semoir et versée immédiatement sur le fumier, puis recouverte d'une terre très meuble. Les premières phases de la végétation de la carotte sont lentes, et réclament de nombreuses façons avec la houe à main, pour ne pas être prolongées par la présence des plantes étrangères, ou voir la jeune carotte totalement anéantie. Il importe aussi d'éclaircir les semis, de manière à ce que chaque pied soit isolé de son voisin de 10 à 16 centimètres (4 à 6 pouces), et puisse prendre tout le développement nécessaire. On regarnit les places trop claires ou vides avec le plant qu'on retire des parties trop drues ; c'est dans cette vue qu'il faut avoir soin de couvrir d'herbages frais, les jeunes plantes arrachées, et de jeter un peu d'eau dessus pour les préserver du hâle. On choisit un temps couvert pour cette opération. Toutes les jeunes racines dont on a rompu le collet seront rejetées : elles ne reprennent pas. Les divers travaux du binage et du sarclage devant se faire très lestement, on se sert d'un cheval ou d'un mulet pour tirer l'instrument.

L'époque de la maturité est indiquée par la décoloration des feuilles ; elles jaunissent en octobre. Un ou deux mois après, on s'occupe de l'arrachage des racines : la fane se donne aux bestiaux pendant l'automne ; les racines les nourrissent très agréablement et avec avantage durant les rigueurs de l'hiver ; elles servent aussi merveilleusement à l'engrais des bœufs et des cochons, ainsi qu'à la nourriture des vaches laitières, et à celle du cheval, qui mange alors moins d'avoine, sans pour cela rien perdre de sa vigueur et de son ardeur. N'imitez point l'exemple de ces cultivateurs qui s'en vont coupant les feuilles de la carotte avant leur maturité, pour les donner à leurs bestiaux, vous nuiriez à la végétation de la plante, et feriez durcir la racine ; cette méthode n'est tolérable que dans les années pluvieuses, sur les sols frais, ou lorsqu'on est à portée d'arroser souvent et abondamment.

Une autre attention qu'on ne peut trop recommander, c'est de détruire toutes les carottes qui montent en graine la première année : leur semence n'est point propre à la reproduction. Les espèces à préférer sont la carotte blanche, la jaune et la rouge, elles sont très productives. La première n'est point difficile sur le sol, elle résiste aux froids et n'est pas aussi aromatique que les deux autres. On les arrache de terre à l'aide d'une fourche à quatre dents de fer, ayant à peu près la forme d'une bêche. La carotte n'épuise point le sol ; elle le prépare parfaitement pour les récoltes suivantes, mais elle veut être éclaircie pour gagner en grosseur et en qualité. Quand on la laisse dru, elle produit un sixième de moins.

5°. *Du Rutabaga, et des autres Navets.*

Depuis l'espèce primitive, que l'on trouve spontanée dans les terrains sablonneux des bords de la mer, jusqu'au turneps des Anglais, dont la forme ronde est aplatie et verte dans la partie la partie la plus voisine du collet, et au Rutabaga, qui nous est venu de la Suède, et dont la racine acquiert un volume et un poids qui sont au moins des deux tiers plus forts que ceux de ses congénères, toutes les espèces de navets demandent une terre bien divisée, constamment meuble, légère ou sablonneuse. Si elle réunit à ces qualités un peu de fraîcheur, la chair du navet sera plus tendre, moins savoureuse, et son accroissement très prompt. Si, au contraire, elle est argileuse, froide et compacte, le navet n'y viendrait pas, à moins qu'on n'en divisât parfaitement les molécules, en les allégeant avec un sable doux. La terre doit être très propre et souvent fouillée ; aussi faut-il labourer d'abord profondément, biner souvent et la semer plus dru que pour les plantes précédentes, afin d'éviter les vides qui seront le triste résultat des ravages inévitables des pucerons, dont le nombre est tellement considérable qu'ils détruisent en peu de jours les plants les plus beaux. On sème par un temps pluvieux, depuis le mois de mai jusqu'en août ; dans les départemens situés au Nord, un mois plus tôt, et un mois plus tard dans le Midi. Pour la première époque, on préfère les espèces hâtives et la graine de deux ans; et lors qu'on veut diminuer les dégats des pucerons ou tiquets, on sème quelquefois avec succès de la cendre ou de la suie, au pied des plantes nouvelles. On éclaircit quand les rayons sont trop couverts, de manière à laisser de 24 à 32 centimètres (9 à 12 pouces) de distance entre chaque pied. On bine avant et après cette opération. Ceux qui prétendent que le turneps anglais ne convient point au climat de la France, commettent une erreur grave ; nous pouvons assurer, d'après plusieurs expériences, faites attentivement et suivies avec persévérance, qu'il réussira toujours très bien quand la semence sera de bonne qualité, que l'abondance et la beauté des produits seront toujours ; sauf les exceptions dues aux intempéries, en raison des soins qu'on lui donnera, de la masse et du choix des engrais, et de sa culture en billons relevés.

Il en sera de même du rutabaga toutes les fois que l'on préférera la graine de la variété jaune, dont les fleurs sont d'une teinte orange un peu pâle, à celle de la variété blanche, aux fleurs d'un jaune doré. Le rutabaga résiste aux frimas les plus rigoureux, et ne souffre aucunement des blessures accidentelles qui peuvent lui être faites pendant sa végétation, ou après l'extraction de sa racine. Il se dé-

veloppe rapidement , et quand on le cultive comme plante oléagineuse , il rapporte beaucoup.

La récolte des navets se fait plus tard que celle de la carotte ; la racine continue de grossir jusqu'aux gelées qu'elle supporte assez bien. Cependant les navets qui auraient
été semés de bonne heure ne doivent point demeurer en
terre après qu'ils ont acquis leur accroissement , ce qui arrive d'ordinaire avant l'automne ; ils perdraient de leurs
qualités , durciraient et deviendraient creux. Quand à la
graine , on la choisit sur les plus belles plantes qu'on sépare de leurs voisines ; on leur donne quelques binages
particuliers , et lorsque la tige montre des cosses jaunes ,
on les enlève pour les mettre à sécher à l'air libre. Ce
moyen est le seul pour obtenir de bonnes graines, des espèces franches et d'un bon rapport.

Pendant sept à huit mois de l'année, les navets sont d'une
grande utilité comme nourriture des bestiaux qu'ils engrais-
sent promptement ; les vaches , les moutons et les porcs ,
en fond leurs délices, jusqu'à l'époque des pâturages ; il
faut éviter de leur en trop donner , ils deviendraient nuisibles.

6°. De la Betterave.

Introduite en France en 1775, cette plante ne fut réellement appréciée que dix ans après , lorsque Commerell de
Putlange (Meurthe) fit connaître tous les avantages qu'elle présente. Le sucre qu'elle fournit , et qui rivalise parfaitement, quoiqu'on en dise, avec celui que l'on retire de la
canne, lui a donné depuis une vogue durable, et l'a placée
au rang qu'elle doit occuper dans une agriculture bien entendue , dans une ferme conduite avec sagesse.

La betterave se plaît dans les terres douces , subsantiel-
les , profondes. un peu fraîches , du moins c'est dans ces
sortes de terrains qu'elle prend son plus grand développement ; cependant on la voit réussir dans les sols argilleux
et compactes travaillés par de nombreux labours Il faut
fumer légèrement le terrain qu'elle doit habiter et la semer à la volée , sauf à garnir les parties trop claires avec
le trop plein des autres. On peut aussi la semer très claire
par rayons , espacés les uns des autres de 48 centimètres
(18 pouces environ), puis on la recouvre à l'aide d'un râ-

teau. Le moment le plus favorable est dans les mois d'avril et mai. Le jeune plant est infiniment sensible au froid. Une extrême abondance de fumures nuirait nécessairement à la cristallisation de la matière sucrée, en donnant à la sève des racines une trop grande supériorité sur celle des feuilles, et diminuerait les qualités des unes et des autres.

Sa graine est grosse, non coulante, et germe promptement. Dix à douze jours lui suffisent pour remplir les évolutions premières de la germination. Un mois après on peut sarcler, biner, commencer le repiquage des parties non garnies, que l'on espace à 33 et 40 centimètres (12 et 15 pouces), et l'on a soin de dégager le collet de la terre qui l'encombre, surtout de ne pas l'endommager avec l'instrument.

Les bêtes à cornes mangent les feuilles de la betterave avec grand plaisir; mêlées avec de la paille et coupées dans leur longueur, elles offrent au cheval une bonne nourriture; elles poussent les porcs à l'engraissement, et nourrissent parfaitement les volailles quand elles sont hachées menu et unies à du son. Ces feuilles se recueillent du moment qu'elles ont acquis leur entier développement; on les casse toutes près du collet, assez vivement pour ne laisser ni chicots ni appendices. Les feuilles se succèdent les unes aux autres, c'est-à-dire qu'au fur et à mesure que l'on enlève les plus grandes, celles du centre se développent et fournissent ainsi une récolte qui se prolonge. Lorsqu'on les administre aux bestiaux, il faut qu'elles soient fraîches, sans être mouillées.

Quant aux racines destinées à l'extraction du sucre, il nous suffit de savoir qu'elles se livrent aux fabricans dans le meilleur état possible, qu'elles se vendent sur pied, et qu'on doit éviter de les effeuiller en aucun temps, les feuilles fournissant, en quelque sorte, presque seules la matière sucrée, du moins elles l'attirent, l'élaborent et la reportent aux racines, qui la combinent de nouveau et la perfectionnent. La betterave arrachée en automne a perdu sa propriété saccharine, elle ne donne plus que du nitrate de potasse. Celle que l'on tient en magasin pour la nourriture hivernale des bestiaux, veut trouver un lieu sec, également abrité contre les gelées et les chaleurs. A la température d'un degré au-dessous de zéro, la betterave gèle; à 8 et 9 degrés au-dessus de ce terme, elle germe et s'altère sensiblement. On l'enferme aussi dans des fosses creusées sur une terre sèche et à l'abri des inondations , après l'avoir fait bien ressuyer : l'on couvre ensuite avec de la paille et du sable. Quelques auteurs recommandent de la stratifier de la sorte dans les fosses , pour éviter la fermentation. Quelle que soit la localité choisie pour les emmagasiner , il faut visiter souvent les betteraves , et enlever toutes celles qui annoncent une disposition à s'échauffer , à pourrir ou bien à pousser.

Les tiges réservées comme porte-graines , doivent donner tous les signes d'une végétation vigoureuse ; on les soutient au moyen d'un tuteur , et lorsqu'elles annoncent toucher au terme de l'existence , quand les semences jaunissent , on les coupe , puis on les expose à l'ardeur du soleil en les dressant contre un mur où elle se ressuient , et terminent leur dessiccation. On enlève les semences que l'on enferme dans des sacs , en un lieu convenable. Si le temps ne permet pas de les faire sécher au grand air , on les place dans un grenier bien aéré , ou bien on les suspend par paquet sous un hangar. La couleur de la graine ne reproduit pas toujours les mêmes variétés ; dans un semis fait avec le plus grand soin on trouvera des betteraves jaunes , des blanches , des rouges , et même des marbrées.

7°. *De la Pomme de terre.*

Une découverte singulière faite en 1825 , dans la province maritime de Betanzos (1) en Galice , a fait déclarer par quelques écrivains la pomme de terre ou solanée parmentière originaire de l'Espagne. Entrons à ce sujet dans quelques détails , et consignons ici les faits que nous avons pu nous procurer. Le peuple nomme cette plante *Castana marina,* c'est-à-dire châtaigne des bords de la mer. Les laboureurs se plaignent des peines infinies qu'elle leur donne , parce qu'elle encombre et leurs vignes et leurs champs , et qu'ils parviennent difficilement à s'en débarrasser. Le feuillage et les autres parties de la plante sont plus petits que la

----

(1) Cette province de l'Espagne est bornée au nord et à l'ouest par l'Océan ; le Minho la sépare du Portugal ; elle est voisine à l'est , des pays de Léon et des Asturies.

plante native de l'Amérique et devenue l'une de nos cultures les plus importantes : ils ont aussi un aspect sauvage que celle-ci n'a pas ou du moins que le temps et les soins lui ont fait perdre. La plante de Betanzos demeure en terre jusqu'aux mois de juin et juillet, et ce n'est qu'après la moisson des blés et les semis de maïz qu'elle se développe avec une rapidité vraiment extraordinaire. Ses tubercules sont petits : il y en a de doux et de très amers. Ils offrent, en outre, trois variétés : les uns sont ronds et blancs, les autres longs et blancs, les troisièmes longs et rouges. Ces derniers ont l'œilleton bien apparent, avec une raie égale à celle que peut former l'ongle sur la cire ; la variété ronde a son œilleton également apparent, mais il est dépourvu de la raie. Des tubercules poussent très lentement ; ils parcourent en sept mois toutes les phases de la végétation, depuis l'instant de leur formation primitive, jusqu'à l'époque de la maturité en décembre ; les plus précoces sortent de terre au mois de mai. Leur tige s'élève de 18 à 21 centimètres (7 à 8 pouces); la feuille qui la garnit est courte, âpre, d'une couleur vert-noirâtre; elle ne donne point de fleurs, et n'en a même pas l'apparence, ce qui sans doute n'est qu'une aberration momentanée. Les pluies les plus abondantes, la gelée la plus forte, ne gâtent ni ne pourrissent les tubercules enfouis sous terre, tandis que les parmentières cultivées donnent signe de décomposition à la plus légère humidité ou gelée, même dans les meilleurs celliers. On a tenté chez plusieurs propriétaires, particulièrement dans les environs d'Angoulême, de cultiver le tubercule de Betanzos sur un bon terrain, et surtout à une exposition très chaude. Sa végétation a été des plus actives ; les fanes se sont élevées à la hauteur d'environ un mètre (3 pieds); la plante a porté des fleurs, mais elle n'a point donné de graines. Les fruits obtenus étaient un peu plus volumineux que ceux mis en terre. En un mot, toute la plante s'est rapprochée infiniment de notre solanée parmentière, seulement elle était en tout plus petite.

C'est d'après ces données qu'on a cru pouvoir de suite avancer que la pomme de terre est originaire de l'Espagne. Cette assertion est très aventurée. Il est possible qu'elle ait été jetée par hasard sur le sol de Betanzos, qu'elle s'y soit maintenue, qu'elle y ait pris tellement possession qu'elle

y forme, comme le chiendent en France, la portion la plus
abondante des pâturages ; mais croire qu'elle soit partie de
cette contrée de l'Espagne pour l'Amérique du sud où on
la trouve depuis le bord de la mer jusque sur les plateaux
des Hautes-Cordilières, c'est croire aux rôles que jouent
les personnes mises en action dans les Fables du bon La
Fontaine. Quoi qu'il en soit, l'observation est fort curieuse, et justifie à nos yeux l'antiquité de la culture de la pomme de la terre dans l'autre hémisphère.

Le précieux tubercule que nous lui devons entre parfaitement dans le système des cultures sarclées ; c'est de tous
les végétaux qu'on y emploie celui qui rapporte le plus.
Il doit être planté à une époque assez avancée pour n'avoir
rien à redouter des gelées tardives, si funestes, et cependant assez tôt pour que sa végétation puisse parcourir toutes ses périodes d'une manière convenable, et laisser les
terres disponibles à l'époque des semailles d'automne. Le
temps le plus opportun est donc du 1ᵉʳ au 20 avril. On enterre les tubercules sur un sol bien disposé presqu'en même temps qu'on le fume, à la distance de 40 centimètres
(15 pouces) l'un de l'autre. Les rangées sont éloignées de
90 centimètres (33 pouces) pour faciliter les binages et
surtout le buttage qui doit être donné fortement.

Certains cultivateurs plantent les tubercules entiers, en
ayant soin de choisir, tantôt ceux qui sont d'une grosseur
moyenne, tantôt les plus petits ; d'autres se contentent de la
pelure qui porte les yeux les plus vigoureux et les mieux
nourris ; ceux-ci divisent les plus gros tubercules en quatre,
en six et même en huit parties, ceux-là recourent à la voie
des semis. Les tubercules moyens et surtout les petits ne
donnent pas toujours de beaux fruits, principalement dans
les terrains qui ne sont pas suffisamment amendés ; d'autre part, leur germe vient mal parce qu'il n'a point acquis
assez de force et de développement.

Les pelures épaisses de même que les fragmens de pommes de terre plus ou moins gros, mais garnis de beaux
germes, réussissent très bien ; des expériences réitérées
ont prouvé, qu'après quinze jours de plantation, il s'élève de chaque œil des fanes dont les racines sont munies
de petits tubercules adhérens, qui, soignés comme demande à l'être la pomme de terre, prennent bientôt du volume, et en fournissent un bon nombre d'autres de diver-

ses grosseurs. Les fragmens donnent plus abondamment que les pelures : leurs tubercules ont toutes les propriétés des autres et se font remarquer par le volume et la quantité.

La voie des semis est la plus longue, mais aussi la plus sûre pour avoir de bonnes espèces. On concasse, à cet effet, les baies, et on lave la graine pour la mieux diviser, puis on la met sécher au soleil et l'on sème en rayons, en ayant soin de couvrir de terreau.

Quelques faits observés avec soin nous apprennent que la solanée parmentière a un principe particulier de reproduction dans chacune des parties de sa substance. Outre les moyens que nous venons d'indiquer, on peut encore ajouter les portions de filamens pris à ses racines, les tiges recouchées dans le sol, et ces mêmes tiges hors de terre. Cette dernière voie fournit des tubercules qui ont une propension toute particulière à produire bien et promptement. Les tubercules sont, en effet, quoique nés hors de terre, munis de quelques folioles à chaque œilleton et de racines courtes faciles a observer sur les individus que l'ardeur du soleil n'a point altérés. Leur chair, jaunâtre, ne diffère en rien à l'extérieur de celle des tubercules détachés des racines enterrées, et sa saveur, lorsqu'elle est cuite, n'est pas moins agréable que celle des pommes de terre non rechaussées.

Il faut herser au moment de la germination, sarcler ensuite à plusieurs reprises, au moyen de la houe à cheval, et le faire le plus profondément possible, à cause de la grande distance des rangs. On butte à deux reprises différentes, à douze jours l'une de l'autre, et, dans l'intervalle, on donne une façon à la houe. Le buttage aura de 13 à 16 centimètres (5 à 6 pouces) de haut chaque fois.

Quelques agronomes recommandent de couper la fane, c'est une faute grave ; en l'enlevant pendant le cours de la végétation, c'est nuire à l'accroissement du tubercule, et exercer une influence fâcheuse sur ses qualités. On a vu enlever avec succès les fleurs, non seulement pour hâter le développement des tubercules, mais encore pour en augmenter le nombre et le volume ; on a également vu de petits tubercules abandonnés grossir dans le sol, et se conserver fort bien, d'une récolte à l'autre, à une certaine profondeur sans l'épuiser aucunement. Ce qui prouve que l'on peut à volonté augmenter le produit de ses récoltes, et que le tubercule profite d'autant plus qu'il pénètre plus bas dans la terre.

En se propageant dans toutes les parties du globe et sur toutes les sortes de terrains, la pomme de terre a vu se multiplier le nombre de ses variétés. Elles sont, sous le rapport de la culture, de deux sortes, les hâtives et les tardives, et sous le rapport de l'économie, également de deux sortes, les unes convenables à la nourriture de l'homme, les autres uniquement réservées pour les bestiaux.

Il n'est point rare de voir les pommes de terre destinées à l'homme passer au rang de celles réservées aux animaux domestiques, et quelques unes de celles-ci remonter au rang des premières. Il suffit du simple contact du pollen de l'une ou l'autre espèce. Pour remédier à cet inconvénient, il faut choisir des graines de la bonne espèce, les semer dans le terrain qui lui est plus favorable, et laisser se perdre les mauvaises, souvent le fruit des spéculations poussées trop loin ou d'essais mal entendus. C'est une fausse économie de cultiver des plantes dégénérées, et de les consacrer à ses bestiaux ou bien au service des distilleries. Tout dans la ferme doit être de haute qualité, quand on veut s'assurer de bonnes récoltes et des produits vraiment profitables. Les pommes de terre qui, pendant leur végétation, ont été inondées, peuvent encore bien venir, mais leurs tubercules gardent un goût de moisi, et leur qualité devient si mauvaise qu'il faut les couvrir de sel pour les faire manger aux bestiaux. C'est une triste économie quand on y est forcé, car il vaudrait mieux les enfouir pour engrais.

Les pommes de terre hâtives doivent être déterrées avant que leurs fanes aient jauni pour avoir toute leur délicatesse; passé cette époque, elles deviennent d'un farineux sec. L'instant est marqué par celui de la demi-croissance de la graine. Les variétés d'automne veulent être aussi déterrées avant parfaite maturité, c'est-à dire quand les graines approchent de leur entière croissance, sans cependant l'avoir déjà atteinte. Les variétés d'hiver et de printemps peuvent, au contraire, être laissées long-temps en terre, même jusqu'à ce que leur fane soit complétement mûre. La *blanche lisse*, dite *de Zélande*, demeure en place, même après que sa tige est détruite, et nulle espèce n'est préférable pour la garde: on la mange dans le pays de novembre à mai. Beaucoup d'espèces d'hiver ne perdent pas leur fane, on les emploie de janvier à juin.

Il est vrai de dire que l'on trouve peu de variétés qui soient décidement d'automne ; pour les avoir à cette époque, on est obligé de retarder les plantations des variétés d'été, ou d'avancer celles d'hiver ; la variété dite *grosse rouge*, de semis, qui est de prime hiver, se prête le mieux à cette dernière plantation. Mais il convient aussi d'observer que cette sorte de joug imposé à la végétation nuit quelquefois à la qualité, et toujours à la quantité des produits. Une sorte hâtive qu'on retarde à la plantation, forme beaucoup de chevelu et peu de tubercules ; de même, une variété tardive qu'on avance pointe plus tard que d'habitude, on devient sujette à la repousse, lorsque, après un temps sec, il tombe de la pluie Le meilleur est donc de bien distinguer les variétés que l'on possède, de planter chacune d'elles à son temps convenable, et ce temps elle l'indique elle-même par le développement de son germe.

CHAPITRE VII.

CULTURE DES PLANTES OLÉAGINEUSES.

Nous retirons de plusieurs arbres l'huile nécessaire à la consommation de l'économie domestique et aux besoins du commerce. Cependant la destruction d'une grande partie des oliviers de nos départemens du midi, causée plus encore par les froids intenses de certains hivers et par les sécheresses trop prolongées des étés, que par suite d'une culture peu soignée, appelle les propriétaires ruraux à se livrer à la culture en grand des plantes oléagineuses herbacées et annuelles. C'est un motif de spéculation des plus importans.

Nous avons, me dira-t on, le hêtre et le noyer ; ils nous présentent dans leurs fruits une ressource assurée ; sans doute : mais pourquoi tenir exclusivement à ces productions

locales ? ne sont-elles point exposées à des accidens qui
entraînent privation ? alors on éprouve la disette d'une substance de première nécessité , et à laquelle il est facile de
suppléer par des cultures analogues. Les hivers ne respec-
tent point toujours les oliviers tenus dans les localités les
plus favorables , et moins encore les noyers ; quand ils
viennent à geler , c'est, non seulement pour les pays où
ces cultures sont exclusives , mais encore pour ceux habi-
tués à se reposer sur eux , une calamité de plusieurs années de suite. D'un autre côté , la faîne est presque partout négligée, et l'huile que quelques cantons préparent
avec son amende agréable n'est bonne qu'en vieillissant :
nouvellement faite , le goût qu'elle emprunte au mucilage
interposé entre les parties huileuses n'est rien moins que
flatteur , elle pèse sur l'estomac , est très indigeste , et n'acquiert de bonnes qualités qu'après sa seconde année, quand
elle est tirée à clair.

Les semences oléagineuses du pavot, du colzat, de la navette d'hiver et d'été , de la moutarde , etc , sont d'une
réussite plus constante, et comme simples cultures supplé-
mentaires , elle rendent un grand service à l'économie rurale et domestique : je vais fournir quelques détails sur
plusieurs d'entre-elles , afin de déterminer à leur adoption,
et prouver les avantages qui résulteront aussi pour l'a-
mélioration des terres et l'engraissement des bestiaux. Des
essais comparatifs ont été faits sur leurs produits en huile
et sur leurs qualités respectives : tous nous répondent du
succès , pourvu que l'on donne à chacune d'elles la terre
qui lui est propre et les préparations convenables. Mais
avant de pénétrer dans les particularités de chacune d'elles , examinons s'il est préférable de les soumettre au battage sur le champ même qui les a produites , avant de les
envoyer ensuite dans la grange ou sur l'aire , pour y être
complétement battues et nettoyées. L'expérience m'a appris que ce moyen est plus avantageux. Je vais donc en parler très amplement, parce qu'il est presque entièrement
ignoré dans un grand nombre de localités , et qu'il est susceptible de recevoir quelques améliorations partout où il
est adopté.

Lorsque l'on veut former des gerbes des diverses plantes
à graines oléagineuses , il faut employer une ou plusieurs
toiles, selon la grandeur du champs où le travail doit se

20.*

faire ; sans cette précaution préliminaire , on perdrait beaucoup trop de graines. Les gerbes liées sont aussitôt enlevées de dessus la toile , et posées en rangées à l'endroit
où l'on peut établir une aire provisoire pour les battre.
Pour qu'elles restent mieux debout, et que le vent ne les
renverse point, on les met deux à deux , toujours en rangées , qu'on ne rapproche pas trop , afin que l'air et le soleil y puissent mieux pénétrer. Entre les rangées on laisse
une place pour l'aire. On donne à celle-ci environ 9 mètres 45 centimètres (30 pieds) de longueur sur 6 mètres
50 centimètres (20 pieds) de largeur. Il est toujours plus
avantageux de la faire plus grande que trop petite. Si le
champ est vaste , on y établit, selon le besoin , deux ou
même un plus grand nombre d'aires provisoires ; sans cela
on serait dans le cas d'y porter les gerbes de trop loin , de
les égrener dans la course et d'employer un plus grand
nombre de bras , trois inconvéniens graves dans une culture bien entendue. L'aire se fait aussi simplement et
aussi profonde que possible. On aplanit et on unit le
sol léger avec des pelles de fer ou bien à l'aide de
fortes battes; on élève la terre enlevée autour du bord de
l'aire , et le battage fini on la reporte en place après avoir
donné un coup de herse. Dans certaines communes, où
l'on brise les enveloppes qui recouvrent les graines du lin
sur des aires en plein champ, on frappe la terre avec le
battoir, dont la planche est fixée au milieu d'un manche
oblique.

Dès que les graines sont convenablement sèches , on
étend les gerbes sur l'aire , et on les bat comme en grange avec des fléaux. Pour accélérer cette opération , on ne
fait dans le champ que séparer les graines des gousses , et
on les met avec les débris dans des sacs pour les transporter à la grange vers le midi ou sur le soir ; là, on nettoie,
ensuite on les étend en tas minces sur les greniers , et on
les remue au moins une fois tous les deux jours. La paille
est entassée et reste à côté de l'aire jusqu'à ce que les travaux pressés permettent de l'enlever. On y met également
les gousses ou siliques , et on les étend ensuite sur le champ,
d'où on les transporte sur le fumier dont elles augmentent
la masse et la qualité. Elles peuvent aussi servir de fourrage aux bœufs, surtout si l'on a la précaution de les mettre

à tremper quelques instans auparavant dans de l'eau légè-
rément aiguisée d'un peu de sel.

Dans plusieurs cantons on bat les plantes oléifères sur de
grandes toiles grossières que l'on étend sur la place la plus
unie du champ dont on a abattu le chaume avec le fléau ou
bien avec le battoir. Ces toiles sont arrangées exprès, et
garnies tout autour d'attaches ou de fortes oreilles destinées
à être fixées à des piquets crochus, semblables à ceux
qu'on emploie à dresser les tentes. Cette dernière métho-
ne paraît être applicable plutôt en petit qu'en grand, et
dans les localités où la nature du sol ne permet pas d'y établir des aires proprement dites. Peut-être y préfère-t-on
aussi le battage sur des toiles, dans l'idée que, en suivant le
premier moyen indiqué, l'on perdrait trop de graines, qui
seraient battues dans la terre; mais la perte en résultat
est très petite en ce qu'on ne doit et qu'on ne peut pas battre convenablement lorsque les aires sont humides.

Cependant le battage aux champs est, dans la plupart
des cas, surtout pour la navette, la julienne, la moutarde
et le colzat, à préférer au transport et au battage en grange. Déduisons-en les raisons, c'est le moyen de convaincre
ou d'appeler une critique raisonnable. J'en indiquerai six:

1°. A l'époque de la maturité de la navette et du colzat,
qui arrive le plus ordinairement vers la fin de juin, le cultivateur manque souvent de temps et de bras pour les engranger de suite; de leur côté les chevaux sont occupés à
d'autres travaux de culture pressans.

2°. L'engrangement de ces graines ne peut pas être aisément accéléré, surtout si les champs sont à une grande
distance, parce qu'on ne peut pas faire de hautes charges
de voitures, qu'il faut garnir l'intérieur des chariots de grandes toiles, lesquelles doivent dépasser les ridelles; d'ailleurs elles ne se trouvent pas toujours prêtes, et leur acquisition comme leur entretien coûteraient un peu cher.

3°. On manque très souvent de place dans les granges.
Ces sortes de plantes qui s'égrènent aisément, n'y peuvent
être mises que sur l'aire, pour éviter la perte, qui serait
inévitable en les plaçant dans les autres parties de la grange, où l'on doit incessamment entasser les gerbes de blé,
les quelles demandent à être reçues convenablement, surtout durant les années pluvieuses.

4°. Le chargement dans le champ et l'engrangement ne

peuvent s'effectuer sans perte, lors même que l'on prendrait les précautions les plus minutieuses ; et cette perte serait d'autant plus grande, que les tiges seraient plus sèches et les semences complétement mûres.

5°. Si le temps est constamment favorable, comme cela n'arrive que trop souvent à l'époque de la fin de juin, les plantes oléiféres ne peuvent être ni engrangées ni battues dans le champ. Lors des pluies passagères, l'engrangement est aussi bien plus facile que le battage au champ, qui devient à son tour beaucoup plus praticable, si ces pluies ne se suivent pas trop abondamment. On a des exemples d'années où le battage a été interrompu à plusieurs reprises, mais non pas entièrement empêché par des petites pluies passagères, tandis que l'engrangement aurait été absolument impossible, l'intérieur des gerbes n'ayant point séché pendant les intervalles des ondées.

Dès qu'une ondée était passée, les batteurs étendaient les graines sur l'aire qu'ils avaient, pendant sa durée, couverte de paille battue, et préservée ainsi de l'humidité. Cette opération se faisait successivement sur plusieurs aires, et en revenant de la dernière, les batteurs pouvaient déjà commencer de suite à battre sur la première. Pour retourner les graines (dans le second battage) on suivait la même marche. Lorsque le ciel se couvrait de nouveau, et qu'il menaçait d'averses, l'aire était de suite couverte de gerbes battues, et on attendait le retour du beau temps. Ce procédé est sans doute pénible et dispendieux ; mais il vaut toujours mieux l'employer que de ne pouvoir engranger les graines, ou de les engranger mouillées, et les voir périr alors dans la grange.

6°. En plaçant dans les granges les plantes oléiféres non battues, il faut évidemment charrier plus souvent qu'on ne le ferait pour les graines battues. On enlève donc les chevaux ou les bœufs à d'autres travaux très nécessaires, et qu'il est toujours fâcheux de retarder. Si le temps est favorable à l'engrangement, il l'est encore plus au battage dans les champs; le seul cas d'exception est celui où, comme je l'ai déjà dit, le temps ne serait bon que pendant quelques jours, et qu'il tomberait beaucoup d'eau. Avec le battage on aurait pu commencer un jour plus tôt qu'avec l'engrangement, et le battage va encore au moins aussi vite que l'engrangement, si les champs se trouvent à une grande distance , et si on peut mettre proportionnellement à l'ouvrage un bon nombre de batteurs.

§. *De l'Œillette* ou *Pavot simple.*

Successivement adoptée et déprisée, défendue et recommandée , l'huile de l'œillette ou pavot simple est un objet de commerce très important dans ceux de nos départemens qui sont limitrophes de la Belgique, et par conséquent une voie certaine de richesse pour les cultivateurs qui consacrent une partie de leurs terres à l'exploitation du pavot. Cette huile est grasse, blonde, d'une saveur douce et agréable, l'une des meilleures de celles qu'on retire des autres plantes oléagineuses , se conservant longtemps sans perdre de sa beauté , ni contracter aucun principe de rancidité , très propre à assaisonner ou préparer les alimens, et s'employant également à l'éclairage. Quand elle est bien préparée , elle a la propriété de ne point se coaguler durant les plus grands froids. Sa réputation serait parfaite si elle gardait le léger goût de noisette qu'elle a quand elle est nouvelle et faite avec soin. A diverses époques, et principalement toutes les fois que les gelées extraordinaires ont forcé de recourir généralement à son usage habituel, on l'a accusée de recéler quelques élémens dangereux; des médecins même , plus routiniers que praticiens éclairés , qui s'en servaient dans leurs potions narcotiques, n'ont pas manqué de confirmer les craintes des uns , les vues secrètes des autres : cependant il est certain que l'opium fourni par le pavot indigène ne provient nullement de la graine , mais bien des capsules qui la contiennent, et que l'on dépouille de leurs semences pour l'obtenir plus pur. L'expérience a de plus démontré que l'opium ne s'obtient que des têtes du pavot coupées avant leur parfait desséchement: elles le savaient depuis long-temps ces malheureuses femmes de campagne qui, pour apaiser les cris de leurs enfans pendant qu'elles sont occupées aux champs, ont la funeste habitude de leur donner du lait dans lequel elles font bouillir quelques capsules de pavot égrené, pratique infâme qui produit à la longue les effets les plus désastreux.

On peut donc se livrer à la culture du pavot sous le triple point de vue également productif; l'un pour extraire de ses capsules le suc gommo-résineux solide qui doit donner un opium analogue à celui que le commerce nous rapporte de l'Inde, tant par sa composition chimique que par son mode d'action sur l'économie animale; l'autre pour retirer de ses graines l'huile grasse qu'elles contiennent abondamment; le troisième pour trouver dans le marc ou tourteau qui reste sous la presse après l'enlèvement de l'huile une ressource nouvelle pour la nourriture et l'engrais des bestiaux et des volatils de basse-cour, comme pour l'amendement des terres. Peu de plantes sont aussi réellement avantageuses.

La terre que l'on destine au pavot doit être substantielle, labourée à plusieurs reprises, fumée convenablement avec des engrais consommés, rendue meuble et aussi unie qu'une planche de jardin, au moyen de profonds hersages réitérés. On roule ensuite et l'on brise toutes les mottes qui ont pu résister aux précédentes façons. On jette dessus la graine qui est très-fine, et on l'enterre au fagot, car elle veut être peu couverte. Sa racine est pivotante et tire moins de la surface de la terre que de ses parties basses : il lui faut au moins 32 centimètres (1 pied) de terre végétale. La plante se développe promptement, et demande de l'humidité pour prospérer ; aussi les semis doivent-ils se faire en automne de préférence au printemps, surtout dans nos départemens méridionaux, où elle aurait à redouter les effets des longues sécheresses qui les désolent si souvent, et qui empêcheraient le développement parfait des capsules; alors seulement ses produits sont beaux, bien nourris et abondans. Dans les départemens situés au Nord, le pavot ne réussirait point s'il était semé avant le printemps : là il faut confier sa graine à la terre depuis le 1er de mars jusqu'à la fin d'avril. Plus tard sa récolte coïnciderait avec celle des céréales, et les travaux les plus urgens de la campagne.

Pour régulariser les semis, on les fait à trois doigts comme pour le trèfle et la luzerne, et l'on jette la pincée le plus loin possible. Quand on n'a pas l'habitude de sa graine, il convient de la mêler avec un volume quadruple de terre sablonneuse bien sèche. Un kilogramme ou trois livres de semence suffit pour un demi hectare. A la sortie de l'hiver, pour le Midi, et en mai pour le Nord, lorsque la plante est déjà développée, on bine et l'on éclaircit de

manière à ne laisser que 32 centimètres (1 pied) d'intervalle entre chaque plante. Cette opération est difficile, et
veut par conséquent être très-soignée. Il faut en tout temps
tenir le sol dégarni des plantes parasites qui tendent sans-
cesse à l'usurper tout entier. C'est ce qui me détermina
à le faire cultiver en rayons ou lignes régulières. L'avantage me paraît être tout pour cette dernière méthode.

Ses tiges montent quelquefois fort haut, le plus ordinairement à 1 mètre (3 pieds) , elles se garnissent de
feuilles lisses et épaisses, de grandes fleurs dont la couleur varie du rouge au blanc , et enfin de capsules globu-
leuses qui sont bonnes à cueillir du moment qu'elles prennent une teinte blonde , et qu'il se forme des petites crévasses au-dessous de la couronne.

La récolte se fait de deux manières : ici l'on coupe
toutes les têtes que l'on jette au fur et à mesure dans des
sacs pour les porter ensuite au grenier , où elles doivent
se sécher et être égrénées ; là , on étend des draps vers
lesquels on penche les têtes , et sur lesquels on les secoue
pour faire tomber la graine prête à s'échapper à la moindre secousse ; puis on arrache les tiges que l'on rassemble
par bottes pour les porter au grenier , où les capsules sont
de nouveau dépouillées des graines qu'elles contiennent
encore , et enfin brûlées dans les fours qu'elles chauffent
très-bien. Leurs cendres sont réunies pour servir , soit aux
lessives , soit à l'amendement des terres.

L'huile du pavot a été appelée *olietta*, petite huile,
par les Espagnols qui en recueillent abondamment de
l'olivier, et c'est de là que lui vint le nom d'oliette qu'on
lui donne aujourd'hui dans beaucoup de localités , ainsi
qu'à la plante elle-même.

Le pavot épuise la terre qui le nourrit ; mais on répare
aisément ce tort par d'abondans fumages , et surtout en
lui faisant succéder des végétaux à racines traçantes. Sa
graine bien nettoyée avec le crible où le van , se tient en
lieu très sec , où , enfermée dans des sacs , elle conserve ,
d'une récolte à l'autre , toutes ses qualités.

§. II. *Du Colzat.*

Cette plante que l'on cultive dans quelques localités pour
former des prairies momentanées , et comme fourrage

d'hiver propre aux bêtes à cornes en particulier, est excellente comme plante oléagineuse. Elle demande une terre assez profonde pour le développement de sa racine pivotante, fusiforme et garnie de quelque chevelu. N'importe que la terre soit douce ou forte, à fond d'argile, de marne, même de glaise, pourvu qu'elle soit bien divisée, fumée raisonnablement, et qu'elle conserve son humidité, le colzat réussira toujours. Cependant quoiqu'il soit moins difficile sur la nature du sol qu'aucune autre plante, il ne faudrait pas le mettre dans un terrain pierreux, trop sablonneux, trop élevé en même temps, et surtout crayeux ou granitique, il n'y viendrait jamais bien, il ne lui fournirait pas la fraîcheur qu'il exige pour remplir convenablement les diverses phases de sa végétation. En thèse générale, on peut le cultiver partout où viennent le froment, l'orge, le trèfle, la luzerne et même le seigle et le sarrazin, avec cette différence qu'il le faut couvrir et rechausser plus ou moins, suivant l'élévation ou la nature du sol.

Infiniment plus robuste que toutes les autres espèces de choux, le colzat résiste aux hivers les plus rudes, il n'en a pas gelé un seul pied pendant les froids extrêmes de 1789, de 1820 et de 1830 : sa culture présente en tout temps moins de risques au laboureur, parce qu'étant mûr vers les derniers jours de juin, avant l'instant des grandes chaleurs, il est à l'abri des fortes sécheresses ; il ne les redoute qu'en avril, quand prêt à monter en fleurs, il fait son plus grand effort, et que la pluie lui est nécessaire ; sans quoi ses rameaux grêles, courts et peu fournis, ne donneraient qu'une graine mal nourrie. Mais comme les sécheresses printanières sont peu fréquentes, de peu de durée, et qu'alors toutes les récoltes souffrent plus ou moins de l'aridité de l'atmosphère, le cultivateur ne doit point s'y arrêter.

Quand la terre est disposée, et elle se prépare aussitôt que le froment est enlevé du champ, on sème en rayons ou par planches plates, à la volée ou bien au plantoir dans des petites raies tracées à la houe. On sème en septembre et octobre plutôt clair que dru. Si la terre a été fortement fumée, le colzat pousse trop à feuilles au printemps, et donne plus tard beaucoup moins de graines. Quand on plante, il faut calculer les trous de manière à ce que les racines des individus que l'on repique puissent entrer à l'aise, et sans être repliées sur elles mêmes ; les trous se font à 27 et 32 centimètres (10 à 12 pouces) les uns des autres dans les bonnes terres, et de 18 à 21 centimètres (5 à 8 pouces) dans les terres les plus maigres. On enterre le plant le plus près possible du collet sans toute fois couvrir l'œil, ni l'exposer à être enterré par le binage qui suivra.

Le colzat passe l'hiver sans avoir besoin d'autre soin que celui d'en éloigner les bestiaux qui en sont fort friands, et dont la dent peut lui être très-funeste. En février, alors que la tige commence à se garnir de fleurs, on donne un nouveau labour plus léger que les précédens entre les raies, et on rehausse la plante à la houe.

Du 15 juin au 1er juillet, au plus tard, on fait la récolte. Les graines attirent les oiseaux qui attaquent les siliques, les ouvrent et y causent de grands dégats : c'est pourquoi il est essentiel de bien saisir le véritable moment de la maturité : ce moment se reconnaît à la teinte brune que prend la semence. Un autre motif qu'il importe de ne pas perdre de vue, et qui doit décider à la cueillette, c'est qu'en en devançant l'instant d'une part, la graine se grippe, se rétrécit, perd de ses qualités et est rebutée à la vente ; de l'autre, en la retardant, il y aurait difficulté à récolter, et diminution très-sensible dans la quantité. L'époque précise étant connue, on coupe les tiges à la faucile, dont le tranchant est bien affilé ; on évite de le faire par saccades, on les met en javelles pour achever de mûrir, ce qui dure de sept à huit jours selon le temps, ou bien on les transporte sous des hangars aérés de toutes parts ; là, on les distribue par petits faisceaux que l'on n'entasse ni ne presse point, afin que l'air les pénétre et les dessèche promptement. La récolte se fait le matin de trois à huit heures, et le soir depuis six heures jusqu'à la nuit : la rosée est nécessaire au succès ; si l'on coupait au milieu du jour, par un soleil ardent, les siliques s'ouvriraient et laisseraient échapper toute la graine qu'elles renferment.

On conserve pour semence la graine la plus belle et la plus mûre, on la nettoie exactement, on la tient en lieu sec, distribuée par petits tas que l'on remue souvent pour

empêcher qu'elle ne s'échauffe , et ne perde sa faculté reproductive.

La paille sert à allumer le four ou bien à faire de la
litière. De la semence on retire une huile abondante ,
d'excellente qualité qui ne tient pas , à la vérité , un des
premiers rangs parmi les huiles comestibles , mais on peut
encore l'employer comme telle : dans tous les cas elle
peut suppléer toutes les espèces d'huiles dans beaucoup
d'autres usages. Le marc , qui reste après l'avoir exprimée
est pour les animaux une nourriture si estimée que les
huiliers s'en contentent pour leur salaire. Cependant il
vaut encore mieux s'en servir pour l'engrais des terres ,
en l'enfouissant en automne.

Loin de fatiguer le sol , le colzat le dispose à de meilleures récoltes en tout genre , par l'engrais qu'il exige ,
par celui bien plus puissant encore qu'il abandonne à la
terre , enfin par les labours et façons qu'on lui donne et
l'amollissent. Dans les cantons où l'on conserve encore
l'usage si défectueux de la jachère infertile, on peut le semer de suite sur le même champ d'où les moissons de blé
viennent d'être enlevées ; et comme il se recueille en juin ,
on le ferait suivre de plantes à enfouir au moment de la
fleur pour y mettre de nouveau du froment. On ne doit
point conclure de ceci qu'il faille tous les ans, planter le
même champ en colzat ; il ne doit l'être que tous les quatre ans , mais il faut remplacer cette récolte par une
autre.

Nous avons deux variétés de colzat : l'une, hâtive à fleurs
blanches, se sème au printemps et se récolte en automne ;
l'autre , tardive à fleurs jaunes , se sème à la mi-juin en
pépinière, passe l'hiver sans fleurir , et se récolte à la fin
du printemps suivant.

§. III. *De la Navette.*

Variété du chou-navet , la navette (*Brassica napus
sylvestris*) , aux fleurs le plus ordinairement d'un jaune
d'or, dont l'intensité se perd jusqu'au blanc , et qui se
reproduit d'elle-même dans les champs, le long des chemins et des haies, est très-cultivée en France, surtout dans
sa partie septentrionale : elle succède ici au froment, là
elle le précède. Dans le premier cas, l'on donne un seul

labour pour détruire et enterrer le chaume, qui assez généralement, est le seul engrais qu'on lui accorde. Cependant quelques propriétaires couvrent à l'entrée de l'hiver leurs champs de navette avec du fumier frais, abondant en litière, pour garantir le semis des fortes gelées, qui trop souvent, détruisent cette plante ; d'autres se contentent d'enlever avec la bêche et dans toute l'étendue du champ, les mottes de terre qui l'encombrent, encore ne le font-ils qu'autant qu'il en faut pour laisser de distance en distance (de 6 à 7 décimètres ou 24 à 30 pouces) des petits creux destinés à absorber l'humidité, et pour couvrir de terre le collet des racines. Quand la navette précède les céréales, leur culture est de printemps.

La culture a perfectionné la navette, comme elle perfectionne toutes les plantes sur lesquelles elle s'exerce avec soin, il en est résulté plusieurs variétés, les unes hâtives et les autres tardives. Nous en possédons deux surtout, la *navette d'été* et la *navette d'hiver*.

La première, qu'on appelle dans certaines localités *Quarantaine*, sans doute parce qu'elle porte le plus souvent sa fleur quarante jours, au plus soixante après le semis, n'est guère connue que dans nos départemens en deçà de la Loire. Elle y est en grande culture, principalement dans les départemens situés au Nord-Est, et dans ceux qu'arrosent la Somme, la Lys, la Scarpe et l'Oise. La navette d'été réussit parfaitement dans une terre douce et substantielle, dans les sols gras et sablonneux qui conservent de la fraîcheur, sur les étangs et autres lieux marécageux bien desséchés et soumis à l'écobuage, ainsi que dans les terres à blé les moins compactes. On la sème immédiatement après l'hiver par un temps couvert et pluvieux, soit à la volée, soit par rayons, espacés de 32 à 40 centimètres (12 à 15 pouces) l'un de l'autre. Dès que la plantule a pris du développement, il faut biner, éclaircir les parties venues trop dru, et l'on ressème celles trop clair, ou sur lesquelles la lisette ou tiquet a exercé ses ravages : cette double opération veut être faite en avril ou au commencement de mai, par des personnes qui ont acquis l'habitude de distinguer les pieds des sauves, ou moutarde des champs (*Sinapis arvensis*), et ceux de la navette, avec lesquels les premiers ont quelque ressemblance. Pendant le cours de la végétation, si la plante est cultivée pour fournir de

l'huile , on donne une seconde façon aux rayons ; mais si
on l'a semée pour être enfouie ou pour servir de pâture ,
comme elle a été semée en planches ou champ plein , on
la laisse croître librement. On la retourne pour engrais à
la charrue , du moment qu'elle est en fleur ; pour nourriture des bestiaux , on la coupe en vert : ils la mangent
tous avec plaisir.

Celle destinée à donner de la graine est mûre fin d'août
ou commencement de septembre ; ses cosses inférieures
sont alors légèrement jaunes et remplies d'une semence
petite , d'un noir luisant, tandis que les supérieures approchent de leur maturité. Pour la récolter , on choisit
un beau temps , bien sec , et l'on coupe les tiges avec la
faulx à crochet ou bien avec la faucille. Dans quelques
endroits on les laisse sur le champ pendant une quinzaine
de jours ; non pas pour donner de la qualité à la graine ,
mais un plus bel aspect, mais pour lui faire pomper l'humidité du sol et se renfler ; il vaut mieux les rentrer et les
placer sous des hangars dont le sol est garni de gros draps
pour recevoir la graine : elle en est moins belle peut-être,
mais aussi elle est meilleure et moins sujette à s'échauffer
mise en tas. Les voitures destinées à la transporter à la ferme
sont également garnies afin d'éviter la perte qui aurait lieu
sans cette précaution. Quand les semences des sommités
sont arrivées à point , on commence le battage , puis le
vannage pour nettoyer la graine, et la porter ensuite au
moulin à l'huile. Je préfère l'habitude de ces propriétaires
qui battent légèrement aux baguettes les cosses du bas ,
lesquelles donnent toujours de belles semences , les mieux
nourries et par conséquent les plus propres à la reproduction. L'opération recommence pour les cosses du haut séchées sur l'aire ou sous les hangars : on choisit les graines
les plus grosses ; les petites se réservent pour les oiseaux
de basse-cour , qui en sont très-friands.

La navette d'été fournit moins de graines que celle d'hiver, son huile est aussi moins abondante : il ne faut cependant point la négliger : c'est une récolte furtive toujours intéressante et qui n'interrompt nullement la culture
des céréales.

On sème la navette d'hiver du 15 août au 10 de septembre , particulièrement dans les champs où l'on vient
de terminer la moisson du froment ; vers la fin de février

ou dans la première quinzaine de mars , on sarcle , on
éclaircit , pour espacer les pieds de 32 à 50 centimètres
(12 à 18 pouces) , selon la bonté du terrain et la force de
la plante. Elle redoute peu les gelées ; comme elle s'est
fortement enracinée , sa tige leur résiste et monte en fleur
malgré les froids tardifs, pourvu cependant qu'ils ne soient
pas excessifs , ce qui arrive très-rarement. Du 1er au 15
juin , on plante dans les intervalles des pommes de terre
ou du maïs , qui , lors de la récolte , ont déjà acquis assez
d'accroissement , et que l'on cultive ensuite selon l'usage.
Par ce moyen , on obtient une récolte dérobée qui a lieu
le plus souvent en octobre , moment où l'on dispose la
terre à recevoir de nouvelles céréales.

De même que la navette d'été , celle d'hiver fournit , à
l'époque de sa floraison , une excellente nourriture pour
les bestiaux; mais on la cultive plus particulièrement pour
avoir l'huile contenue dans sa graine. Cette huile se consomme en grande partie pour brûler , pour préparer les
laines dans les manufactures , et à la fabrication du savon
noir et liquide , dont elle est presque uniquement la base.
Quoique moulue , écrasée , ensuite torréfiée et mise en
presse pour extraire l'huile ; quoique le gâteau ou résidu
soit à son tour rebroyé et réduit en poudre pour servir
d'engrais aux terres , la graine de cette plante donne encore naissance à une grande quantité de pieds de navette ,
qui souvent alors infestent les champs et les jardins dans
lesquels on porte cet engrais. Il serait curieux de pour-
suivre cette observation et de s'assurer jusqu'à quel degré
de chaleur la force reproductive de l'embrion peut résister.
Ces deux variétés de navette se cultivent également comme
plantes oléifères, comme plantes fourragères et comme
plantes d'engrais : sous ce dernier rapport , elles sont
moins bonnes que le colzat pour les ensemencemens d'automne , parce qu'elles supportent moins bien que lui les
rigueurs de l'hiver.

§. IV. Du Chou-Navet.

J'ai parlé plus haut du rutabaga comme plante fourragère , elle sert aussi comme plante oléagineuse ; on lui
préfère le chou navet de Laponie, qui en diffère très-peu,
il est vrai, mais il a sur lui l'avantage de résister mieux

21.*

encore aux hivers rigoureux. En effet, presque partout, en 1820 et 1830, le rutabaga n'a pu résister à la température excessive de l'hiver, tandis que le chou-navet n'a nullement souffert ; loin de là, il n'a pas cessé de végéter, et sa récolte a été même fort abondante. On cultive cette plante dont la France doit l'importante acquisition à Sonnini (1), d'abord pour sa graine que l'on traite comme le colzat, même avec moins d'engrais, et dont on retire une huile excellente ; ensuite pour les jets de ses tiges nombreuses que l'on administre aux bestiaux : on en obtient plusieurs récoltes, on les cueille comme celles de la betterave. Le chou-navet est précieux aussi, 1o pour la cuisine, ses feuilles sont plus délicates que celles des choux ordinaires, ne causent aucun renvoi et sont fort bonnes accommodées comme des épinards ou cuites avec des saucisses ; 2o et pour ses racines que tous les animaux domestiques mangent avec sensualité, principalement quand elles sont coupées par tranches.

Peu de plantes supportent le repiquage aussi aisément ; que le navet soit plus gros que des œufs de poule ou simplement rudimentaire, il reprend parfaitement ; on en voit même qui tombés à terre lorsqu'on les transporte, et foulés aux pieds, donnent de très-belles racines quoiqu'à peine couverts.

§. V. De la Julienne.

Uniquement employée pendant longues années à l'ornement des jardins, la julienne (*Hesperis matronalis*) a reçu de l'observateur attentif un emploi utile en 1787, qui la classe aujourd'hui parmi les plantes oléagineuses. Sa graine très-petite, fournit comparativement plus d'huile que la navette et le chenevis, et sa culture est plus avantageuse que celle du colzat ; non pas sous le rapport de la bonté de l'huile, mais sous celui du produit de chaque pied. La julienne se conserve sur le sol qu'on lui confie, pendant cinq à six ans, et sa culture entraîne beaucoup moins de dépenses et de peines que celle des autres plantes

(1) Elle date de 1787 (*Voyez son Mémoire sur la Culture et les avantages du chou-navet de Laponie*, Paris, 1788, in-8.)

oléagineuses. Son huile brûle très-bien, donne une lumière vive, se consume moins vite que les autres, ne répand aucune odeur, mais elle produit beaucoup de fumée ce qui n'est pas sans désagrément. Cependant en la purifiant on parvient à la dépouiller de cette fâcheuse propriété. L'huile de julienne se fige et se condense comme celle d'olive ; elle a une saveur amère très-âcre, dont on ne peut la débarrasser, tels essais que l'on fasse, ce qui ne permettra jamais de l'employer dans la préparation des alimens, mais elle peut servir très-utilement dans les arts et métiers.

Rien de plus simple que la culture de la julienne ; une fois semée, sa graine ne demande aucun soin du cultivateur, si ce n'est un sarclage au commencement du printemps, pour la débarrasser des plantes inutiles, et remplacer les pieds morts. Quelques personnes la répandent sur le même terrain semé en avoine : c'est un tort, les fanes de cette dernière plante étouffent la julienne. J'en dirai tout autant de celles qui la mettent ensemble avec du sarrazin ; elle se ressème d'elle-même et tous les terrains lui conviennent ; le moindre labour lui suffit et elle n'exige aucune fumure, même dans les sols les plus médiocres. Si elle réussit de la sorte, jugez de sa végétation et de ses produits, quand elle se trouve sur une terre qui a reçu et des engrais et des façons convenables. On la répand sur le sol très-clair et à la volée, au mois d'octobre on recouvre d'un peu de terre ; l'année suivante ses tiges montent à un mètre et un mètre et demi (36 à 48 pouces) et jettent de tous côtés de nombreux rameaux. Ceux-ci se garnissent de belles fleurs blanches, purpurines et panachées, qui ornent et parfument agréablement les champs, et justifient le choix fait par les dames romaines, qui, au temps très-reculé de la république, enlevèrent la julienne à l'état sauvage. Les vents du soir, en passant sur les champs couverts de cette plante bisannuelle, promènent au loin ses odeurs suaves. Ces fleurs durent assez long-temps et sont remplacées par de nombreuses siliques renfermant des sémences petites et rougeâtres. Les froids ne font rien à cette plante, et les insectes la fuient à cause du goût âcre de toutes ses parties.

§. VI. *De la Moutarde.*

La plante qui donne le produit le plus considérable,
après la julienne, c'est la moutarde. Ses graines ne sont
point recherchées par les oiseaux, tandis que toutes les
autres, celles du lin exceptées, sont exposées aux ravages
de tous les granivores. L'huile qu'on en obtient peut être
employée aux usages de la table, elle est exempte de la
saveur piquante qui réside dans la pellicule dont la semence est enveloppée, et bonne à manger quand elle est
récente et tirée sans feu. La moutarde ne fatigue pas le
sol, sa végétation est rapide, elle élève sa tige assez haut,
et on peut la semer dans les terrains médiocres. Il y a
trois variétés que l'on cultive également avec avantage :
la première est la moutarde noire (*Sinapis nigra*), dont
la végétation est pleine de force ; la seconde est la moutarde blanche (*Synapis alba*), qui porte une graine plus
grosse et de meilleure qualité ; et la troisième la moutarde
jaune (*Synapis lutea*), excellent fourrage venant en hiver sur toute nature de terre, sans l'épuiser, et qui donne
aux vaches, leur fait fournir du lait en plus grande quantité et supérieur en qualité ; mais comme cette plante est
naturellement échauffante, il faut l'administrer en vert
aux bestiaux, mélée avec de la paille, dans la proportion d'un quart ou d'un cinquième de fourrage vert : les
bêtes à cornes et les chevaux mangent ce mélange avec
autant de profit que d'appétit, et le cultivateur arrive au
moyen de cette ressource, jusqu'au moment où la luzerne
peut subir une première coupe. Cette plante est très-cultivée dans plusieurs contrées montueuses et particulièrement
sur la chaîne des Vosges. Elle est estimée comme plante
d'engrais.

La moutarde blanche est une plante précieuse pour
être enfouie ; ses feuilles épaisses, velues, adhérentes aux
tiges, sont découpées et frangées ; ses fleurs d'un jaune
pâle, sont portées sur des épis lâches. Semée au printemps, elle pousse vigoureusement, même sur les sols médiocres, et peut être enterrée de suite, ou bien fauchée
quand on a besoin de nourriture verte. Quant à la moutarde noire, elle peut également servir pour engrais. Elle
conserve la propriété de se perpétuer dans le champ où

elle a mûri. Les terrains siliceux lui conviennent : on l'y trouve souvent spontanée.

Ces trois variétés sont également oléifères, mais la culture de la blanche et de la jaune est plus profitable que celle de la noire.

Le charlatanisme de bas étage profite de l'absence de toute police médicale et de la cupidité de quelques médecins plus avides d'or que riches en science, pour vanter avec effronterie les prétendues propriétés héroïques de la moutarde blanche : selon leurs annonces, c'est une panacée universelle, c'est le meilleur des stomachiques connus, c'est le dépuratif par excellence. Je plains ceux qui se laissent prendre à de semblables leures, que la loi devrait punir très-sévèrement.

§. VII. *De la Cameline.*

Pousser très-vite, quoique semée très-tard, parcourir en trois mois le cercle de sa végétation, épuiser fort peu le sol, le préparer même pour des récoltes de graines, tels sont les premiers avantages qu'assure la culture de la cameline (*Myagrum sativum*) Cette plante est munie d'un petit nombre de racines traçantes, d'une tige mince qui s'élève à un mètre ou 3 pieds au moins dans un bon terrain, de feuilles petites, et de siliques peu développées. Elle vient très-bien dans les terres légères et dans celles nouvellement écobuées. Sa semence fort petite, triangulaire, jaunâtre, d'un goût alliacé dont les oiseaux sont très-friands, fournit considérablement d'huile, surtout lorsque la graine n'a pas été endommagée par les rosées. Cette huile est connue dans le commerce sous le nom impropre d'*huile de camomille* (1) : elle est inférieure à l'huile de lin ; on la mange quelquefois, mais elle sert surtout pour l'éclairage, la peinture et aux besoins des fabriques.

La cameline est une plante annuelle que l'on trouve abondamment dans les champs ensemencés en blé et sur-

_____

(1) Ce nom est d'autant plus impropre que la camomille ordinaire, et même celle dite romaine que l'on cultive dans nos jardins, ne donne pas un atome d'huile.

tout en lin, auxquels elle nuit beaucoup. On a vanté les
avantages de cette plante, tandis que d'un autre côté on
lui refusait toute espèce de qualités : cependant, il est vrai
qu'elle présente de grandes ressources partout où le lin
ne peut réussir. Toutes les terres lui conviennent, elle y
prospère également, quoiqu'elle vienne beaucoup plus
vigoureuse sur un sol substantiel. Trois mois lui suffisent
pour remplir sa carrière végétale et donner une récolte
abondante. On avait pensé retirer de bonnes étoupes de sa
tige, mais des essais nombreux laissent encore douter de
cette propriété.

§. VIII. *Du Lin.*

De toutes les plantes oléagineuses, la plus précieuse est
sans contredit le lin (*Linum usitatissimum*), non seulement
par son produit considérable en huile, mais encore par
les ressources que sa tige, réduite en filasse courte, luisante, douce et forte, donne à l'art de fabriquer les toiles
d'une haute valeur. Presque toutes les sortes de terrains
lui conviennent, quand ils sont bien engraissés et point
humides ; cependant elle donne de plus beaux brins, une
plus grande quantité de semences, quand elle est placée
sur une terre substantielle, douce, exposée au soleil. Elle
épuise le sol et est sujette à périr par suite des fortes gelées, ou bien à mal réussir quand le printemps est très-
sec et le mois de mai d'une chaleur intempestive. La
terre qui doit porter le lin veut être convenablement disposée, au commencement de l'hiver, par un bon labour
que l'on renouvelle au printemps après avoir fumé, ainsi
que nous l'avons recommandé pour le pavot ; l'on sème,
au Nord, en mars et avril, quand les grandes gelées ne
sont plus à redouter, et avant l'hiver dans le Midi. On y
prépare la terre aussitôt après la moisson, et on l'ameublit en profitant des plus légères pluies d'orage : c'est
d'ordinaire fin septembre que se fait ce semis. On sème
clair et à la volée ; on herse et on passe le rouleau pour
couvrir et enfoncer les graines. On sarcle dès que le lin a
54 millimètres de haut (2 pouces), et on continue cette
opération tant qu'il n'a pas atteint 13 centimètres ou 5
pouces ; cela est d'autant plus nécessaire que le lin est
très-exposé aux attaques de la cuscute et de l'orobanche.

Passé ce moment, le lin n'a plus à craindre ces végétaux parasites, il a acquis assez de force pour en rendre stériles les semences et étouffer les tiges qui resteraient auprès de lui.

Quand la plante est jaune, on l'arrache et on la couche par andains prolongés, pour la faire sécher, ce qui, selon que la saison est plus ou moins favorable, exige de huit à quinze jours. On bat ensuite, et la bonne graine se fait remarquer par son poids, sa couleur d'un brun clair, sa forme courte et rondelette, et par la quantité d'huile qu'elle contient.

On cultive en France deux variétés de lin, le lin d'hiver et le lin d'été. l'une et l'autre prospèrent dans les îles de la Loire, particulièrement aux environs de Chalonnes, département de la Loire-Inférieure, où le lin est une branche considérable du commerce.

Lin d'été. — Cette plante se plaît dans les terres d'alluvion, on la sème par un temps sec, alors que la terre n'est plus humide ; elle lève huit à dix jours après le semis ; à la fin de mai, on la débarrasse des plantes parasites, et après trois mois et demi de séjour sur la terre, les tiges presque sèches sont déracinées, disposées sur le sol par petits paquets, puis mises en barge, où elles restent pendant quinze jours ou un mois, on les retire pour en extraire la graine au moyen de la mailloche. On procède ensuite au rouissage des tiges, lequel se fait en eaux courantes, de préférence aux eaux stagnantes dont les émanations putrides sont si dangereuses. La qualité du lin varie suivant les influences de l'atmosphère ; lorsque le printemps est froid et l'été sec, la plante demeure petite, ne donne presque pas de filasse, et sa graine produit peu.

Lin d'hiver. — Plus le lin reste long-temps en terre, plus la filasse qu'on en obtient est fine, et sa graine excellente. Le lin d'hiver, sous ce double rapport, est préférable à celui d'été. Sa végétation est très-lente dans le commencement, mais elle est rapide par la suite. Il aime à voir sa graine renouvelée, sans quoi elle dégénère promptement : c'est aussi le moyen de lui faire fournir une huile de bonne qualité et véritablement abondante.

Tous les animaux aiment les pains de lin ou nogats, que l'on obtient de la semence qui a cédé son huile à la meule qui la presse ; mais il faut avoir soin qu'ils contiennent encore une certaine portion d'huile, pour les appéter et remplir le but pour lequel ils sont administrés. Les pains de lin, entièrement desséchés, n'ont plus la même valeur, et les animaux les rebutent.

§. IX. *Du Madi.*

Je dois nommer aussi le madi *Madia*, que le père Feuillée nous a fait connaître en 1757 et que nous voyons cultiver depuis 1839 seulement. Cette plante, originaire de l'Amérique du sud, appartient à la famille des Corymbifères et nous offre deux espèces : l'une sauvage, que Cavanilles a appelé *Madia viscosa* et Molina *M. mellosa* ; l'autre cultivée en grand au Chili sa patrie, est le *M. sativa*, dont je dois m'occuper plus particulièrement.

Cette espèce est herbacée, rameuse, haute d'un mètre et demi, pouvant servir d'ornement quand de l'aisselle de ses feuilles, d'un vert clair, (chargées ainsi que la tige et les rameaux de poils courts, blanchâtres,) s'élancent de grandes fleurs d'un jaune pâle radiées, de l'aspect le plus agréable. Elle supporte tous les assolemens et croît même sans engrais, dans les bonnes terres, ni trop humides, ni trop compactes : elle succède très-volontiers à une récolte de pommes de terre. On peut la semer avant l'hiver, (le mieux est de le faire quand on n'a plus à craindre les gelées tardives, c'est-à-dire fin d'avril ou au commencement de mai), sur un sol préparé dès l'automne par un bon labour, hersé avant de répandre la graine ; on passe ensuite au rouleau. Il ne faut pas semer trop épais, surtout dans les bons terrains, le trop grand rapprochement des tiges gène le développement des fleurs qu'elles portent latéralement. On donne de sept à neuf kilogrammes de graine par hectare.

Huit jours après le semis, la plantation du madi présente la même apparence que celle du millet ; le progrès de la végétation est lent d'abord, puis rapide, et nullement arrêté par la sécheresse ou la chaleur ; la plante ne paraît point aimée des insectes, du moins aucun jusqu'ici ne s'en montre friand. On sarcle et l'on éclaircit du moment que les tiges ont atteint la hauteur de un à deux décimètres, afin de les tenir espacées les unes des autres de deux à trois décimètres. Les fleurs répandent au loin une odeur désagréable, analogue à celle du tabac d'Espagne, et les feuilles se montrent singulièrement visqueuses.

La graine mûre, de noire qu'elle était d'abord, devient grise. Pour la récolter il faut prendre la faucille par un temps sec et chaud ; couper le bouquet le matin à la rosée et le faire avec précaution de peur de verser ; laisser sécher les javelles sur le sol comme on le pratique pour la navette, battre au champ si le temps le permet ou bien transporter dans de grands draps et battre aussitôt en grange. La graine battue s'étend sur le grenier bien aéré, l'on remue souvent et vivement, puis on nettoie avec le plus grand soin.

L'huile exprimée à froid est d'un jaune doré, a peu d'odeur, une saveur douce et agréable ; elle réunit les qualités alimentaires de la meilleure huile de pavot. Feuillée la compare à l'huile d'olive, sans doute à cause de la qualité de substance grasse qu'elle donne. L'huile de madi obtenue à chaud convient à l'éclairage ; elle produit une grande intensité de lumière, sans répandre de fumée ni d'odeur sensible quand on a su l'épurer d'après le procédé de Thénard ; sans cela sa flamme est jaunâtre, se charge de champignons et donne une fuliginosité très-abondante.

En Allemagne on est dans l'usage d'enlever la semence du madi après sa récolte ; cette pratique vicieuse introduit dans la graine une forte quantité d'humidité qui retarde la dessiccation et nuit à la bonté de l'huile.

§. X. *Des autres plantes oléifères.*

Nombre de plantes sont encore cultivées comme fournissant une huile de bonne qualité, mais ces cultures sont très-limitées, et n'offrent pas les mêmes avantages au propriétaire rural, soit parce qu'elles occupent trop longtemps le sol auquel on les confie, soit parce qu'elles sont moins sujettes à réussir habituellement, que celles dont nous venons de parler. On a essayé la pistache de terre (*Arachis hypogœa*), dont une grande partie des graines est avidement dévorée par les mulots ; le raifort (*Raphanus raphanistrum*) , isolément nuisible aux récoltes , utile, cultivé séparément , et donnant une huile qui a beaucoup d'analogie avec celle du colzat ; le tournesol (*Helianthus annuus*) , dont je m'occuperai plus spécialement dans un chapitre suivant ; le souchet (*Cyperus œsculentus*) , que l'on trouve dans plusieurs de nos départemens méridionaux , et dont les racines à tubercules sont d'une saveur assez douce , et fournissent une huille recherchée par les ménagères allemandes ; le chanvrin ou ortie brûlante (*Galeopsis tetrahit*) , qui se rencontre partout , et dont l'huile excellente est propre non seulement à brûler, à former le mastic des vitriers , mais encore à une foule d'usages économiques ; le chenevis ou graine de chanvre (*Cannabis sativa*) , qu'il faut porter au moulin , lorsque le mucilage contenu dans cette graine s'est converti en huile ; avant, il donne peu de profit , après il est ranci , et l'huile qu'on en retire est de mauvaise qualité, etc. etc.

§. *XI. De la récolte des huiles , et de leur clarification.*

Il ne faut pas se presser d'extraire l'huile des semences oléagineuses , il faut les laisser sécher pendant plusieurs mois , rassemblées comme je l'ai dit , en petit tas que l'on remue souvent. Plus elles sont sèches , plus l'huile est belle et bonne. Dans les départemens situés au nord de la France , nous possèdons un grand nombre d'usines bien disposées pour exprimer l'huile que ces graines renferment; toutes , ou du moins la plus grande partie , sont mues par l'eau courante. La méthode usitée dans le Midi demande à être perfectionnée ; la presse dont on y fait usage est mal entendue , elle n'extrait pas complètement l'huile , et n'offre dans son emploi ni facilité ni cette économie si nécessaire dans toutes les opérations de la maison rurale.

Aussitôt sortie de dessous la presse , l'huile veut être recueillie dans des vases pour s'y clarifier. L'on dépouille avec l'acide sulfurique , la partie mucilagineuse la plus déliée qui reste inhérente , et produit , lorsqu'on la brûle, cette fumée épaisse et désagréable , cette odeur si pénétrante , qui nuisent tant à la propreté et à la santé. La dose d'acide est de 92 grammes ou de 3 onces pour 12 kilogrammes ou 24 livres d'huile , auquelles on ajoute 17 kilog. (35 liv.) d'eau. On agite ce mélange , puis on le

laisse reposer en lieu chaud pendant huit à dix jours·
Quand l'huile est parfaitement séparée de l'eau, on soutire;
on filtre au moyen d'un vase en bois percé de trous, tous
garnis de mèches de coton ; l'huile s'obtient clair et limpide : dè ce moment on peut en faire usage sans craindre
les inconvéniens de la fumée et de l'odeur.

CHAPITRE VIII.

CULTURE DES PLANTES TINCTORIALES.

Le but de cette culture est de fournir aux teinturiers ,
dans le suc propre de certaines plantes , toutes les couleurs dont ils peuvent avoir besoin. Nos ressources en ce
genre sont considérables , je ne les puiserai que dans nos
végétaux indigènes. Si je ne m'étends pas sur la culture si
importante de la garance (*Rubia tinctorium*) , dont la récolte des racines n'a lieu qu'à la seconde année de la plantation ; si je n'indique pas tous les soins qu'elle exige , les
moyens d'extraire cette couleur , qui fait la richesse de
plusieurs de nos départemens du midi , et surtout de celui
de Vaucluse, c'est qu'il existe sur elle de si bons ouvrages
qu'il vaut mieux y renvoyer que de les copier. Cette
plante , autrefois cultivée dans le département du Nord ,
et plus spécialement aux environs de Lille , puis abadon-
née par suite d'un préjugé qui attribuait aux eaux du pays
des qualités nuisibles à certaines teintures , vient d'y être
reprise avec un succès remarquable. Quelques cultivateurs
zélés, par l'introduction des garancières , ont rendu à cette
branche d'industrie agricole son ancien crédit ; et un ma-
nufacturier , aidé des lumières d'un chimiste habile , a
combattu le préjugé, reçu comme tous les autres , sans
examen , accrédité par d'avides marchands , en teignant
en rouge dit d'Andrinople , aussi bien que dans les ateliers de teinture les plus justement renommés pour cette
belle couleur.

La culture des plantes herbacées tinctoriales est facile.

Une fois semée, la graine ne demande d'autre attention que celle de détruire les mauvaises herbes; quant aux arbres et arbustes, il suffit de les planter en haies ou en vergers pour en tirer le plus grand profit possible. Je vais nommer les plantes qu'il faut choisir, et je les rangerai d'après la couleur qu'on en obtient, en indiquant les parties qui la fournissent. Loin de moi la pensée de croire que cette partie de mon travail soit complète; je cite seulement les végétaux que j'ai vu employer ou que j'ai essayés par moi-même. Ceux qui désireraient de plus amples lumières feront bien de consulter l'excellent ouvrage de DAMBOURNEY, de Rouen, qui a été publié à Paris, en 1786. (1)

§. I. *Plantes tinctoriales rangées d'après les couleurs qu'on en retire.*

1° PLANTES DONNANT LA COULEUR BLEUE. — Le pastel ou la wouède, *Isatis tinctoria*; la couleur s'obtient des feuilles; le croton-tournesol, *Croton tinctorium*, le suc; la coronille des jardins, *Coronilla emerus*, les tiges et les feuilles; la mercuriale vivace, *Mercurialis perrenis*, les les tiges et les feuilles; le blé de vache ou herbe rouge, *Melampyrum arvense*, ses fleurs qui sont jolies et devraient entrer dans nos jardins; le bleuet ou barbeau, *Centaurea cyanus*, les pétales effeuillées, humectée légèrement de gomme arabique dissoute dans de l'eau; le troëne, *Ligustrum vulgare*, les baies mêlées à un peu de chaux vive; la vipérine, *Echium vulgare*, les racines, etc., etc.,

2° ROUGE. — La garance, *Rubia tinctorium*, les racines; le grateron et la croisette velue, *Valantia aparine* et *cruciata*, les racines; l'orseille, *Lichen parellus*, la plante toute entière; le gremil ou herbe aux perles, *Lithospermum officinale*, toute la plante; le putiet ou cerisier à grappes, *Prunus padus*, les petites branches et les baies; l'épervière piloselle ou oreille de rat, *Hiera-*

_____

(1) Cet ouvrage est intitulé *Recueil de procédés et d'expériences sur les teintures solides que nos végétaux indigènes communiquent aux laines et aux lainages.* 1 vol. in-8.

cium pilosella , les feuilles et tes tiges ; le fusain ou bonnet de prêtre , *Evonymus vulgaris* , les capsules ; la rubéole ou herbe à l'esquinancie , *Asperula tinctoria* , toute la plante , mais plus particulièrement la racine ; le caille-lait jaune , *Galium verum* , les racines : il en est de même du caille-lait à feuilles de lin , *G. linifolium* , du caille-lait blanc , *G. mollugo* , du caille-lait boréal , *G. boreale* , et du caille-lait des bois , *G. sylvaticum* ; l'onosme vipérine , *Onosma echioides* ; le faux pistachier ou nez coupé , *Staphylea pinnata* , les petites branches couvertes de feuilles ; le cornouiller , *Cornus mascula* , les racines ; le safran bâtard , *Carthamus tinctorius* , la fleur , etc.

3º NOIRE. — Le noyer , *Juglans regia* , le brou de sa noix ; le licope des marais , *Licopus europœus* ; la lauréole odorante , *Daphne cneorum* , les tiges et les feuilles ; la reine des près , *Spirœa ulmaria* , les feuilles et les tiges fleuries ; la scorzonère naine , *Scorzonera humilis* , les racines ; la potentille argentée , *Potentilla argentea* , la plante entière ; l'azédarach , *Melia azedarach* , les tiges ; la toque commune , *Scutellaria galericulata* ; la gesse jaune ou sans feuilles , *Lathyrus aphaca* , toute la plante ; le raisin d'ours , *Arbutus uva ursi* ; l'aune , *Betula alnus* , l'écorce , etc. , etc.

4º JAUNE. — La gaude , *Reseda luteola* , la plante sèche ; le peuplier d'Italie , *Populus pyramidalis* : sa couleur est très-belle ; les genêts des teinturiers , *Genista tinctoria* , ainsi que le genêt velu , *G. pilosa* , les tiges et les brindilles : on obtient la même couleur du genêt à balais , *Spartium scoparium* ; le fusain , *Evonymus vulgaris* , ses semences ; le nerprun teignant , ou graine d'Avignon , *Rhamnus infectorius* , les baies : c'est avec cette teinture que l'on compose le stil de grain employé par les peintres ; le safran , *Crocus sativus* , les pistils ; le fustet ou cotin , *Rhus cotinus* , le bois ; le caille-lait jaune , *Galium verum* , toute la plante ; la fillère à feuilles moyennes , *Phyllirea media* , les brindilles en feuilles ; la circée , ou herbe de la magicienne , *Circea lutetiana* ; le mérisier , *Prunus avium* , le gros bois sec ; le poirier , *Pyrus communis* , le bois et l'écorce ; l'agripaume ou cardiaque , *Leonurus cardiaca* , les tiges et les feuilles vertes ; le passe-rage à larges feuilles , *Lepidium latifolium* ,

22.*

les tiges et les feuilles ; le lotier velu ou hémorrhoïdal , *Lotus hirsitus* , ainsi que le lotier corniculé , *L. corniculatus* , les tiges et les feuilles ; l'épervière ombellée , *Hieracium umbellatum* ; la sarrête des teinturiers , *Serratula tinctoria* , les tiges et les feuilles fanées : sa couleur est très-brillante ; l'eupatoire aquatique , *Bidens tripartita* , feuilles et tiges fleuries ; la verge d'or toujours verte , *Solidago sempervirens* , les feuilles et les tiges fleuries ; l'alisier blanc ou aubépine , *Cratœgus oxyacantha* ; l'écorce et les jeunes branches fraîches ; la sylvie ou anémone des bois , *Anemone nemorosa* ; le populage ou souci des marais , *Caltha palustris* ; le tame commun ou sceau de Notre-Dame, *Tamnus communis* ; le tamarix de Narbonne , *Tamarix gallica* , les brindilles fraîches ; le genêt d'Espagne, *Spartium junceum*, les jeunes branches ; le peigne de Vénus , ou myrride à aiguillettes , *Scandix pecten* , les tiges et graines vertes ; la camomille des teinturiers , *Anthemis tinctoria* ; la centaurée , *Centaurea jacea* , les feuilles et les tiges en bouton ; le charme , *Carpinus betulus* , l'écorce verte ; le muguet anguleux , *Convallaria polygonatum* ; le basilic sauvage , *Clinopodium vulgare* ; la bourse à pasteur , ou tabouret du berger , *Thlaspi bursa pastoris*, la plante entière ; le velar barbu, ou herbe des canonniers , *Erysimum barbarea* , les feuilles ; le géranion sanguin , *Geranium sanguineum* , les feuilles et les tiges fleuries ; la vulnéraire , *Anthyllis vulneraria* ; la gnaphale des champs ou herbes à coton , *Filago arrensis* , la plante fleurie ; l'amellé , *Aster amellus* ; le gattilier, *Vitex agnus castus*, les jeunes branches fraîches ; le noisettier, *Corylus avellana* ; le trèfle houblonné , *Trifolium agrarium* ; l'épine-vinette , *Berberis vulgaris* , la racine : sa couleur est très-belle ; l'alaterne, *Rhamnus alaternus* , les jeunes pousses de l'année ; l'aurone , *Arthemisia abrotanum* , les brindilles ; la pomme de terre , *Solanum tuberosum* , la fane garnie de ses feuilles et coupée lorsque la plante est en fleur ; le narcisse des près , *Narcissus pseudo-narcissus* ; sa fleur traitée par l'alun ou au moyen de l'oxide de plomb au minium : dans le premier cas, elle donne une laque de couleur citrine fort belle ; dans le second , une laque jaune très-belle et d'une grande solidité , etc.

5°, Verte. — Le nerprun commun, *Rhamnus catharicus* ,

les baies ; l'iris d'Allemagne , *Iris germanica*, la fleur fraîche : le seglin , *Bromus secalinus ;* la bourdaine , ou bois à poudre , *Rhamnus frangula*, les baies : la couleur que l'on en retire est connue dans le commerce sous le nom de *vert de vessie ;* le cerfeuil sauvage , *Chærophyllum sylvestre ;* la brunelle , *Brunella vulgaris*, la plante en fleur ; la scabieuse des bois , ou mors du diable , *Scabiosa succisu*, les feuilles ; la gaude , *Reseda luteola*, la plante verte et nouvellement cueillie , etc.

6° BRUNE — Le fraisier des bois , *Fragaria vesca*, les racines fraîches; la ronce , *Rubus fruticosus*, les racines ; le marrube noir , *Ballota nigra*, les tiges fleuries ; le senecon jacobée , *Senecio jacobea*, les fleurs , les tiges et les feuilles; la conize des prés , *Inula dysenterica*, ses belles fleurs jaunes; la pulmonaire , les deux espèces appelées par les botanistes *Pulmonaria angustifolia* et *P. officinalis ;* le syringa des jardins , *Philadelphus coronarius*, les petites tiges sans feuilles; la grasselle , *Pinguicula vulgaris ;* l'arbre de vie , ou thuya d'Orient , qu'on peut regarder comme naturalisé au premier degré, *Thuya orientalis*, les branches vertes; l'argousier , ou griset, *Hipprophaë rhamnoides ;* la sanguisorbe , *Sanguisorba officinalis ;* la lysimachie , *Lysimachia vulgaris*, les racines; l'obier , *Viburnum opulus*, les branches en sève ; la viorne ou mansienne , *Viburnum lantana ,* l'écorce ; le mélampyre violet, *Melampyrum nemorosum*, la plante en fleurs ; la bugrane jaune ou arrête-bœuf , *Ononis natrix*, les tiges fleuries ; le bois de Sainte-Lucie , ou cerisier odorant , *Prunus mahaleb :* les branches de deux ans ; le thlaspi des champs , *Thlaspi arvense ;* la clématite , *Aristolochia clematitis* , les feuilles et les tiges en fleur , etc. , etc.

GRISE. — Le raisin d'ours ou busserole , *Arbutus uva ursi* , toute la plante que l'on met à bouillir avec de l'alun ; l'airelle , *Vaccinium myrtillus* , les jeunes branches garnies de feuillage vert. On obtient un très-beau gris persistant des sommités de la solanée parmeutière et des feuilles de la vigne.

La propriété tinctoriale de ces diverses plantes est toute dans le principe extractif.

§. II. *De la Cannabine.*

Une plante vivace exotique que l'on trouve dans tous les jardins botaniques et paysagers, où elle figure par son beau port, dont la racine supporte les froids les plus rigoureux de nos hivers sans être endommagée, qui pousse annuellement environ une centaine de tiges fasciculées de 2 mètres et demi (8 pieds de haut), et forme un très-large buisson garni de grandes feuilles d'un vert jaunâtre et de fleurs disposées en grappes, mérite une attention toute particulière comme plante tinctoriale. Cette plante est la cannabine du Levant (*Datisca cannabina*). Ses feuilles mises en décoction donnent une couleur jaune magnifique, également remarquable et par sa vivacité et par sa solidité ; l'on en obtient aussi, mais en moindre quantité, de l'extrémité fleurie et des jeunes tiges de la plante. Elle croît dans tous les sols, à toutes les expositions, n'exige aucun engrais, et une fois plantée, elle ne réclame plus aucun soin. D'un autre coté, l'accroissement rapide de ses tiges, l'abondante quantité de ses feuilles, la certitude que l'on a de pouvoir la faucher deux et même trois fois dans l'année, sont autant de considérations pressantes qui viennent à l'appui de ma recommandation.

La cannabine se propage par ses graines semées en automne, et par la séparation de ses racines au printemps. On recueille avec soin les premières sur les individus femelles qui se trouvent dans le voisinage des mâles, autrement elles resteraient stériles.

§. III. *De la Renouée d'Asie et du Pastel.*

On m'accuserait d'une lacune importante si je ne parlais ici d'une plante signalée en 1816 comme une des plus utiles et surtout vantée depuis 1836, comme remplaçant l'indigotier et fournissant un très-beau bleu. Chacun à ces mots s'empresse de nommer la Renouée teinturière, le *Polygonum tinctorium* des botanistes, originaire des contrées orientales de l'Asie, cultivée de temps immémorial à la Cochinchine et chez les Chinois. Cette plante a depuis deux ans, fait naître une foule de notices, de mémoires plus ou moins bien pensés, sollicité de nombreuses expériences plus ou moins variées, nourri l'avidité des

marchands grainetiers et l'enthousiasme de certains cultivateurs à talons rouges , aux habits brodés et à l'ambition
plus ou moins jalouse de complaire aux novateurs. Je vais
donc dire un mot sur cette plante tinctoriale, non d'après
les brochures publiées , mais ensuite d'une étude faite en
présence de la nature végétante. C'est mon seul guide ,
tout autre est mensonger. Bernard Palissy l'a dit : *To
donner garde de enyvrer ton esprit de sciences escrites
aux cabinets par une théorique imaginative ou crochetée
de quelque livre escrit par imagination de ceux qui n'ont
rien pratiqué.* J'ai toujours suivi son conseil et je m'en
trouve bien.

La Renouée teinturière fournit une tige herbacée qui part
du collet d'une racine vivace, fusiforme , assez forte,
dont les fibrilles multipliées demeurent étalées presque à
la surface du sol ; elle parvient de soixante à soixante-
dix centimètres, présente quelques articulations très-mar-
quées , d'où sortent de petites racines adventives s'accro-
chant aux plantes voisines ou bien obligeant la tige à ram-
per sur le sol. Les feuilles d'un vert foncé, forment spirale ;
elles sont alternes , ovales , épaisses : les fleurs d'un rose
vif ou rouge , disposées en épis , ressemblent beaucoup à
celles du poivre d'eau , *Polygonum hydropiper* , qui pul-
lule dans les rigoles de nos prés humides ; elles s'épanouissent en juin et donnent naissance à une capsule mo-
nosperme , dont la semence couverte d'une arile , est
mûre en août , et ne paraît point conserver ses propriétés
germinatives au-delà de la deuxième année de la récolte.

Je ne dirai point comme ceux que tourmente l'accès fé-
brile de la multiplier partout, que toutes les terres, toutes
les expositions et même les sols très-secs conviennent à la
Renouée teinturière , mes observations la limitent aux
lieux un peu ombragés ; sur les sols argileux et forts ses
tiges sont rares et grêles, ses feuilles infiniment éparses et
maigres. Elles se montrent mieux nourries dans les terres
sablonneuses , légèrement humides , convenablement engraissées , et auxquelles on a soin de donner plusieurs
façons , afin de les purger de toutes les herbes qu'on est
dans l'usage de regarder comme nuisibles.

On sème à la mi-mars ; la graine lève au bout de quatre à cinq semaines. On repique les jeunes plants lorsqu'ils ont quatre ou cinq feuilles , en conservant entre

chacun un espace de soixante centimètres en tout sens. Du moment que la tige est parvenue à trente deux centimètres d'élévation, les feuilles surtout, si l'on a eu soin de les arroser constamment (et plusieurs fois par jour quand le temps est chaud et la terre sèche) avec du jus de fumier aussitôt qu'elles ont commencé à poindre, sont susceptibles d'êtres cueillies jusqu'au milieu de septembre et même jusqu'aux premières gelées. On en laisse seulement quelques-unes au sommet pour maintenir la végétation dans une certaine vigueur, et l'on prend bien garde d'endommager la tige soit avec l'ongle, soit avec l'instrument tranchant que l'on emploie à cet effet quand on veut faire promptement la cueillette.

Dans les contrées méridionales, après la récolte des semences, de nouvelles fleurs se développent un peu plus bas que les précédentes ; elles grainent en septembre. Une troisième récolte a lieu plus bas encore sur les mêmes tiges en octobre, et même une quatrième dans les premiers jours de novembre, toujours à la suite d'une nouvelle floraison. Alors on coupe la tige à cinquante millimètres du collet, et l'on attend la jeune pousse de l'année suivante pour la traiter de même et l'arracher à l'effet de faire servir ses débris à augmenter la masse des engrais végétaux. Il ne faut pas oublier d'arroser abondamment avec le jus de fumier, si l'on veut obtenir de beaux, de bons et importants résultats.

Tels sont les soins minutieux et exigeans que réclame la plante vantée. Voyons la récompense qu'elle promet en échange au cultivateur.

Depuis longues années on savait que diverses espèces du genre Renouée, le *Polygonum* de Linné, présentaient des ressources à la teinture pour la couleur jaune et le mordoré (1), et qu'on pouvait obtenir des feuilles de la Renouée des oiseaux, *P. aviculare*, et de la Renouée barbue, *P. barbatum*, une couleur bleu fort belle et très-solide. Cependant aucune espèce ne paraît plus précieuse sous ce

---

(1) Le jaune-d'or se retire des feuilles de la renouée poivre d'eau ; le jaune-rougeâtre de la renouée persicaire ; le mordoré et la couleur castor de l'écorce de la renouée à larges feuilles.

point de vue que la Renouée teinturière : la matière colorante n'existe pas seulement dans le tissu cellulaire de ses feuilles fraîches , dans leurs nervures et leur pétiole , mais encore , en moins grande quantité , il est vrai , dans les tiges , quoique l'on ait soutenu le contraire. On avait annoncé que les feuilles sèches donnaient aussi de la fécule tous les essais faits sur ces expansions , séchées naturellement ou bien artificiellement , ont démontré qu'elles n'en contiennent plus, et même que cette substance diminue de plus en plus dans toutes les parties de la plante à mesure que l'on s'éloigne davantage du moment de la floraison.

Quand les feuilles sont recueillies fraîches et qu'elles ont acquises leur entier développement , on les expose au soleil durant quelques heures , afin qu'elles perdent la plus grande quantité possible de leur eau de végétation ; on les incise , disons mieux , on les écrase entre les doigts , puis on les dépose dans un cuvier cylindrique où des baguettes de sarment écorcées ou des claies d'osier les obligent à rester au fond ; l'on verse dessus de l'eau chauffée à 80 degrés centigrades , et après deux heures de fermentation on agite fortement le liquide , en le laissant tomber d'une certaine hauteur d'un vase dans un autre , pour aider plus rapidement à la précipitation de la fécule. On cesse le battage du moment que les écumes , d'abord d'un bleu d'azur , deviennent par le repos d'un bleu sale et grisâtre. (1.)

Si l'on emploie de l'eau portée seulement à 50 degrés centigrades , il faut n'opérer le transvasement que le deuxième jour. En Chine on cueille les feuilles qui commencent à se rider , on les jette aussitôt dans de grands seaux en bois ou des jarres en terre remplies d'eau. Durant sept jours la macération a lieu ; l'on additionne au liquide un kilogramme de chaux par chaque cinquante kilogrammes de feuilles. Une couleur jaune se manifeste alors : on bat , et bientôt après elle se montre bleue pour

_____

(1) On traite aussi par la chaux ou tout autre alcali (tels que la potasse , la baryte , l'ammoniaque , etc.) pour hâter la précipitation ; mais il faut ensuite débarrasser la fécule de la chaux par l'acide sulfurique ou hydro-chlorique , et la purifier par des lavages à l'eau froide.

passer ensuite au violet. Quand l'opération se fait au moyen de l'eau bouillante , on y laisse tiges et feuilles , de dix-huit à vingt heures (1).

Par l'un comme par l'autre de ces procédés , on obtient trente grammes d'un bel indigo pour chaque kilogramme de feuilles, qu'il faut abriter contre l'influence de l'air.

Maintenant passons aux résultats offerts par la culture de la Renouée teinturière dans nos divers départemens. Les semis retardés ne réussissent pas , ainsi qu'on s'en est assuré dans le département de la Haute-Vienne , quand le mois de mai est froid ou pluvieux , comme nous l'avons eu en 1839 , la germination est lente , difficile très-pré-caire. Les jeunes plants ont à la même époque gelé dans les départemens de la Meurthe et des Vosges. Ils pros-pèrent dans les terres cultivées du midi , où les irrigations se trouvent adoptées. Si tous les mois d'avril et de mai se montraient toujours aussi beaux , aussi secs , et aussi chauds qu'en cette année 1840 , nul doute que ces plantes n'auraient nul besoin d'être semées sur couches dans nos départemens du Nord et que la plante n'y prospérât comme on le voit dans le Haut-Rhin , surtout aux environs de Mulhouse , où l'industrie manufacturière est particulière-ment intéressée à la conquête de la Renouée indigofère. Il est vrai , que de même que tous les végétaux d'une substance grasse , cette plante résisté long-temps aux plus grandes sécheresses , mais alors son développement reste stationnaire ; elle ne croît avec vigueur que , quand au moins deux fois par semaine , durant les chaleurs , on prend la peine de parfaitement l'arroser dans les petites cultures et de l'irriger dans les grandes.

Dans cette situation la Renouée teinturière atteint quel-quefois des dimensions considérables ; on en a vu des tiges acquérir neuf décimètres de haut sur dix-huit de circonfé-

---

(1) On a proposé de jeter de l'eau chaude sur les feuilles , de les laisser en contact avec elle pendant plus de douze heures , et de répéter trois fois le même traitement par l'eau chaude pour épuiser entièrement la matière colorante; puis d'ajouter dans le liquide obtenu un centième d'acide sulfurique. Mais on a trouvé que c'était de la sorte prolonger de beaucoup les opérations indiquées.

rence. D'individus aussi vigoureux on peut exiger deux récoltes de feuilles, l'une avant et l'autre pendant la floraison. Les tiges dénudées se chargent rapidement de nouvelles feuilles, mais il leur faut encore plus d'eau que d'habitude.

Sommes-nous autorisés par ces premiers succès, achetés comme on le voit par des soins onéreux, à négliger, ainsi que cela a lieu, les deux espèces indigènes (la Renouée des oiseaux et la Renouée barbue) et à laisser perdre pour la troisième fois la culture du Pastel, *Isatis tinctoria ?* A-t-on oublié que le Pastel nous appartient, qu'il vit en pleine terre sur tous les points de notre pays, depuis les côtes maritimes jusqu'au pied des hautes montagnes, qu'il ne redoute point les plus fortes gelées, que les Celtes et les Gaulois nos aïeux, le cultivaient avec plaisir pour l'usage de la teinture en bleue, qu'ils le firent connaître aux Romains qui l'adoptèrent, et que sa fécule, traitée convenablement, donne une couleur de bon aloi, superbe et solide ? Les améliorations apportées dans sa préparation de 1810 à 1814 ont fourni la preuve la mieux acquise que notre indigo national peut lutter sans peine contre les indigos du Bengale et de tout l'Orient.

Tâchons de nous approprier la Renouée de la Chine, je le veux bien, travaillons à l'acclimater, ce qui sera long encore : c'est au riche à s'en occuper, il peut perdre sans se ruiner ; mais pensons qu'il est honteux de voir chômer, j'allais écrire, de voir se perdre une spéculation agricole et industrielle, aussi simple, aussi facile, aussi certaine dans sa végétation, aussi heureuse dans ses résultats que celle du Pastel.

CHAPITRE IX.

CULTURE DE QUELQUES PLANTES ÉCONOMIQUES.

Je ne m'occuperai que de quelques plantes économiques dans ce chapitre : si je devais les embrasser toutes, et dire de chacune les ressources que la maison rurale et l'industrie peuvent en retirer, il me faudrait multiplier les volumes, et tellement agrandir le cadre de cet ouvrage qu'il ne présenterait plus à la masse des cultivateurs un résumé rapide de tout ce qu'ils ont besoin de connaître et pratiquer. D'ailleurs, je ne veux en ce moment parler avec quelque étendue que des objets par moi soumis à des expériences suivies : c'est le moyen de parler avec certitude, et d'éviter les erreurs où tombent toujours ceux qui lisent plus qu'ils n'essaient en grand, plus qu'ils n'opèrent sous l'influence de tous les agens de la vie.

§. Ier *Du Sarrazin.*

Le Sarrazin, *Polygonum fagopyrum*, que l'on appelle très-improprement *Blé Noir*, puisqu'il ne présente aucun des caractères appartenant à la famille des graminées. Il n'a point été tiré de la Grèce comme quelques auteurs l'avancent très-gratuitement ; il n'a point été non plus apporté par les Maures lorsqu'ils envahirent l'Espagne et la France au septième siècle de l'ère vulgaire ; c'est une des mille erreurs que les compilateurs perpétuent en se copiant servilement les uns et les autres. Il ne nous est pas venu davantage de l'Asie à l'époque des désastreuses croisades, malgré encore la tradition reçue.

Ce qui prouve le contraire de cette triple assertion, c'est que le sarrazin redoute les chaleurs et ne végète pleinement que sous l'atmosphère humide des climats tempérés, c'est qu'il n'existe ni chez l'Espagnol, ni sur les côtes septentrionales de l'Afrique, ni dans l'intérieur si rarement cultivé de cette partie de l'ancien hémisphère, ni chez l'Arabe, ni même dans les contrées de la France où les Maures ont étendu leurs courses. Il ne se voit pas non plus dans l'Orient, comme on l'indique, et pour le rencontrer spontané sur le sol asiatique, il faut s'élever sur les vastes plateaux du Thibet, et mieux encore franchir la longue chaîne de l'Altaï, entrer en Sibérie, et du nord de l'Asie se rendre dans le nord de l'Europe, où cette plante abonde et où elle fut cultivée de la plus haute antiquité depuis les environs du pôle jusqu'aux régions moyennes ou tempérées.

Son nom actuel est une corruption du mot celtique qu'elle portait autrefois, *Had'razin*, grain rouge, à cause de la couleur de ses tiges ou bien de celle de ses fleurs rougeâtres, ou de ses graines triangulaires qui, du brun rougeâtre, passent au noir dans le moment de la parfaite maturité. Les anciens géopones grecs et latins, de même que les premiers botanistes ne font aucune mention du sarrazin.

Notre plante vient à peu près dans toutes les sortes de terrains, surtout ceux où le froment ne végéterait que très-misérablement. Les sols sablonneux et arides lui conviennent, pourvu que la sécheresse ne vienne pas absorber l'humidité dont elle a besoin ; elle prospère également sur les terres argileuses et fortes, les terres à bruyères et dans celles de marais assainies auparavant. On la cultive avec le plus grand avantage sur les défrichis de cette nature ; elle y est une excellente préparation pour toute autre espèce de grain. Elle réussit de même fort bien sur une jachère, sur un sol converti en pâturage ou qu'on a laissé en repos durant quelques années. Sur une bonne terre fumée le sarrazin est plus vigoureux, mais il pousse plus en herbe et donne beaucoup moins de graines.

Quand on veut le semer, il faut le faire à la volée ou par rangées, en mai ou juin, sur un ou deux labours profonds, le second servant à enterrer les engrais, on recouvre à la herse ou par sous raies. Le rouleau ne convient nullement. Si le temps est sec le sarrazin ne lève pas, et s'il survient des gelées tardives, comme il arrive d'ordinaire à la mi-mai et même à la mi-juin, la plantule périt infailliblement. Si tout se passe convenablement et qu'elle ait acquis sa troisième feuille, elle vient vite et bien. A l'époque de la floraison, elle redoute encore les brouillards, les gelées et les coups de soleil. On sème à trois ou quatre époques différentes, afin de rendre les récoltes abondantes et faire d'excellentes coupes en septembre et en octobre.

Vingt ou trente kilogrammes de graines sont nécessaires pour l'ensemencement à la volée d'un demi hectare ; par rayons cette quantité se réduit au tiers, quelquefois même à moitié. Dans nos départemens du Nord, on fera bien de retourner le second semis dès qu'il est couvert de fleurs, c'est un des meilleurs engrais qu'on puisse fournir à la terre.

En associant le sarrazin avec le trèfle farouch et la graine de Raves, *Raphanus campestris*, on obtient dans lo terme d'une année , trois récoltes , plus un abondant pâturage d'automne pour les moutons , et une terre semée par la graine tombée des gousses du trèfle , que l'on enterre sous un coup de charrue. On peut dans le même temps faire un nouveau semis de sarrazin et en avoir une récolte intercalaire. Un pâturage paie à lui seul tous les frais nécessités pour semer , faucher , battre et mettre en resserre.

Ne donnez point au sarrazin de labours profonds il effrite le sol et l'inconvénient deviendrait beaucoup trop grave. Substituez-le à l'orge et mieux encore à l'avoine , quoiqu'il vienne mal directement après une céréale ; il prospère d'une manière remarquable , comme je l'ai déjà dit , après une jachère , à la suite d'une levée de pois , de raves ou de pommes de terre.

Aucun insecte ne l'attaque durant les diverses périodes de sa végétation , laquelle depuis le moment du semis jusqu'à celle de la récolte , n'occupe le sol que de quatre vingts à cent jours , suivant le climat et la saison. Quoique parvenue à l'instant de fructifier la plante ne cesse point de fleurir ni de mûrir ses graines , qu'elle répand à mesure que de nouvelles corolles s'épanouissent : aussi n'est-il pas facile , pendant cette floraison , cette fructification , et cette dissémination continuelles , de déterminer l'instant précis de la moisson. Il faut prendre pour règle le moment de la maturité de la plus grande partie du grain , c'est-à-dire lorsqu'il se montre d'une couleur brune.

On coupe le sarrazin à la faux ou bien on l'arrache à bras. La première méthode est plus expéditive , mais comme elle détermine la chûte de beaucoup de graines , celui qui cultive sous ce point de vue doit préférer la seconde. On met en javelle , puis on forme les moies où la plante termine le travail de la maturation en quinze jours au plus. On porte alors sur l'aire , on bat au fléau par un bon soleil , on vanne , on crible et l'on met la graine en petits tas sur le grenier , en ayant soin de les remuer souvent dans les temps humides et très chauds , afin d'empêcher la graine de s'échauffer et par conséquent de s'altérer.

Dans les bonnes années le sarrazin rapporte quarante et même soixante pour un ; dans les années de longues sécheresses ce produit arrive à peine de dix à quinze pour un ; mais que ce fait ne soit point regardé comme défavorable, en semblable circonstance le meilleur froment est réduit à ne donner que cinq ou six pour un.

Aujourd'hui la graine est beaucoup moins que autrefois employée à la nourriture de l'homme : la solanée parmentière a pris heureusement sa place. La farine blanche du sarrazin a une saveur propre qui n'a rien de désagréable ; elle conserve cette couleur et n'est point salie par le son quand le mennier écrase la graine sans trop découper son enveloppe, ou pour me servir de l'expression technique, qu'il fait une *mouture ronde*, dans laquelle le son est toujours large, sec et plat. Cette farine n'est point susceptible de la fermentation panaire ; aussi, lorsqu'on s'obstine à en faire du pain, celui-ci, qu'elle précaution que l'on prenne ainsi que Parmentier l'a démontré, ne reste frais que quelques heures ; dès le lendemain de sa cuisson il se sèche, il se fend, s'émiette et finit par devenir insupportable ; sans pour cela cependant être mal sain. Comme les Celtes, nos pères, le mangeaient sous cette forme, il faut croire qu'ils n'employaient que la quantité nécessaire pour la journée : ils aidaient à sa fermentation par la levure de bière. On fait avec la farine de sarrazin d'excellentes bouillies, des crêpes, des biscuits et des galettes fort nourrissantes ; elles sont très-savoureuses dans nos départemens de l'Ouest, où j'en ai mangé avec plaisir. Elles sont aussi fort appétissantes sous le châlet de nos Vosges, sur les Cévennes et autres pays granitiques. Le lait écrêmé entre avec plus de succès dans cette bouillie que le lait fraîchement trait. Refroidie, elle devient compacte, et peut être coupée par tranches que l'on met à frire ou griller. Les crêpes, où la farine de sarrazin est unie à des œufs bien battus avec du lait écrêmé, quand elles sont cuites à point, enduites toutes chaudes de beurre frais et saupoudrées de sel fin, sont à mon goût, un manger très-délicat.

Beaucoup de cultivateurs unissent ensemble, et par portions égales, la graine du sarrazin et celle de l'avoine pour l'administrer aux chevaux et aux bêtes de travail. Ce mélange les entretient en bon état. Comme plante fourragère, le sarrazin donné en vert et coupé jour par jour à raison du besoin, est avidement recherché par tous les bestiaux ; sec, il se conserve très-bien, quoiqu'on l'accuse assez gé-

23.*

néralement de tomber en poussière au bout de quelques mois, ce qui est faux. Mêlé à du maïz, à de l'avoine, à des pois, à la vesce, et servant de base à cette dragée, on obtient des coupes superbes, un fourrage excellent qui nourrit très-bien le cheval, engraisse promptement les bœufs, fournit aux vaches beaucoup de lait, tout en en rehaussant la qualité. Pour avoir cette dragée constamment fraîche et succulente, je sème de quinzaine en quinzaine, depuis le mois de mars jusqu'en septembre.

§. II. *Du Tournesol ou Héliante.*

Quoique cette plante originaire du Mexique et du Pérou, soit assez généralement connu, je crois après avoir trouvé dans sa culture des faits qu'il est bon de consigner ici pour le profit de ceux auxquels j'ai depuis long-temps consacré mes veilles et mes expériences. Confiné dans les jardins, dont il fait l'ornement à la fin de l'été, depuis son introduction en France, vers la fin du seizième siècle, le tournesol (*Helianthus annuus*) fut pour la première fois, cultivé en grand, en 1787, aux environs de Paris, par CRETTÉ DE PALLUEL : bientôt son exemple, adopté par des agriculteurs éclairés, lui fit prendre place parmi nos plantes économiques. Il est remarquable par sa taille gigantesque, le large disque de ses fleurs et l'énorme quantité de graines qu'il produit, mais surtout par les avantages réels et nombreux qu'il assure aux propriétaires ruraux.

Ses feuilles que l'on coupe pendant tout l'été, en ayant soin de commencer par le bas de la plante, où elles sont les plus mûres, offrent aux chevaux et au bétail un aliment agréable et abondant; les vaches, les ânesses et les brebis les mangent avec plaisir ; et cette nourriture leur fait donner beaucoup de lait ; la cueillette successive des feuilles ne porte aucun préjudice sensible au tournesol.

Ses fleurs sont très-utiles dans les teintures en jaune, et elles renferment tous les élémens du miel ; aussi les abeilles les recherchent-elles de toutes parts. On mange le réceptacle de ces fleurs à la manière des artichauts.

Les graines peuvent également servir à la nourriture de l'homme et à celle de la volaille, des moutons, des porcs et autres animaux domestiques. Dans la Virginie elles servent à faire de la bouillie pour les enfans. Des auteurs estimés ont ajouté qu'on en préparait du pain, mais je crois qu'il y a erreur : cette graine n'est susceptible par aucun procédé, de subir la fermentation panaire. Employée à nourrir les oiseaux de basse cour, elle produit des effets merveilleux pour la fécondation, et surtout pour la ponte des œufs. Tous les volatiles, les loirs, les rats, les écureuils, et généralement tous les frugivores grimpans sont très-frians des graines du tournesol. On peut aussi en extraire une très-bonne huile à brûler, ou bien à manger en salade, surtout quand elle a été traitée convenablement, et qu'on ne laisse pas à l'enveloppe de la graine le temps d'absorber tout ce qui en sort; mais elle coûte un peu cher de fabrication. La meilleure manière d'obtenir cette huile est celle que l'on emploie pour retirer celle de la noix et de la faîne. Si l'on moud et presse l'amande fraîche du tournesol, on aura beaucoup d'émulsion et peu d'huile ; si l'on attend, au contraire, sa dessiccation nécessaire, si l'on a soin de la bien purger de tout corps étranger, et de prendre un jour un peu chaud pour la mettre sous la meule, le produit sera plus considérable, et l'huile aura plus de saveur.

Le marc ou tourteau que l'on obtient après l'extraction de l'huile est une nourriture agréable aux animaux domestiques et à la volaille ; il engraisse surtout les bœufs et les dindons. Pour le conserver, il faut avoir soin de le tenir dans un lieu sec et aéré ; pour l'administrer, il est bon de le réduire en bouillie par son immersion dans l'eau bouillante, et de le mélanger avec d'autre nourriture. L'influence de ce tourteau, employé comme engrais des terres, est tenue comme plus puissante que celle des fumiers ordinaires.

Dans quelques parties de l'Amérique on récolte les pousses nouvelles et les sommités de la plante encore jeune ; et après les avoir mises à cuire, on les mange assaisonnées de sel et d'huile ; ou bien bouillies d'abord dans de l'eau, on les cuit ensuite avec du beurre, du sel et de la muscade râpée. Ailleurs on enlève les petites branches et les disques après qu'ils ont été égrénés, et on les donne coupés par morceaux aux chèvres et aux lapins, qui les dévorent avec une sensualité toute particulière.

Après la récolte des semences, les tiges sèches du tour-

nesol reçoivent divers emplois : ici elles servent de tuteurs,
dans les terres légères , aux pois, aux haricots , etc. : là ,
à fournir un excellent combustible propre à remplacer les
fagots de saules et autres bois blancs , dont la coupe ne se
fait que tous les trois ans ; plus loin , à donner une cendre
très-estimée et la plus alcaline que l'on connaisse : cette
cendre est celle qui convient le mieux aux arts et à la lessive , puisqu'un quart ou un cinquième produit autant d'effet que l'entier des autres cendres. Une petite quantité de
cendre peut amender les terres et réparer l'épuisement
considérable que leur fait éprouver la culture du tournesol
et celle du safran (*Crocus sativus*). Mais il est essentiel de
ne pas trop laisser dessécher la plante , parce qu'il est
constant que la potasse diminue considérablement dans
les végétaux annuels à mesure qu'ils se rapprochent de
l'état ligneux.

De l'enveloppe noirâtre de la semence on obtient une partie colorante qui, à la volonté du chimiste, donne les belles
couleurs variées appelées *vigognes*. L'écorce des tiges peut
être convertie en étoupe pour la fabrication des cordages
ou celle des cartons.

Le tournesol se sème de lui-même dans le voisinage de
ses pieds , mais c'est seulement au printemps , lorsqu'on
n'a plus à craindre les gelées qui feraient périr les jeunes
plantes, que l'on doit confier ses semences à la terre. Si
l'on veut obtenir des récoltes abondantes , le champ doit
être préparé par un labour avant l'hiver, au printemps
ameubli par un second labour et largement fumé. Le tournesol prospère vigoureusement dans une terre légère, mais
substantielle ; placé sur un sol médiocre et sablonneux ,
il n'a plus qu'une chétive existence.

On le sème à la volée , mais ensuite il faut éclaircir les
plantes. On peut aussi le semer sur rayons au plantoir en
mettant deux grains dans chaque trou , et en espaçant les
pieds de 32 centimètres (1 pied) l'un de l'autre , ou mieux
encore mêler ensemble la culture du tournesol , du hari-
cot et de la solanée parmentière. Ces végétaux se plaisent
sur le même sol, le voisinage de l'un étant favorable à
l'autre. Le tournesol permet aux haricots de fixer leurs
vrilles contre sa tige isolée, et d'y jouir de tous les mouvemens de l'air , tandis qu'il abrite la pomme de terre du
grand hâle et du soleil qu'elle redoute beaucoup , surtout

dans le Midi. Tous trois ils prennent plus de développement, et rendent beaucoup de fruits, plus même que
quand ils sont cultivés séparément. On distribue la terre
par billons, séparés de 54 centimètres (20 pouces); le
haut du billon est occupé par le tournesol et par des touffes de haricots montans dans la distance qui sépare chacun
des pieds du tournesol; le bas est pour la pomme de
terre. Quelques propriétaires ont tenté de placer entre
chaque bouquet de cette dernière plante une tige de maïz;
ils ont réussi; seulement comme ils avaient été obligés de
supprimer un tiers du semis en pommes de terre, ils ont
eu moins de tubercules; du reste la culture du maïz ne
nuit nullement à la pomme de terre, ni au tournesol, ni
aux haricots.

Lorsque les fleurs du tournesol sont fanées, et que les
semences sont entièrement formées, ce qui a lieu dans
le même temps que la maturité du maïz, il faut les mettre
à l'abri de la voracité du moineau qui les aurait bientôt
gaspillées. La meilleure manière de les recueillir est de
couper les pédoncules, et comme le calice est très-épais,
de les suspendre dans un lieu sec et bien aéré, afin de
hâter la dessiccation. Si les pédoncules ne sont pas destinés
à fournir de la semence, on les passe à l'étuve ou au four;
dans le cas contraire on les froisse, puis on les enferme
dans des sacs de papier, et on les conserve hors de la
portée des rats et des insectes jusqu'au moment des semis.

§. III. *Du Houblon.*

A proprement parler, il n'y a qu'une seule espèce de
houblon (*Humulus lupulus*); elle est indigène à la France, dont elle couvre les haies, le bas des coteaux et les
vieux murs. La culture en a créé cinq variétés, dont deux
seules méritent une préférence marquée; celle à tiges
d'un rouge cramoisi, portant des cônes longs à quatre
faces et un peu rougeâtres vers la queue, et celle dont les
tiges d'un vert foncé donnent des cônes blancs. L'une et
l'autre sont estimées comme donnant le meilleur houblon,
et le plus propre à la fabrication de la bière. Il ne faut
point les cultiver ensemble; en les tenant séparées, on peut
dans une saison favorable, obtenir deux récoltes. On
plante le houblon en automne ou bien au printemps; ce-

lui confié à la terre dans la première de ces deux saisons, dans un sol gras et bien fumé, donne une petite récolte dès la première année : cette récolte se nomme *houblon-vierge* ; celui du printemps, le meilleur en général, ne produit que la seconde année ; mais sa récolte est excellente. Toutefois ce n'est qu'à la troisième année qu'une houblonnière est dans la plénitude de sa portée : plus la plante vieillit, plus le fruit acquiert de qualités.

Le houblon demande une terre argileuse, limoneuse, élevée, meuble, fortement fumée, et préparée par un bon labour donné l'automne. Le fumier qui lui est le plus convenable est celui de vache mêlé à un peu de terre et devenu terreau. Le fumier de cheval, et surtout celui de porc, lui sont nuisibles. Lorsqu'on veut le semer, le point qu'il ne faut jamais perdre de vue, c'est de penser que le houblon exige beaucoup de nourriture et d'air, et que celui qui végète dans un sol très-humide et sous une atmosphère brumeuse, perd de sa force et de ses qualités. On sème en avril par un beau temps ; quand immédiatement après, il survient une pluie, le houblon pousse de suite. Dans les cas où les gelées ne seraient plus à redouter, on fera bien, si le temps est sec d'arroser le soir.

Au lieu du semis, aime-t-on mieux employer du plant, on découvre alors au printemps les anciens pieds, et l'on choisit les brins les plus vigoureux, de l'âge de deux ans, ayant au plus de 16 à 18 centimètres (6 à 7 pouces) de long, et présentant de quatre à cinq germes. On met ce plant en terre, disposé en quinconce, et avant de lui donner un tuteur on arrache les mauvaises herbes venues autour de lui.

Dès que les tiges s'allongent, on prend les trois plus fortes qu'on attache après une longue perche, mais de manière à leur laisser tous les moyens de grossir.

Ces perches, hautes de 6 à 7 mètres (18 à 21 pieds), sont en bouleau ou aune ; on en brûle le pied, ou bien on le goudronne à chaud pour le mettre à l'abri de l'humidité, de la pourriture, de l'attaque des larves d'insectes. Quand la plantation est faite en quinconce, le placement des perches est plus facile, et la récolte beaucoup plus avantageuse. Une fois que l'opération donne signe de réussite parfaite, tous les autres brins se coupent le plus près possible de la racine sans l'incommoder aucunement. On donne une seconde façon à la mi-juin, et une troisième fin de juillet, en buttant chaque fois et en laissant autour des jets un petit creux pour recevoir et concentrer les eaux pluviales. On aura bien soin de ne jamais bêcher par un temps sec.

A mesure que les tiges montent on les arrache, et dès qu'elles ont atteint une certaine hauteur, on enlève les feuilles, et surtout les brins gourmands qui les affaibliraient, et gêneraient la circulation de l'air et de la lumière. Une autre attention non moins importante, c'est de ne cultiver aucune plante sur le même terrain, et de sarcler souvent pour enlever les herbes parasites. Pendant les grandes chaleurs de l'été les arrosages sont indispensables, comme il est prudent aux approches de l'hiver d'enterrer autour de chaque pied du bon fumier pour garantir le houblon de l'atteinte du froid. On taille aussi cette plante comme on le fait pour la vigne.

En août et septembre le houblon, arrivé à sa maturité complète, doit être coupé à 1 mètre (3 pieds) du sol avec une faucille bien aiguisée pour ne pas ébranler la racine. On reconnaît cet instant à la couleur jaune-brun des cônes, à l'odeur très forte qu'ils répandent, à la glu qui surcharge les doigts en les pressant. On enlève les perches avec la plante, on les dépose légèrement à terre, et l'on s'occupe à cueillir les cônes. Cette dernière opération demande à être faite promptement, par un temps sec et sur le champ même, afin d'éviter le plus possible des secousses, conserver la farine et les graines que contiennent les cônes. A cet effet, des chevalets sont disposés pour recevoir les perches, et au-dessous est étendue une toile sur laquelle tombent les cônes parfaitement mûrs au fur et à mesure de la cueillette. Il ne faut arracher de perches qu'autant que l'on peut en expédier dans la journée, car on s'exposerait, en cas de pluie ou de brouillard, à voir moisir ce que l'on ne serait pas dans le cas de rentrer à temps. Les toiles couvertes de cônes se transportent à la maison sur des chariots, pour y être épluchés de toute feuille, tige ou queue qui auraient pu échapper au moment de la récolte, et pour être ensuite déposés en lieu propre et convenable. Le houblon s'échauffant avec facilité, on le laisse fort peu en tas, et on le remue tous les jours jusqu'à ce qu'il soit complétement sec; mais il est essentiel de ne pas trop le se-

couer. Ces tas sont petits, nombreux, et leurs couches
très légères sont placées sur des claies superposées les unes
au-dessus des autres. Il exige aussi une très grande propreté; la plus légère humidité fait perdre au fruit sa couleur et son bon goût, et à la bière qu'on en obtient ses excellentes qualités. Il en serait de même en le laissant ex-
posé au contact de l'air et du soleil. Du moment donc que
la dessiccation est à point, enfermez-le dans des sacs, ou
mieux encore dans des tonneaux, et vous placerez vos sacs
ou vos tonneaux dans un lieu sec et bien aéré : le houblon
se conserve ainsi pendant plusieurs années.

On rentre les perches, et à l'approche de l'hiver on couvre de terreau chaque pied de la plante. Une houblonnière bien gouvernée peut durer quinze à vingt ans, et fournir aux brasseries de beaux et bons cônes, et à la cuisine
de jeunes pousses qui se mangent assaisonnées de la même
façon que les asperges.

De temps immémorial nous possédons en France de nombreuses brasseries, et cependant, par suite d'une habitu-
te routinière, nous allions, de temps immémorial, chercher au loin le houblon que nous pouvions cultiver chez
nous avec autant d'avantages et de succès qu'aux environs
de Poperingue, dans la Flandre occidentale, et d'Alost,
dans la Flandre orientale. La ville de Rambervillers, département des Vosges, et plusieurs villages circonvoisins,
se sont emparés de cette culture importante, et depuis 1812,
tous les ans, au mois d'août, ils présentent l'aspect d'une
immense forêt de houblon, dont les cônes superbes balan-
cent si bien la réputation de ceux de la Belgique, de l'Angleterre, et même de l'Amérique, que déjà les négocians
d'outre Rhin recherchent de préférence le houblon des
Vosges. Dans toutes les parties de la France, où la vigne
réussit médiocrement, on obtiendra les mêmes résultats,
puisque cette plante se trouve partout dans nos haies, toutes les fois qu'on lui donnera les soins convenables, que
l'épluchage se fera bien, et que l'on saura conserver aux
cônes mûrs les sucs qui leur sont propres et leur arome pénétrant.

§. IV. Du Tabac.

Toutes les terres sont propres à la culture du tabac; mais

de leur amendement dépendent la qualité et le produit de
cette plante que le fisc a maladroitement placé sous sa fé-
rule, et qu'il faudra bien quelque jour qu'il laisse à l'industrie, seule capable d'améliorer les espèces et d'en tirer tout le parti convenable. En attendant qu'il arrive
ce moment tant désiré, je crois utile de dire ici ce que
chacun sera bien aise de connaître pour se livrer utile-
ment à cette branche importante d'exploitation rurale.

Suivant les destinations que l'on donne à la feuille du tabac, il lui faut une nature de terre différente. Elle doit
être formée du détritus des végétaux, par conséquent être
située dans un bas-fond, sur l'emplacement d'étangs ou
de marais desséchés, dans de vieilles prairies défrichées,
quand la plante qu'on lui confie a besoin d'offrir une feuille très épaisse, d'une grande dimension, et très grasse, de
laquelle on obtiendra, après une fermentation d'un mois
et demi, une poudre à priser noire et huileuse. Veut-on un
tabac moins foncé, d'une odeur plus agréable, propre,
après une fermentation aussi d'un mois et demi, à faire la
carotte et le rôle à mâcher, la terre veut être franche,
douce, mélangée de sable ou de petites pierres schisteuses.
S'il est destiné à la fabrication du scaferlati et des cigar-
res, le tabac devant être plus léger, conserver la couleur
de feuilles mortes, la terre a besoin d'être plutôt sableuse,
mélangée d'un peu d'argile ou de débris de végétaux.

Comme la plante demande à être bien fumée, selon la
bonté et la profondeur de la terre, on donnera la préférence à la fiente du pigeon, aux crotins du mouton et aux
fumiers de vache; on peut aussi, pour bien disposer le terrain, enfouir la tige et retourner la racine du tabac aussitôt après en avoir enlevé les feuilles. En février, on fume, puis on donne un premier labour que l'on renouvelle à trois ou quatre reprises, à raison de la plus ou moins
grande facilité de la terre à s'ameublir. Le dernier labour
et le hersage qui doit le suivre immédiatement se pratiquent la veille de la plantation, et, s'il est possible, le
matin même du jour où elle doit avoir lieu, afin que les
plants s'asseoient avec facilité sur une terre fraîche, élabo-
rée et débarrassée du plus grand nombre des larves d'insectes qui menacent sans cesse la plante tant qu'elle n'est
point assez vigoureuse pour résister à leurs dégâts. Plus la
terre est profondément ameublie, plus elle absorbe aisé-

ment les eaux pluviales et conserve mieux son humidité ; plus le tabac étend ses racines et plus il trouve les sucs qu'il demande au sol. Partout où la bêche remplace la charrue, on se contentera de trois façons, et de bien enterrer le fumier qui, par un contact trop médiat, pourrait brûler les racines et ruiner la plantation tout entière. Le terrain qui a porté du tabac s'améliore en continuant à servir à cette culture.

Le semis se fait de deux manières : la première en pleine terre, dans les départemens les plus méridionaux, où elle est sujette à beaucoup moins d'inconvéniens que dans les autres ; l'autre sur couches, la plus avantageuse pour la réussite, pour la beauté et la force des jeunes plantes, pour la masse et la qualité de leur produit. La graine que l'on sème à la volée a besoin d'être mélangée avec neuf dixièmes de sable fin, et enfouie au râteau. Celle que l'on met sur couches veut être arrosée tous les trois jours le soir avec une eau courante, jusqu'à ce que la plantule commence à paraître, ce qui le plus ordinairement a lieu le neuvième jour. De ce moment, on n'arrose plus que la terre ne soit sèche. Les trous de la pomme d'arrosoir doivent être fort petits, afin que l'eau en tombant ne déchausse point la plante, ne la couche point, et ne la prive point de la terre qui lui est nécessaire.

On éclaircit les plantes trop rapprochées, et on enlève exactement les mauvaises herbes.

Les plantations se font du 15 mai au 15 juin, au plus tard, par une belle journée calme qui succède à la pluie. Le temps trop sec laisserait le tabac faible, languissant et toujours petit, parceque les arrosemens, auxquels on pourrait recourir, deviendraient trop coûteux ; le temps humide exposerait la plante à être trop enfoncée ou déracinée au moment où la terre se durcirait. Il est avantageux de la tenir abritée durant les trois ou quatre premiers jours de la plantation : on se sert, à cet effet, ou d'une petite touffe de plantes sèches, ou d'une branche feuillue, ou mieux encore de tuiles bombées percées de deux trous, coûtant de 3 à 4 francs le mille, et dont la durée se prolonge de quinze à vingt ans. On choisit pour la transplantation les individus les plus vivaces, qui sont garnis de cinq à six feuilles ; et on les met à la distance de 50 à 55 centimètres (18 à 20 pouces) l'un de l'autre : si le sol est fort riche en humus, on peut porter la distance à 65 centimètres (2 pieds). Cet éloignement est calculé de manière que les plantes ne puissent se nuire, ni être endommagées par les grands vents. Trois semaines après, on butte chaque pied pour lui donner plus de fraîcheur, de solidité et de nourriture, en même temps pour ameublir le sol et le purger des mauvaises herbes. Quinze jours passés, on s'occupe de l'étêtement : c'est ici qu'il faut de l'adresse et de la promptitude. L'on choisit d'abord les individus les mieux venans. On coupe avec l'ongle de l'index et celui du pouce la tête des plantes, de manière à ne laisser sur chaque tige que huit à dix feuilles, douze au plus, non compris les trois premières vulgairement dites de terre. Les trois ou quatre dernières, dites feuilles du haut, sont les meilleures, celles qui, par conséquent, demandent le plus d'attention. Il faut, après cette opération, casser tous les rejetons qui viennent entre la tige et les feuilles conservées ; ceci demande également beaucoup de soins, de là dépendent les bonnes qualités du tabac. Ce sont d'ordinaire des enfans qui étêtent et extirpent les rejetons, leurs doigts étant plus petits, leurs mouvemens plus brusques, sans roideur, et le prix de leur journée moins coûteux.

La cueillette des feuilles se fait du 1er au 15 de septembre dans tous les départemens situés en deçà de la Loire, un peu plus tôt pour ceux situés au delà. On enlève en premier lieu les feuilles dites de terre, puis celles du milieu, et enfin on arrive à celles du haut, ce qui prolonge la récolte jusqu'au 1er octobre. On arrache ensuite les pieds que l'on distribue par tas. Quelques cultivateurs les laissent sur le sol, pour en obtenir ce qu'ils appellent un regain, mais les feuilles qui en proviennent n'ont aucune valeur, et leur croissance épuise tellement la terre que, l'année suivante, pour être productive, elle demande plus du double du fumier que les années précédentes.

On met en tas les feuilles ; ces tas ont au plus de 65 à 70 centimètres (24 à 30 pouces) de haut, afin que le tabac ne s'échauffe pas. Quatre jours après, on fend la côte en deux jusqu'au tiers environ de sa longueur, puis on les expose au séchoir ; quand elles sont suffisamment sèches on les manoque, puis on les remet en tas pour y subir une forte fermentation, celle qui décide de la qualité du tabac.

Si la siccité des feuilles était parfaite, la vente serait constamment assurée, et il y aurait grand profit.

Parmi les pieds de tabac qui offraient, tous les signes de la plus belle végétation, on a choisi ses porte-graines. Pour soutenir leur vigueur, on leur donne du fumier avant de les butter, et durant les grandes sécheresses on a soin d'arroser, mais auparavant l'on a enlevé tous les rejetons qui poussent entre la tige et la feuille. On cueille les feuilles en septembre : elles ne sont bonnes à rien autre qu'à augmenter la masse des fumiers ; les tiges s'arrachent fin d'octobre lorsque les capsules prennent la couleur des feuilles mortes ; on les pend dans un lieu sec, où elles restent jusqu'au moment des semailles, sans crainte pour les semences qui demeurent fixées dans la capsule. Avant de les confier à la terre, il est bon de les mettre à tremper pendant un jour et demi dans de l'eau de fumier mitigée. L'on s'est assuré par une longue suite d'expériences qu'elles lèvent plus sûrement, plus vite, et que le germe se développe avec plus de vigueur.

La culture du tabac en France est une voie de richesses que le fisc, je le répète, tient fermée de la manière la plus odieuse ; elle est soumise à des prohibitions et à des vexations de tous les genres, que nous verrons bientôt finir. La culture doit être libre comme toutes les autres branches d'industrie. La monoculture du tabac est fort ancienne dans les deux départemens du Nord et du Bas-Rhin ; elle s'est étendue dans ceux du Lot, de Lot-et-Garonne, d'Ille-et-Vilaine et du Pas-de-Calais. Elle a cessé depuis 1816 dans ceux des Bouches-du-Rhône et du Var, parceque les produits ne s'amélioraient que fort lentement dans le premier, et qu'ils n'obtenaient aucun bon résultat dans le second. Le tabac du département du Lot est le meilleur de nos tabacs indigènes ; il se rapproche beaucoup de celui de Virginie, sans cependant avoir encore son arome agréable et pénétrant. Vient ensuite le tabac du Bas-Rhin, dont les feuilles de première et de seconde qualité ont de l'étendue, une grande légèreté et une belle couleur. Les tabacs forts, c'est-à-dire les plus propres à priser sont ainsi classés dans leur ordre de mérite : le Lot, le Nord, le Lot-et-Garonne, l'Ille-et-Vilaine ; les tabacs légers ou scaferlatis pour fumer : le Pas-de-Calais et le Bas-Rhin. Les feuilles de basse qualité des tabacs de ce dernier département sont réservées pour le tabac appelé de cantine que l'on prise et que l'on fume.

Je ne dirai pas les modes particuliers à chacun de ces départemens ; ils sont soumis à la disposition et à la nature du sol, autant qu'à l'abondance des engrais ou des moyens de s'en procurer. Quant au fond, il est le même partout ; mais il n'en est pas ainsi de l'espèce cultivée: sur certains points la graine employée aux semis donne des tiges aux feuilles d'une très grande dimension, tandisque ailleurs les feuilles sont petites, légères, peu développées ; ici l'on compte dix mille pieds par hectare, là ce nombre s'élève de vingt-quatre à trente-six et quarante mille pour le même espace ; plus loin, les pieds sont à un mètre de distance l'un de l'autre, quand près delà cette distance n'est que de cinquante centimètres.

La quantité de terre cultivée aujourd'hui en tabac sur notre territoire, est de 874 hectares divisés entre 22,797 planteurs, soumis à l'odieuse surveillance de 485 agents, qui doivent connaître et constater les semis, les plantations, l'écimage, compter les pieds et les feuilles, présider à l'arrachage des tiges et des racines afin de prévenir l'usage des feuilles de regain et empêcher qu'aucun tabac ne soit préparé ailleurs que dans les dix manufactures de Paris, Strasbourg, Lille, le Hâvre, Morlaix, Bordeaux, Toulouse, Tonneins, Marseille et Lyon.

§. V. *Du Chanvre.*

On a successivement vanté les chanvres bolonais et badois, ainsi qu'une variété qui croit spontanément dans les vallées fertiles du Piémont. On en a distribué de la graine et encouragé la culture ; on a comparé leurs produits avec le chanvre commun que nous voyons prospérer dans toutes les parties de notre belle France, et l'on n'a pas manqué de donner aux premiers une préférence marquée. Mais, après diverses récoltes successives, on est revenu à l'espèce connue. Le chanvre bolonais a été essayé par un grand nombre de cultivateurs des départemens du Rhône, de l'Ain, de l'Isère et de la Loire ; ils se sont d'abord assurés qu'il est tout à la fois et plus productif et d'une qualité supérieure ; plus tard, il leur a été facile de reconnaître que la graine de choix que l'on tire de Vizille,

24.*

département de l'Isère , et que l'on cultive dans la vallée
du Graisivaudan , réunissait les mêmes qualités quand sa
culture et sa préparation étaient faites avec soin Le chanvre du pays de Bade , qui a obtenu la préférence pour les
cordages employés au service de la marine , et que l'on disait ne pouvoir être produit sur le sol de nos départemens
du Rhin , quoiqu'il n'y eut que ce fleuve qui séparât les
deux contrées, prospère maintenant dans ces deux départemens. L'espèce est la même , sa belle qualité dépend
de la méthode de la cultiver , semer clair , choisir un sol
un peu humide , mêlé d'argile et de sable , et rouir dans
une eau limpide et courante. Le chanvre du Piémont ,
dont on a voulu faire une espèce sous le nom de *Cannabis gigantea* , à cause de ses tiges , s'élevant d'ordinaire
à la hauteur de 2 mètres et demi à 3 mètres (7 à 9 pieds),
n'est rien autre qu'une variété accidentelle , fort remarquable , qui dégénère sensiblement hors des lieux où elle a été
trouvée , et revient bientôt au type de notre chanvre commun (*Cannabis sativa*). Les premiers essais faits sur cette plante dans le département de la Sarthe, et surtout à
Saint-Amand , département du Nord, furent encourageans;
ils annonçaient une conquête heureuse ; ils se sont soute-
nus après la première et la deuxième récolte ; mais à la
troisième et aux suivantes le charme a été rompu , la dégénération a ramené la belle variété à l'espèce commune.
La beauté, l'excellence des produits dépendent donc, 1°. de
la culture et de la connaissance des terres les plus avantageuses pour s'y livrer ; 2°. de la méthode de rouir le chanvre dans des eaux courantes de préférence aux eaux stagnantes.

Avant de quitter ce sujet , il m'importe d'éveiller l'attention sur un point important. Telle qu'on la pratique
généralement la culture du chanvre est loin d'être parfaite. Un vice essentiel est de semer toujours sur la même chenevière , où, de la sorte , depuis longues années , on entasse
annuellement des masses considérables de fumier , et par
suite un luxe de fertilité qui n'est plus en rapport avec la seule récolte obtenue dans l'année. Cette continuité de culture , contraire aux lois d'un assolement bien entendu , devient ruineuse, en ce que l'on donne à des produits d'une
seule nature le travail et l'engrais que l'on dépenserait à
moins de frais pour des récoltes variées, abondantes et sa-

tisfaisant à plusieurs besoins à la fois. En ayant le soin d'alterner le chanvre avec des blés ou des fourrages, on remédierait à l'inconvénient d'une chenevière perpetuelle: voici la marche que l'on pourrait adopter.

Après avoir arraché la récolte de la chenevière, on laboure et l'on sème du froment avec du trèfle. La première levée est en grains, dont le rapport est vraiment très brillant, puis en automne on fauche son trèfle. Pendant les deux années suivantes on a une prairie artificielle qui fournit d'abondants produits. Sur le défrichis du trèfle on obtient un superbe froment. On laboure l'éteule avant l'hiver, on fume copieusement et l'on revient au chanvre. De la sorte les chenevières, au lieu d'appauvrir le domaine, ainsi que nous le voyons chaque jour, par l'absorption de tous les fumiers, par la faiblesse de leurs rapports deviennent aussitôt une source de prospérité : non seulement l'on retire l'intérêt de ses avances, mais, par suite de cette culture intercalaire, on donne une nouvelle valeur à son sol.

§. VI. *Du Maïz.*

PARMENTIER, et depuis lui FRANÇOIS DE NEUF CHATEAU, ont rassemblé tout ce qu'il y a à dire sur la culture et les divers emplois économiques du maïz, sur le choix que l'on doit faire parmi ses nombreuses variétés pour assurer la perfection des grains, et mieux jouir des avantages que cette plante promet à la maison rurale, ainsi que sur l'union que l'on peut en faire avec d'autres végétaux comme plante fourragère. C'est donc aux ouvrages de ces deux agronomes illustres, avec lesquels j'ai été particulièrement lié, qu'il faut recourir pour bien connaître l'administration du maïz dans les circonstances variées des besoins publics et privés (1). Ce que je dirai doit se réduire à quelques généralités.

(1) En voici les titres: *Le maïz ou blé de Turquie, apprécié sous tous ses rapports*, par A. A. PARMENTIER; nouvelle édition; Paris, 1812, in-8. *Supplément au Mémoire de M. Parmentier sur le maïs, ou plutôt maïz ;* par N. FRANÇOIS DE NEUFCHATEAU. Paris, 1817. 1 vol, in-8. Les monographies publiées depuis, avec plus ou moins de luxe, ne sont à vrai dire que la pâle copie de ces deux ouvrages.

Le premier j'ai, en 1818, combattu, par une longue série de faits, le système qui voulait donner au maïz une autre patrie que la sienne, et j'ai démontré qu'il est exclusivement originaire des cinq grands plateaux de l'hémisphère occidental, où il porte de temps immémorial le nom de *Mahiz* que nous devons lui conserver. Sa propagation au sud comme au nord de ce vaste continent est due aux hommes. Il a été apporté en Europe dès les premières journées de la découverte de Christophe Colomb, et nos départemens situés immédiatement au pied des Pyrénées sont les cantons où il a été, pour la France, le plus anciennement cultivé. Son introduction dans le Beaujolais ne remonte pas, selon Champier, avant l'année 1560. Ainsi, tout ce qu'on a pu dire ou publier pour détruire cette assertion, avant ou depuis 1818, doit être rejeté comme des contes faits à plaisir.

Certains auteurs parlent de diverses espèces de Maïz, je n'en connais positivement que deux, celle qui est généralement cultivée, le *Zea maïs*, et celle à grains couvertes, *Zea tunicata*, que l'on m'assure provenir des contrées américaines arrosées par les eaux du Paragay et de la Parana. Cette dernière est une curiosité botanique ; la première présente un bon nombre de variétés plus ou moins singulières, plus ou moins riches, et c'est à elle qu'il faut rapporter la prétendue espèce apportée, sous le nom de *Zea africana*, durant l'année 1809, à Toulouse par de Villèle, comme spontanée à l'île Maurice, où elle monte à plus de trois mètres de haut.

Quoique déjà répandu dans le Midi et au centre de la France, le maïz n'est point encore cultivé partout où il pourrait l'être avantageusement. Il n'est presque point de terrain qui, avec quelques soins, ne devienne susceptible de rapporter du maïz. Les terres peu substantielles et grasses, aussi-bien que les sols légers et sablonneux, lui conviennent également, pourvu que ces derniers soient suffisamment fumés. On prépare la terre par deux labours, le premier donné peu de temps après la levée des récoltes, le second vers la fin de mars. Il y a des cantons dont le sol est si meuble, qu'un seul labour au moment d'ensemencer suffit, tandis que dans un grand nombre d'autres, il en faut au moins trois et quelquefois quatre. La herse doit, pour l'un et pour l'autre cas, passer en tous sens,

afin de briser les mottes , et que la terre soit convenablement divisée jusqu'à 54 millimètres (2 pouces) de profondeur.

Pour fumer , quel que soit le fumier , pourvu qu'il soit
bien consommé, le maïz n'en préfère aucun ; il n'en est
pas de même de la semence , il faut qu'elle soit choisie
parmi les grains les plus développés et les mieux nourris,
qu'elle soit de la dernière récolte , et la laisser adhérente
à l'épi jusqu'au moment où l'on va la placer en terre ; sans
cette précaution , le germe, presque à découvert , éprou-
verait ou bien un degré de sécheresse préjudiciable à son
développement , ou bien une stérilité complète. Il est toujours utile de tremper le grain dans une eau de fumier un
peu échauffée vingt-quatre heures avant les semailles, lesquelles ont lieu du 15 au 25 avril , à la volée, au plantoir,
en lignes ou en planches , en bordures ou par touffes iso-
lées , selon l'usage des colons.

Pendant le cours de la végétation, il importe d'entretenir la fraîcheur au pied du maïz, et de l'affermir contre
les secousses des vents, qui ont beaucoup de prise sur cette plante , à cause de la largeur de ses feuilles , de la force et de l'élévation de sa tige. On commence à biner du
moment que la terre n'est ni trop sèche ni trop humide,
et que la plante a acquis 81 millimètres (3 pouces) de
hauteur ; on travaille légèrement la terre avec la houe, on
la rapproche du pied de la plante qu'on débarrasse des
herbes étrangères qui l'environnent , et l'on a l'attention
de ne pas endommager les racines en approchant de trop
près l'instrument. On enlève tous les pieds qui se trouvent
trop rapprochés les uns des autres : la distance moyenne est de 48 à 53 centimètres (18 à 20 pouces). Le second binage se donne quand la plante a 32 centimètres (1
pied) de haut , et le troisième dès que le grain commence à se former dans l'épi. On butte la plante avec plus de
soin encore , afin de la préserver du séjour de l'eau et de
l'action trop immédiate du soleil ; on lui ôte exactement
les rejetons et les épis tardifs, et lorsque les filets ou poils
des étuis de lépi se sèchent et noircissent, on les retran-
che afin que la plante ne s'épuise point.

A l'époque de la maturité, lorsque le temps est sec, on
sépare l'épi de la tige en cassant le pédicule qui l'y fixe.
On porte les épis à la ferme, on choisit les mieux garnis,

on les attache et on les suspend à des perches ; les autres servent journellement de nourriture au bétail , qui les mange avec plaisir.

Cette denrée précieuse , qui fait la principale ressource du peuple , dans diverses contrées de notre patrie , demande des locaux spacieux pour être logée sainement , attendu sa grande disposition à se gâter , soit parce qu'elle n'est pas toujours assez mûre quand on l'enferme , soit parce qu'on l'entasse quelquefois dans des endroits humides ou peu aérés. Des cages dans lesquelles on enferme aisément 5 à 600 hectolitres de maïz en épis , ont été inventées , et et l'on assure qu'ils y sont à l'abri de l'humidité , de la moisissure et de l'incursion des rats. Mais on doit leur préférer des greniers à plusieurs étages , en ce qu'ils offrent , outre plus d'économie dans le prix de la construction , trois avantages réels toujours désirables , c'est-à dire, 1°. de loger une grande quantité de maïz en coque dans un petit espace , et de l'exposer aux influences bénignes de l'atmosphère ; 2°. d'éviter l'embarras toujours coûteux de retourner le maïz ; 3°. de conserver au moins sept récoltes de suite dans un tel état de prospérité, que le grain a, malgré son ancienneté, presque la même couleur que s'il avait été cueilli de l'année.

Les greniers à étages sont composés de plusieurs planchers à 2 mètres (6 pieds) de distance l'un de l'autre ; pour ne point perdre de hauteur , on les construit en lambourdes pour gagner l'epaisseur du soliveau et de la planche. Il y a cinq planchers ou étages ; au lieu de planches, on prend des linteaux de 54 millimètres (2 pouces) de large, que l'on espace de manière que l'épi du maïz ne puisse pas achever de tomber , et qu'il reste suspendu entre les linteaux. Le maïz est déposé sur chaque étage , à 7 ou 10 décimètres (2 à 3 pieds) d'épaiseur , sans qu'il ait besoin d'être remué ; les murs sont formés de grands piliers qui laissent des ouvertures ou croisées qui descendent du toit jusqu'à 10 décimètres de terre (3 pieds). Ces grandes ouvertures sont fermées par un grillage en barres et en traverses de fer , et par une grille en fil d'archal. Au-dessous du premier étage, qui est rez-de-chaussée , il y a un vide de 17 décimètres (5 pieds) : il est carrelé en briques.

Dans de pareils greniers, on ne trouve jamais de grains gâtés ; on a vu se conserver parfaitement le maïz en 1817,

alors que les propriétaires du Midi éprouvèrent tant de pertes par le déchet ou par la moisissure du grain, qui était
gras et humide quand la plante a été récoltée.

La tige du maïz est un excellent fourrage pris en vert et
sec. Dans plusieurs de nos départemens méridionaux, elle est la base du repas des bestiaux depuis le 15 de juillet jusqu'à la mi-novembre. Mais on est dans l'usage de la
laisser exposée à la pluie, soit aux champs où on la tient
en meule debout, soit dans les cours, ce qui nuit à ses
qualités et la prive bientôt des substances sucrées qu'elle
contient. L'on peut aisément acquérir la preuve de ce
pauvre état; il faut dix, seize, et jusqu'à vingt tiges garnies de leurs feuilles pour peser 1 kilogramme, quand elles ont été lavées par les pluies, tandis qu'il n'en faut pas
moitié quand on a l'attention de les couper et de les rentrer après la cueillette de l'épi. Les animaux les mangent
alors avec beaucoup de plaisir et en acquièrent de l'em-
bonpoint : c'est une grande ressource dans les temps où les
autres fourrages manquent.

On peut aussi employer utilement à la nourriture des bestiaux, l'épi dépouillé de ses grains que j'ai vu rejeter ou
brûler, quoique très mauvais combustible. On le brise en
petits morceaux et on les moud au moulin à bras, avec les
grains avortés ou peu développés qu'on laisse d'ordinaire :
la farine que l'on obtient se mêle avec de la pomme de
terre cuite à la vapeur, et offre une excellente ration aux
vaches laitières, aux brebis, aux ânesses qui nourrissent,
ainsi qu'aux pourceaux que l'on engraisse. Les chevaux
l'aiment beaucoup et la préfèrent même au maïz seul qui,
assez souvent, les échauffe et leur cause des coliques. La
volaille nourrie avec le grain seul n'a d'autre inconvénient
que d'être trop grasse; on doit le supprimer au temps de
la ponte.

Ce grain se convertit en pain pour la nourriture de l'homme; quand le pain est bien fait, il est agréable au goût,
doux au corps, nourrissant et de digestion facile. Il se
conserve long-temps frais.

Un dernier produit, mais fort secondaire, c'est le sucre
cristallisable que l'on obtient du maïz. Cette substance est
très développée dans le chaume et par une simple modification dans la culture, il en fournit une quantité considérable. Cette modification consiste à détacher du chaume,

immédiatement après la fécondation des ovaires, les jeunes épis, et à laisser la plante se développer ainsi privée de son fruit. Parvenue à l'époque de la maturité, la quantité de sucre cristallisable est souvent double de celle que l'on retire du chaume sur lequel le grain a pris tout son développement et parcouru les diverses phases de sa vie végétante. Avant la floraison, le maïz ne contient que peu ou point de sucre : l'on en trouve déjà plus quand les fleurs sont épanuies; la quantité s'élève à un pour cent et même à deux, vingt ou vingt-cinq jours plus tard, alors que le grain commence à se former, qu'il est lactescent, et par conséquent arrivé au point où l'on doit le supprimer.

Partout où le maïz fait la base essentielle de la nourriture pour l'homme et les animaux, la récolte du sucre est une simple curiosité, si l'on ne veut point la regarder comme un attentat puisque nous avons la betterave mille fois plus riche qui nous offre l'extraction du sucre plus abondante, plus simple et plus à la portée des industriels.

FIN DU PREMIER VOLUME.

TABLE DES MATIÈRES.

DU PREMIER VOLUME.

Avant-Propos . . . . *Page.* iij

LIVRE PREMIER.

Des terres et de leurs amendemens 13

Chap. Ier. De la connaissance des Terres et des moyens
à employer pour les disposer à un état de culture
convenable . . . . *ibid.*

§. Ier. De la nature des Terres 14
  De la Silice . . . . *ibib.*
  De l'Alumine 15
  De la Terre calcaire 16
  De l'Humus . . . . *ibid.*
  Théorie résultant de ce premier examen . . . 17

II. Analyse des Terres 19
Résumé 20

Chap. II. Division des sols 22
Indices accidentels de la compositon des sols . . . . *ibid.*

§. Ier. De la Couleur 23
  II. De la Cassure et de l'Aspect . . . . *ibid.*
  III. De la Profondeur 24
  IV De la Situation et de l'Exposition 25

V. De l'Expansibilité...................... 26

VI. Des Végétaux qui croissent spontanément sur le sol , ou qui paraissent l'avoir adopté... 27

Chap. III. De l'Amélioration des différens sols...... 28

§. Iᵉʳ. Du Mélange des Terres.................. 29

II. De l'Épierrement...................... 30

III. Du Défoncement...................... 34

IV. Destruction des Plantes nuisibles.......... 36

V. Du Desséchement...................... 40

1°. Desséchement par écoulement......... 48

2°. Desséchement par attérissement........ 50

VI. Du Défrichement...................... 52

VII. De l'Écobuage et de l'Enfumage des Terres. 55

VIII. De l'Enfouissemennt des Plantes 65

IX Des Engrais......................... 69

Première classe.— Engrais simples............. 72

Amendemens minéraux....................*ibid.*

De la Chaux....................*ibid.*

Des Coquillages et Écailles d'huitres........ 75

Des Graviers et Sables calcaires.......... 76

De la Craie.........................*ibid.*

Du Tuf............................ 77

Du Plâtre.......................... 78

Du Sel............................ 81

De la Marne........................ 82

Du Charbon végétal.................... 86

Des Cendres........................ 87

De la Suie.......................... 89

SECONDE CLASSE.— Engrais mixtes 90

  I. *Amendemens végétaux*.................*ibid.*

    De la Tourbe..........................*ibid.*
    De la Houille.......................... 92
    Des Terraux........................... 97
    Des Vases ou Boues déposées par les eaux.. 98
    Résidus de Plantes herbacées, terrestres ou
      aquatiques........................... 100

  II. *Amendemens animaux*.............. 104

    Des Fumiers proprement dits..........*ibid.*
    Du Parcage........................... 111
    De la Colombine et de la Poulnée......... 112
    De la Poudrette....................... 115
    Engrais solide......................*ibid.*
    Engrais liquide....................... 116
    Engrais pulvérulent..................*ibid.*
    Des Urines et Urates.................. 117
    Des Os pilés et moulus................ 118
    Autres Débris d'animaux............... 120

TROISIÈME CLASSE — Composts................ 121
CHAP. IV. De l'Eau considérée comme amendement.. 124
  §. Ier. Des Irrigations..................... 125
  II. Des Infiltrations................... 128
  III. Arrosemens à bras d'hommes........... 129
  IV. Distribution des Eaux suivant les Saisons.... 130
  V. Des Eaux pluviales et d'orages........... 132
  VI. Des Eaux de mer.................... 133
  VII. Des Eaux de rouissage du chanvre et du lin. 135
  VIII. Des Inondations..................*ibid.*

LIVRE II.

Des instrumens propres a la culture des terres.... 139

Chap. Ier. Instrumens pour le défonçage des terrains. *ibid.*
1. Pic... 140
2. Pioche...*ibid.*
3. Hoyau...*ibid.*
4. Tournée.. 141
5. Pelles...*ibid.*
6. Écoppes.. 142
7. Charrue à coutre..............................*ibid.*
8. Claies... 143
9. Extirpateur.................................... 144
   Instrumens de transport.....................*ibid.*
10. Brouette......................................*ibid.*
11. Civière, Barre et Manne...................... 145
12. Camion, Diable, Charrette, tombereau......*ibid.*

Chap. II. Instrumens pour les plantations.......... 147
1. Jalons à mire, Chaîne métrique, Cordeaux....*ibid*
2. Traçoirs et Plantoir.........................*ibid.*
3. Couperet......................................*ibid.*
4. Serpe...*ibid.*
5. Scie... 148
6. Couteau.......................................*ibid.*
7. Echenilloir...................................*ibid.*
8. Ebourgeonnoir.................................*ibid.*
9. Greffoir......................................*ibid.*

Chap. III. Instrumens employés pour la culture proprement dite..................................... 148

1. Houe.. 149

2. Bêche...................................... 150

3. Binette, Serfouette, Houette, Croc, Houlette,
   Sarcloir.................................. 151

4. Charrue.................................... 152

5. Crochet.................................... 158

6. Herse...................................... 160

7. Rouleau.................................... 161

8. Semoir...................................*ibid.*

Méthode compiégnoise 166

CHAP. IV. Quelques mots sur l'adoption de la vapeur
aux machines de l'agriculture..............*ibid.*

LIVRE III.

DE LA CULTURE PROPREMENT DITE................. 170

CHAP. Ier. De la Mise en culture ou du Labourage...*ibid.*

CHAP. II. Cultures les plus avantageuses et des résultats que l'on en retire...................... 178

CHAP. III. Culture des Graminées.............. 181

§. Ier. Du Froment........................ 184

II. Du Seigle............................ 188

§. III. De l'Orge......................... 191

CHAP. IV. Des Prairies et de leur culture.......... 193

Prairies aigres 195

—   marécageuses..................*ibid.*

—   de montagnes 196

—   industrielles..................*ibid.*

—   mixtes........................ 197

§ Ier. Des Prairies naturelles........................*ibid.*

II. Des Prairies composées......................... 201

III. Des Prairies artificielles.................... 203

Chap. V. De l'Assolement....................... 210

Chap. VI. Cultures sarclées..................... 247

1º. De la Féverole............................ 248

2º. Des Lentilles............................. 249

3º. Du Lupin................................. 220

4º. De la Carrotte............................ 222

5º. Du Rutabaga et autres Navets............. 223

6º. De la Betterave.......................... 225

7º. De la Pomme de terre..................... 227

Chap. VII. Culture des plantes oléagineuses........ 232

§. Ier. De l'OEillette ou Pavot.................. 237

II. Du Colzat................................ 239

III. De la Navette........................... 242

IV. Du Chou-Navet........................... 245

V. De la Julienne............................ 246

VI. De la Moutarde 248

VII. De la Cameline......................... 249

VIII. Du Lin................................ 250

IX. Du Madi................................ 252

X. Des autres Plantes oléifères.............. 253

XI. Récolte des Huiles et de leur clarification.. 254

Chap. VIII. Culture des Plantes tinctoriales........ 255

I. Plantes donnant la couleur bleue............ 256

rouge................*ibid.*

noire................ 257

jaune................*ibid.*

Plantes donnant la couleur verte.............. 258

                    brune............... 259

                    grise..............*ibid.*

II. De la Cannabine........................ 260

III. De la Renouée d'Asie et du Pastel...........*ibid.*

CHAP. IX. Culture de quelques plantes économiques. 265

  §. Ier. Du Sarrazin......................... 266

  II. Du Tournesol........................ 270

  III. Du Houblon......................... 273

  IV. Du Tabac.......................... 276

  V. Du Chanvre......................... 281

  VI. Du Maïz........................... 283

FIN DE LA TABLE DU PREMIER VOLUME.